中国电力科学研究院科技专著出版基金资助

电子式互感器
试 验 技 术

叶国雄　邓小聘　刘　彬　刘　翔　童　悦
胡　蓓　黄　华　刘　勇　熊俊军　编　著

中国电力出版社
CHINA ELECTRIC POWER PRESS

内 容 提 要

电子式互感器相对于传统互感器而言，属于电力系统中的新兴事物，存在故障率高、长期稳定性不良的问题。编者总结了中国电力科学研究院武汉检测中心互感器质检站（暨国家互感器型式评价实验室）在电子式互感器试验检测技术方面多年累积的工作成果，编写了本书。

全书共分为 5 章，分别是概述、电子式电流互感器标准试验、电子式电压互感器标准试验、电子式互感器性能提升试验、电子式互感器长期带电考核试验。

本书可为从事电子式互感器设计制造、运行检修等专业的科研与生产人员提供参考，也可以作为相关专业教职人员、研究人员的参考资料。

图书在版编目（CIP）数据

电子式互感器试验技术 / 叶国雄等编著. —北京：中国电力出版社，2025.3
ISBN 978-7-5198-6992-2

Ⅰ．①电… Ⅱ．①叶… Ⅲ．①互感器–试验 Ⅳ．①TM45-33

中国国家版本馆 CIP 数据核字（2022）第 144276 号

出版发行：中国电力出版社
地　　址：北京市东城区北京站西街 19 号（邮政编码 100005）
网　　址：http://www.cepp.sgcc.com.cn
责任编辑：罗　艳　邓慧都
责任校对：黄　蓓　李　楠
装帧设计：张俊霞
责任印制：石　雷

印　　刷：三河市万龙印装有限公司
版　　次：2025 年 3 月第一版
印　　次：2025 年 3 月北京第一次印刷
开　　本：710 毫米×1000 毫米　16 开本
印　　张：17.5
字　　数：312 千字
定　　价：105.00 元

　　以数字制造技术、互联网技术和再生性能源技术的重大创新与融合为代表的新一轮工业革命，即第三次工业革命正如火如荼。能源是经济发展的命脉，传统的化石能源生产过程中排放的二氧化碳是全球气候变暖的主要因素之一。进入 21 世纪，阻止全球气候变暖刻不容缓。随着科技进步，一场以太阳能和风能等清洁能源引发的新能源变革呈蓬勃发展之势。结合经济社会持续快速发展的需要，同时顺应新能源变革趋势，根据我国建设"坚强智能电网"的发展战略，国家电网公司启动了智能变电站工程建设。

　　智能变电站主要是实现测量数字化、控制网络化、状态可视化、功能一体化、信息互动化。而实现这些目标的基础在于对变电站各种信号的准确可靠测量。互感器是用于测量电力系统电压、电流的重要量测设备，测量量供给测量仪器、仪表和继电保护或控制装置使用，因此其长期安全性、稳定性、可靠性是电力系统安全稳定运行的重要保证。电子式互感器是一种新型的智能量测设备，综合利用了现代微电子、计算机、光电及先进的传感技术，解决了传统互感器绝缘结构复杂、安全性差的难题。电子式互感器作为智能变电站电压、电流量值的数据源头，使用以符合 IEC 61850 的数字量输出代替传统互感器的模拟量输出，是智能变电站实现网络化与标准化的基础，在智能变电站工程中得到试点应用。

　　电子式互感器由传感器、信号采集处理、绝缘组件、信号传输、合并单元、供电电源等部分组成。传感器是电子式互感器的关键组成部分，不同原理的传感器决定了电子式互感器不同的技术路线和性能。目前，工程用的电子式电流互感器主要采用空心线圈、低功率线圈、全光纤、磁光玻璃等传感原理；电子式电压互感器主要采用电容分压、阻容分压、感应分压、光学晶体等传感原理。与传统互感器相比，电子式互感器具有绝缘结构简单可靠、无磁饱和、测量动态范围大、测量频带宽、信号传输无损耗、体积小、质量轻、节能环保、易于和断路器等其他主设备集成的优点。电子式互感器是一、二次高度融合的电气设备，由于大量光电子器件的使用，且运行在户外强电磁骚扰环境，运行条件恶劣，对电磁兼容性能要求高，测量准确度受温度影响大，存在元器件容易老化失效、运行维护工作量大、使用和维护成本高等缺点。同时，由于新技术应用迭代快、技术标准相对滞后、试验方法不完善、试验手段欠缺等，电子式互感器存在的部分缺陷难以在出厂及交接验收环节被及时发现，阻碍了电子式互感器的进一步推广应用。在试点应用过程中充分体现出电子式互感器的优点，同时也暴露了电子式互感器故障率高、温度和振动影响大、抗电磁干扰能力弱等缺点，为后期的改进和提高提供了宝贵的运行经验。

在全面总结智能变电站经验成果的基础上，2012 年 1 月，国家电网公司提出研究与建设新一代智能变电站，技术特征主要表现为集成化、智能化、即插即用和智能互动，其中电子式互感器集成化体现在与智能隔离断路器、气体绝缘金属封闭开关设备（GIS）高度集成。高度集成带来电子式互感器对环境适应性要求的进一步提高，同时对试验技术和手段带来了挑战。为提升电子式互感器的可靠性，国家电网公司针对前期试点应用中发现的问题组织国内产学研力量开展了一系列研究工作，优化电子式互感器的设计、制造工艺，完善电子式互感器技术标准，提升试验检测能力和运维检修水平，从而提升电子式互感器的质量。为了验证电子式互感器电磁兼容的可靠性、机械振动的可靠性及环境温度、电场、磁场等因素对互感器精度的影响，国家电网公司在中国电力科学研究院武汉检测中心建立了 110～500kV 电压等级的隔离开关分合操作强电磁骚扰仿真平台、电子式互感器高低温整体考核试验装置、断路器操作振动试验装置和 220kV 电压等级全工况长期带电考核平台，组织专家制定了电子式互感器性能检测方案，依据此方案对电子式互感器进行了全面的性能检测，检测过程中发现了许多标准的型式试验难以发现的问题，并及时组织生产企业对电子式互感器进行设计优化、整改，使电子式互感器的质量得到很大提升。

试验检测是贯穿电子式互感器制造到运行全过程的重要一环，是电子式互感器安全稳定运行的重要保证。传统互感器试验主要考核互感器的绝缘、发热和耐受、机械、准确度等性能。电子式互感器除上述性能考核之外，还涉及电磁兼容性、环境适应性、通信连续性、光电子器件可靠性、数据可信赖性、产品可维护性等性能考核，是多学科试验检测技术的融合。

编者在智能变电站建设过程中，参加了电子式互感器的研发、标准规范编制、试验检测、工程调试运维等工作，深切感受到电子式互感器的试验检测方法的规范、试验过程中状态量的检测、运行环境在检测过程中的模拟，对电子式互感器的性能考核和质量评估有着重要的意义。本书总结了编者近十年来在电子式互感器方面的科研成果和检测经验，系统介绍了电子式互感器标准要求的型式试验、例行试验和特殊试验，完善了试验要求、试验方法和试验判据，同时结合电子式互感器实际运行工况提出了严格考核产品性能的新的试验项目和试验方法。本书适合于从事电子式互感器研究、制造、试验检测的专家学者和工程技术人员。

　　本书共分 5 章，由叶国雄负责技术指导，第 1 章由邓小聘、熊俊军编写，第 2 章由刘彬、黄华编写，第 3 章由童悦、邓小聘、刘勇编写，第 4 章由刘彬、刘翔编写，第 5 章由童悦、胡蓓、刘彬编写。

　　本书在编写过程中得到了电子式互感器厂家技术人员的大力支持，同时还得到了国内电子式互感器行业多名专家的帮助，他们提供了相关资料，并提出了宝贵的建议和意见，在此表示衷心的感谢！

　　由于编者水平有限，书中难免存在疏漏和不妥之处，敬请读者批评指正。

编　者
2024 年 8 月

目　录

1 概　　述

1.1　电子式互感器原理与分类

电子式互感器是智能变电站的关键量测设备，其作用是将一次电流/电压转换成可供后续保护、控制及测量设备使用的数字信号，实时感知智能电网的运行状况。电子式互感器根据测量对象（电流、电压）的不同，可分为电子式电流互感器（electric current transformer，ECT）、电子式电压互感器（electric voltage transformer，EVT）和电子式电流电压组合互感器（electric current and voltage combined transformer，ECVT）。电子式电流电压组合互感器也称为组合电子式互感器。根据一次传感器所采用的物理原理和元器件的不同，电子式互感器可以按照原理进行分类，如图 1 - 1 所示。

图 1-1　电子式互感器原理分类图

1.1.1　电子式电流互感器

1.1.1.1　电子式电流互感器结构

GB/T 20840.8—2008《互感器　第 8 部分：电子式电流互感器》中所提供的单相电子式电流互感器的通用框图如图 1-2 所示，电子式电流互感器的构成部件依次为一次电流传感器、一次转换器、传输系统、二次转换器和合并单元（merging unit，MU），如果系统配有一次或者二次转换器，则分别需要附加一次或者二次电源。依据所采用的技术确定电子式电流互感器所需部件，并非图 1-2 中所有列出的部件都是必需的。

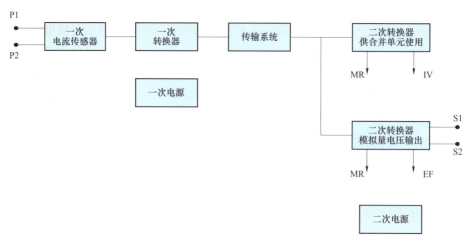

图 1-2　单相电子式电流互感器的通用框图

图 1-2 中各部分的作用分别为：P1、P2 为一次端子，指被测电流流过的端子；一次电流传感器是一种电气、电子、光学或其他的装置，产生与一次端子通过电流相对应的信号，直接或者经过一次转换器传送给二次转换器；一次转换器是一种装置，将来自一个或多个一次电流传感器的信号转换成适合于传输系统的信号；传输系统是一次部件和二次部件之间传输信号的短距或长距耦合装置，依据所采用的技术，传输系统也可以传送功率；一次电源是一次转换器和（或）一次电流传感器的电源（可以和二次电源合并）；二次转换器是一种装置，其将传输系统传来的信号转换为供给测量仪器、仪表和继电保护或控制装置的量，该量与一次端子电流成正比。对于模拟量输出型的电子式电流互

感器，二次转换器直接供给测量仪器、仪表和继电保护或控制装置。对于数字量输出型的电子式电流互感器，二次转换器通常接至合并单元后再接二次设备；二次电源是二次转换器的电源（可以与一次电源合并，或与其他互感器的电源合并）；合并单元是对来自二次转换器的电流和（或）电压数据进行时间相关组合的物理单元，可以是互感器的一个组件，也可以是装在控制室内的一个分立单元，合并单元是多台电子式互感器输出数据报文的合并器和以太网协议转换器，可以接入多达 12 台互感器的数字输入。

1.1.1.2　电子式电流互感器原理

电子式电流互感器根据传感原理可分为有源电子式电流互感器和无源电子式电流互感器。有源电子式电流互感器采用电磁感应原理传变一次电流，传感线圈由空心线圈和/或低功率线圈组成，由于高压侧采集单元采用的是电子元器件，因此需要有供电电源才能正常工作。无源电子式电流互感器采用法拉第磁光效应原理传变一次电流，主要包括磁光玻璃光学电流互感器（magneto optical current transformer，MOCT）、全光纤电流互感器（fiber optic current transformer，FOCT），一次侧不需要供电电源。

（1）有源电子式电流互感器。有源电子式电流互感器根据安装形式分为 AIS（空气绝缘的敞开式开关设备）和 GIS（气体绝缘金属封闭开关设备）两种结构。其基本工作原理为：以空心线圈为保护通道传感线圈，以低功率线圈为测量通道传感线圈。采集单元将高压侧的含有被测电流信息的电压信号转换成数字信号，并将测量和保护通道的信号复合成一路数字信号后，通过电光模块变换成光信号，驱动发光二极管，通过信号传输光纤以光脉冲的形式传输至低压侧的合并单元。

有源电子式电流互感器 AIS 结构由传感线圈（一次电流传感器）、采集单元（一次转换器）、光纤复合绝缘子（传输系统）、高压侧采集单元供能系统（一次电源）和合并单元组成，如图 1-3 所示。

有源电子式电流互感器 GIS 结构由传感线圈（一次电流传感器）、采集单元（一次转换器）和合并单元组成，如图 1-4 所示。

1）空心线圈测量原理。空心线圈通常被称为 Rogowski 线圈，它是由俄国科学家 Rogowski 在 1912 年发明的。空心线圈采用将漆包线绕制在环形骨架上制成，骨架采用塑料或者陶瓷等非铁磁材料，骨架的相对磁导率与空气中的相对磁导率相同，这便是空心线圈有别于带铁芯的电流互感器的一个显著特征，这使得传感过程不受材料磁导率变化的影响，没有磁滞饱和现象，具有频带响应宽和线性量程范围不受限制的优点。

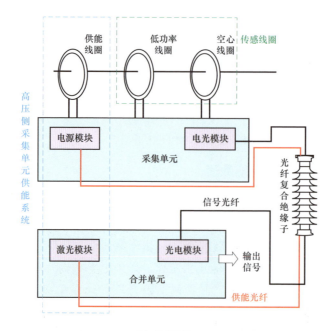

(a) 组成框图

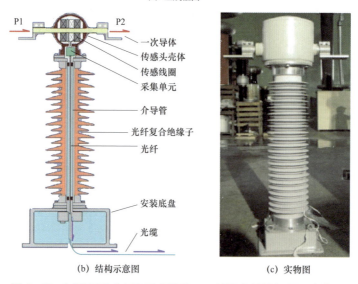

(b) 结构示意图　　　　　(c) 实物图

图 1-3　有源电子式电流互感器（AIS 结构）结构框图及实物图

　　空心线圈的典型结构如图 1-5 所示，圆柱形载流导线穿过空心线圈的中心，两者的中心轴重合，空心线圈上的漆包线绕组均匀分布，且每匝线圈所在的平面穿过线圈的中心轴。

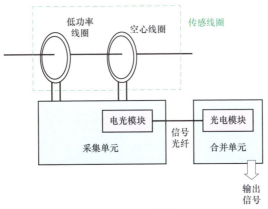

(a) 组成框图

(b) 实物图

图 1-4　有源电子式电流互感器（GIS 结构）结构框图及实物图

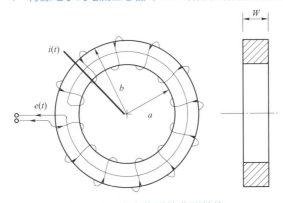

图 1-5　空心线圈的典型结构

空心线圈中的相对磁导率处为 1，所以距离中心轴为 x 的任意一点的磁感应强度 B_x 可表示为

5

$$B_x = \frac{\mu_0 i(t)}{2\pi x} \qquad (1-1)$$

式中：μ_0 为空气中的磁导率；$i(t)$ 为载流导线上的被测电流。

空心线圈骨架截面为矩形，每个线匝平面内穿过相同的磁通量，单匝线圈上磁通量的和可用数学表达式表示为

$$\Phi = w\int_a^b B_x \mathrm{d}x = w\int_a^b \frac{\mu_0 i(t)}{2\pi x}\mathrm{d}x = \frac{w\mu_0}{2\pi}\ln\frac{b}{a}i(t) \qquad (1-2)$$

式中：a 和 b 为骨架的内半径和外半径；w 为空心线圈的厚度。

由法拉第电磁感应定律可知：当穿过一定面积的线圈的磁通量发生变化时，该线圈上将感应到一定大小的电压，该电压的方向与磁通量的变化方向有关，该感应电压的大小为 $\mathrm{d}\Phi/\mathrm{d}t$。则在交流电流作用下，空心线圈的感应电动势 $e(t)$ 可表示为

$$e(t) = N\frac{\mathrm{d}\Phi}{\mathrm{d}t} = \frac{w\mu_0 N}{2\pi}\ln\frac{b}{a}\frac{\mathrm{d}i(t)}{\mathrm{d}t} = M\frac{\mathrm{d}i(t)}{\mathrm{d}t} \qquad (1-3)$$

其中

$$M = \frac{w\mu_0 N}{2\pi}\ln\frac{b}{a} \qquad (1-4)$$

式中：N 为空心线圈的匝数；M 为空心线圈的互感系数。

从上述的推导不难看出，理想的空心线圈的直接输出量 $e(t)$ 是电动势，是 $i(t)$ 的微分，$e(t)$ 比 $i(t)$ 相位超前 $90°$，需要积分使相位还原为 $0°$。传感变比由互感系数 M 确定，一次电流测量依赖于一个稳定可靠的互感系数。将测得的感应电动势进行积分处理并结合该空心线圈的互感系数进行计算，即可得到被测电流的大小。

$$i(t) = \frac{1}{M}\int e(t)\,\mathrm{d}t \qquad (1-5)$$

空心线圈具有体积小、质量轻和价格低等优点，在电力系统暂态电流测量和工业脉冲大电流测量中有比较成熟和普遍的应用，但是传统的空心线圈由绕制在非铁磁材料骨架上的漆包线构成，其与理想空心线圈存在较大差距，即绕组的均匀性无法保证，即使最先进的绕线机也只能保证肉眼级的均匀；布线位置不确定，单匝绕线所在平面与线圈包络线在该点的切线相垂直的要求无法达到；绕线松紧程度的差异容易造成多匝绕线截面形状的差异，绕线与骨架之间的相对位置不固定，线圈在骨架上的滑动可进一步加大这种差异。

因此，传统手工绕制的空心线圈的准确度不高，绕组的分布不够均匀对称，受外界磁场干扰严重，而且，手工绕制的个体差异大，不适合批量生产。印制

电路板（printed circuit board，PCB）技术采用电脑制版、机械印刷，为空心线圈的设计和制作提供了新的思路。PCB 的设计和加工精度高，布线方式灵活，能够轻松解决多匝绕线均匀对称分布的问题；空心线圈的布线密度高，可方便增加匝数，有效增大互感系数；PCB 的基材与敷铜层紧密结合，且温度稳定性极高，在剧烈的温度变化中，多匝线圈的形状将始终保持一致。由此可见，PCB技术为空心线圈的理想化设计和批量化生产提供了可能。

空心线圈电流互感器（Rogowski current transformer，RCT）基本能解决磁饱和的问题，频率响应好，线性度高，暂态特性灵敏。但仍存在一些问题，如精度不高，尤其是小信号测量准确度低；高压传感头必须为有源结构；线圈结构的非理想性、温度和电磁干扰的影响不可忽略。

2）传感线圈测量原理。有源电子式电流互感器传感线圈由空心线圈和/或低功率线圈组成，空心线圈的感应电压与一次电流的时间变化率成正比。由于没有铁芯磁饱和的问题，空心线圈对暂态电流的传变较准确，主要供保护功能使用。低功率线圈是一个小型的电磁式电流互感器，用于测量额定电流及以下的一次电流，主要供测控功能使用。

3）低功率线圈测量原理。低功率线圈的原理图如图 1-6 所示，与电磁式电流互感器的 I/I 变换不同，它通过一个分流电阻 R_{sh} 将二次电流转换成电压输出，实现 I/U 变换。低功率线圈包括一次绕组 N_p、小铁芯和损耗极小的二次绕组 N_s，后者连接一个采样电阻 R_{sh}，此电阻是低功率线圈的固有元件，对互感器的功能和稳定性非常重要。

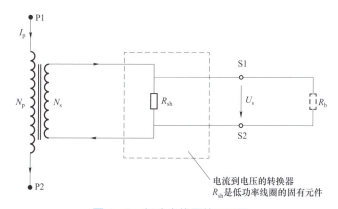

图 1-6　低功率线圈的原理图

根据磁动势平衡定律，在忽略励磁电流的情况下，互感器二次输出电压为

$$U_s = R_{sh}I_s = \frac{N_p}{N_s}R_{sh}I_p \qquad (1-6)$$

低功率线圈电流互感器（low power current transformer，LPCT）额定二次电压输出 U_s，其幅值正比于被测的额定一次电流 I_p，且与一次电流 I_p 同相位，一次电流可由 U_s 得到，即

$$I_p = K_R U_s \tag{1-7}$$

其中

$$K_R = \frac{1}{R_{sh}}\frac{N_s}{N_p} \tag{1-8}$$

低功率线圈电流互感器按照高阻抗设计，改善了电磁式电流互感器在非常高（偏移的）一次电流下的饱和特性，扩大了测量范围，二次最大输出电压可以设计成正比于电网额定短路电流，且满足现代电子设备的低输入功率要求。LPCT 利用了光纤绝缘性能好的优点，使电流互感器的体积和质量显著降低，又充分发挥了电磁式电流互感器的优势，测量准确度高，具有很强的实用性，但由于传感机理的限制，仍存在电磁式电流互感器难以克服的缺点。

4）采集单元。有源电子式电流互感器的采集单元为一次转换器。一次转换器对一次传感器送入的电流测量信号进行调理、采样、编码和输出，即一次传感器输出的模拟信号经滤波与信号调理电路，转化为高质量的电压小信号后进行信号采集，采集得到的数字信号按约定协议编码后，以光信号形式通过光纤传输至合并单元。

一次转换器通常包括电源模块、数据转发模块、主控模块和数据采集模块四个部分，其组成结构如图 1-7 所示。

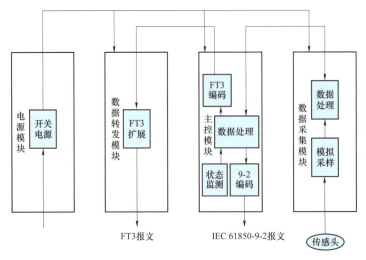

图 1-7　一次转换器组成结构

电源模块对由变电站内直流/交流电源（针对 GIS 结构）提供或由高压侧采集单元供能系统（针对 AIS 结构）提供的电能进行变换，输出 5V 或 3.3V 电源供一次转换器内其他板卡使用。

数据采集模块将空心线圈或/和低功率线圈送出的信号进行信号调理和必要的积分运算，抗混叠滤波后送入模数转换器，模数转换器高速准确地进行数据采集，并将模拟量转化为数字量后送入存储器。

主控模块和数据转发模块完成采集单元中的控制及通信功能。主控模块采用数字信号处理芯片加可编程逻辑器件的架构，一方面对数据采集模块送入的数据进行信号处理和通信组帧，另一方面实现系统内部状态实时监测。根据合并单元的接口需求，采集单元一般按 FT3 格式或 IEC 61850 - 9 - 2 格式输出采样数据，其中 FT3 格式报文通过背板转发到数据转发模块进行发送。

5）高压侧采集单元供能系统。AIS 结构的有源电子式电流互感器采集单元位于高压侧，与一次母线等电位，需要高压侧采集单元供能系统，其设计要求为：满足高压侧电路的功率要求；必须无间断地长时间稳定工作；不能破坏高、低压之间的绝缘。目前，见诸文献的高压侧供能方式，主要有高压母线取能、蓄电池供电、太阳能供电、超声波供电、微波供电和激光供能等，其中，实用化较高的供能方式主要有高压母线取能、激光供能和复合供能三种方式。

a. 高压母线取能。高压母线取能是直接从一次导体电流磁场获取能量的方法，又称为"自供电、自励源"技术，这种自供电方式因不受外部运行条件的约束，可靠性和寿命周期远高于外部送能方式。

电流互感器（TA）取能是高压母线取能的主要应用方式，也是目前较为成熟的一种供能方式。这种方式利用特制的铁芯线圈从一次导线感应交流电能，通过二次电路实现整流、滤波、稳压及过电压保护的功能，从而给高压侧电路提供稳定的能量。TA 取能系统的二次典型电路如图 1 - 8 所示。铁芯线圈输出的交流电流通过一个桥式整流电路变为直流电流，整流后的直流电流还含有较大的交流成分，电容 C 用来滤除其中的交流分量。稳压功能由稳压管 VS2 实现，根据实际需要选择稳压管 VS2 的稳压值，例如一般高压侧电路需要直流 12V 电源，因此应选取 12V 稳压管以使输出电压稳定在 12V。当一次导线电流过大时，感应电压也会相应增加。因此需在二次电路中设计保护电路防止过电压破坏负载电路。稳压管 VS1 选用 16V 稳压管并串入一个电阻，当整流电压大于稳压管 VS1 电压时，稳压管导通，稳压管流过反向电流，适当选取电阻阻值，当电阻电压达到一定值时，场效应管 MOSFET 导通，二次侧相当于短路，起到了过电压保护的作用。

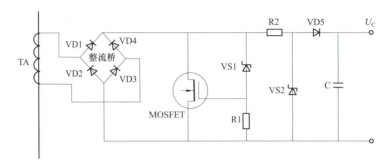

图 1-8 TA 取能系统的二次典型电路

TA 取能系统需要解决的重要技术问题包括以下几个方面：

a）减小唤醒电流。唤醒电流是唤醒电子式电流互感器所需的最小一次电流方均根值。为了使采集器在一次电流很小时仍能正常工作，应尽可能减小唤醒电流。减小唤醒电流的一个重要途径是减小功耗和优选一种节能工作方式，选用低功耗器件、采用间歇式工作（按照数据采样周期）等措施，可使变送电路实际功耗降低，在取能装置不变的条件下，唤醒电流将大幅度下降。对于小负荷线路，减小唤醒电流也可以减少激光供给时间，提高电子式电流互感器电源供给的可靠性。

b）缩短唤醒时间。唤醒时间是一次回路（被测高压输变电线路）带电后，测量系统进入工作状态所需要的时间。为了将唤醒时间缩短到 5ms 以内，可采用特殊的裂相整流、非线性滤波技术，采用事先储能启动可将唤醒时间缩短至 2ms 以内，完全满足快速保护对唤醒时间的要求。

c）大电流饱和抑制。研究发现，在一次电流较小（约 5A 以下）时，铁芯内磁通量 $\boldsymbol{\varPhi}$ 的变化曲线基本呈准正弦规律，当一次电流增大到几十甚至上百安时，铁芯进入饱和区，对应输出高压尖脉冲，因此在饱和状态下，如何取到足够的能量，是自励电源设计需考虑的问题，目前自励源装置常采用两种不同结构参数的磁场取能磁环或其他手段进行分段取能，保证一次电流在较大区间内稳定取能。

d）增加断电延时。一次线路因故障跳闸后，几秒内会有重合闸过程，在这期间，要求 ECT 保持连续输出。自励源装置因有附带的储能装置，故可以保证在断电后继续延时工作 10s 以上，确保 ECT 连续处于工作状态。

b. 激光供能。激光供能装置是由半导体激光器、供能光纤、光电池组成的一个能量传输系统，激光供能的基本原理示意图如图 1-9 所示。激光供能系统由低压侧和高压侧两部分组成，低压侧为激光器及其驱动、保护和温控电路，高压侧电路由光电池和 DC-DC 变换器组成。在低压侧，利用激光器将电能转换成光能，然后通过供能光纤将光能传递到高压侧。在高压侧，一方面光电池将低压侧接收到的光能转换为电能，经过 DC-DC 变换器后给高压侧的电子电路供电；另一方面电路输出的光信号通过数据光纤传输到低压侧后转换成电信号，提供给激光器的驱动电路作为激光器工作状态监测信号。

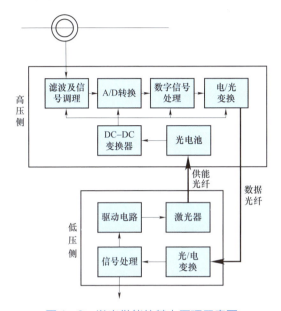

图 1-9　激光供能的基本原理示意图

半导体激光器作为光源，产生 750～850nm 或 900～1000nm 波长的激光，利用汇聚透镜将激光束汇聚在光纤内，传送至几百米距离以外，在光纤出口末端，再将光束投射到光电池板上，转换为电能输出。激光器的输出功率和寿命是选择激光器的主要指标，激光器的输出功率特性决定了激光供能方式供能的大小，而寿命决定了激光器使用年限的长短，一般来说，激光器的输出功率与寿命成反比。光电池除了寿命指标外，另外一个重要的指标是光电转换效率。

激光供能的优点主要包括高、低压侧实现了电气隔离，绝缘可靠；由于没有金属线进入传感头所在的测量领域，所以减小了测量区域电磁分布的影响；发射头和接收头体积小，都可以直接装在 PCB 上，有利于传感器和采集器的微型化设计；激光通过光电池转换后得到的电源较稳定且纹波小、噪声低，不易受到外界其他因素的干扰。激光供能的缺点主要包括光电转换效率不高，激光输出功率受到了限制；光电转换器件造价较为昂贵；激光二极管的工作寿命有限，长时间工作在驱动电流较大的状态，激光二极管容易发生退化现象导致工作寿命迅速降低。

c. 复合供能。为了提高供能的可靠性，有源电子式电流互感器高压侧的供

11

能方法一般采取复合供能的方式。当一次被测电流较大时，采用 TA 取能给高压侧电路供电；当一次电流较小时，TA 供能切换成激光供能，即低压侧的半导体激光器通过供能光纤给高压侧电路供电。这种方法可以尽量降低激光器工作在较大功率的时间，延长其寿命。但是，也存在两个问题：① 线路检修后合闸时，TA 供能需要有一个较长的建立时间，此时只能依靠激光供能，但如果此时激光器失效，则将直接导致互感器不能正常工作，所以，一般要求采用两个激光器，一用一备。② TA 和激光器的切换控制，必须有一个合理的控制策略，不能出现供能的"真空"，即一个切换了，另外一个还没有开始供能，所以需要进行两种方式切换的预判，实现无缝切换。

6）光纤复合绝缘子。光纤复合绝缘子由绝缘外套、光纤和端部附件等构成，具有良好的光传输性能和足够的内、外绝缘性能，是一种可实现高、低压设备之间的光通信或光能量传输的设备。光纤复合绝缘子是 AIS 结构中承担主绝缘的部分，光纤掩埋于绝缘外套内部。光纤通常有两类，第一类用于将采集单元采集到的数字量传送至二次侧；第二类用于将二次侧的激光能量传送至一次侧。

7）合并单元。合并单元作为电子式互感器与二次保护控制设备的接口，是智能变电站过程层的核心设备。图 1−10 是合并单元数字接口框图示例，电子式互感器测得三相电压、电流信号，中性点电压、电流信号，以及母线电压信号，共计 12 路信号，合并单元同步接收经过各电子式互感器二次转换器调制后的 12 路信号，在一个采样间隔内，合并单元将接收到的数字量组帧，通过多路点对点的连接为二次设备提供一组时间一致的电压和电流信号。

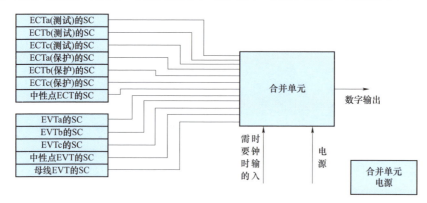

图 1−10　合并单元数字接口框图示例
SC—二次转换器

合并单元是电子式互感器输出数据实现网络化传输必备的部件，主要功能包括向采集单元供能、同步采样、三相电流及电压信号合并、同步对时、为保护及测控装置提供测量数据。

a. 数据合并。按时间相关性将接收到的数据进行合并组帧，可采用以下两种方法实现这一功能：

a）同步方式，MU 按固定的时间节拍向所连接的互感器统一发同步脉冲信号，互感器在接到同步脉冲信号后，同时采样并发送，MU 同时接收各通道数据，组成数据帧发送至以太网，此做法称为同步采样；

b）异步插值方式，MU 不发同步脉冲信号，守候并接收各台互感器发出的数据，按照固定的时间节拍，采用插值法计算出各通道当前的测量值，组成数据帧发送至网络，此做法称为异步插值法合并。

b. 数据发送。MU 按固定的格式将各通道数据组成数据帧，以报文的形式（或经网络交换机）发送至间隔层或站控层网络系统，继保、计量、监控、记录等装置由网络接口接收数据报文。数据报文可以按两种方式发送，一种是 IEC 60870-5-1 的 FT3 格式；另一种是 IEC 61850-9-2 格式。由于这两种方式各有其特点，所以在目前的应用中，MU 可同时支持两种输出方式，在保留点对点方式可靠性的同时逐渐向网络总线方式过渡。

c. 同步对时。由于 MU 接入多个电子式互感器的信号，因此首先必须考虑各采样量的同步问题，它主要包含四个层面，即同一间隔内的各电压、电流的同步测量；关联多间隔之间的同步，例如集中式母线保护、主设备纵联差动保护等装置均需相关间隔的电压、电流同步测量数据；关联变电站间的同步，主要用于输电线路相关保护；广域同步，大电网广域监测系统（WAMS）需要全系统范围内的同步相角测量，在未来大规模使用电子式互感器的情况下，这可能导致出现全系统范围内采样数据同步。目前，采用的同步对时方法主要依靠全球定位系统（GPS）对时信号（秒脉冲、IRIG-B 码或基于网络方式的 IEEE 1588），即全站及相邻站采用同一 GPS 对时信号。MU 接收由 GPS 对时服务器发来的对时信号，对 MU 内部的时钟及时进行校准，以便使所连接互感器的采集动作同步，对每一个上传的数据帧添加精确的时间标志，确保整站的所有 MU 严格与 GPS 对时。如果数据报文中记录的时间均与同一个时间坐标相关，就会在控制操作和事故分析中正确体现时间因果关系。MU 同步的正确性与数据传输的准确性一样重要。

（2）无源电子式电流互感器。无源电子式电流互感器是利用法拉第（Faraday）磁光效应测量的光学电流互感器。它以磁光材料为传感介质。磁光材料是传感光纤或磁光玻璃，前者为全光纤电流互感器，后者为磁光玻璃光学电流互感器，目前，主要应用全光纤电流互感器。

全光纤电流互感器利用 Faraday 磁光效应原理和 Sagnac 干涉效应测量一次

电流，根据安装形式分为 AIS 和 GIS 两种结构。基本工作原理为：以光纤线圈为保护或测量通道传感线圈，光纤线圈将被测电流转换为光信号，通过保偏光纤传输至采集单元，采集单元从含有被测电流信息的光信号解调出被测电流的数字信号，通过电光模块变换成光信号，驱动发光二极管，通过信号传输光纤以光脉冲的形式传输至合并单元。采集单元在低压侧，由站用电源供电。

AIS 结构由光纤线圈（由 $\lambda/4$ 波片、传感光纤和反射镜组成，一次电流传感器）、光纤复合绝缘子（传输系统）、采集单元（二次转换器）和合并单元组成，如图 1–11 所示。

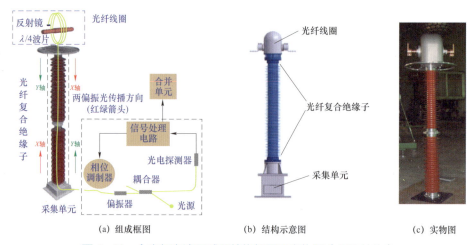

(a) 组成框图 (b) 结构示意图 (c) 实物图

图 1–11　全光纤电流互感器结构框图及实物图（AIS 结构）

GIS 结构由光纤线圈（一次电流传感器）、采集单元（二次转换器）和合并单元组成，如图 1–12 所示。

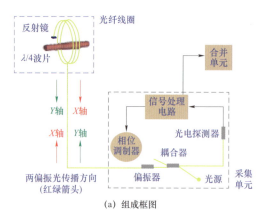

(a) 组成框图

图 1–12　全光纤电流互感器结构框图及实物图（GIS 结构）（一）

（b）结构示意图　　　　　　　　　　　（c）实物图

图1-12　全光纤电流互感器结构框图及实物图（GIS结构）（二）

1）测量原理。全光纤电流互感器测量原理如下：由光源发出的光经过耦合器、偏振器变成两个光轴上互相垂直（X 和 Y 轴）的线偏振光，分别沿保偏光纤的 X 轴和 Y 轴传输。这两个正交模式的线偏振光经相位调制器调制，而后这两束光经过 $\lambda/4$ 波片，分别转变为左旋和右旋的圆偏振光，并进入传感光纤。

一次电流产生的磁场作用于光纤线圈，线圈中的两束圆偏振光在 Faraday 磁光效应的作用下，相位会发生变化，即

$$\Delta\varphi = 2VNI \tag{1-9}$$

式中：V 为传感光纤的 Verdet 常数；N 为线圈匝数；I 为一次电流。

两束圆偏振光以不同的速度传输，经过反射镜后，其偏振模式互换（即左旋光变为右旋光，右旋光变为左旋光），然后再次穿过传感光纤，使 Faraday 磁光效应产生的相位加倍，即

$$\Delta\varphi = 4VNI \tag{1-10}$$

在两束光再次通过 $\lambda/4$ 波片后，恢复成为线偏振光，并且原来沿保偏光纤 X 轴传播的光变为沿保偏光纤 Y 轴传播，原来沿保偏光纤 Y 轴传播的光变为沿保偏光纤 X 轴传播。分别沿保偏光纤 X 轴和 Y 轴传播的光在偏振器处发生干涉。通过测量相干的两束偏振光的非互易位相差，就可以间接地测量一次电流值。

由于目前无法实现高精度的相位差角度测量，通常将相位差角度转化为光强变化，采用干涉检测方法或偏振检测方法实现电流测量。此处以反射干涉式光路进行分析，在理想情况下，探测器探测到的光强信号大小为

$$I_{\text{out}} = \frac{1}{2}I_0[1 + \cos(\Delta\varphi)] \tag{1-11}$$

其中　　　　　　　　　　　　　　$\Delta\varphi = 4VNI$

式中：$\Delta\varphi$ 为两路相干偏振光的相位差；I_0 为光源输出光强。

　　信号的检测和处理过程运用了负反馈平衡测量原理，可以自动消除闭合环路上的光源、起偏器、相位调制器、光电探测器的时间漂移、温度漂移以及非线性对测量的影响。

　　2）采集单元。全光纤电流互感器的采集单元为二次转换器。二次转换器集成了光发射、光起偏、光相位调制、光延时和光电探测与放大等功能，其作用是为一次侧的光纤传感环提供输入光信号，以及从传感环返回的光信号中解调出被测电流信息，解调的数字信号按照约定通信协议编码后，再以光信号形式通过光纤传输至合并单元。

　　二次转换器通常包括光路模块、电路模块和电源模块三部分，其组成结构如图 1-13 所示。

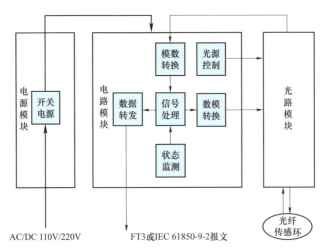

图 1-13　全光纤电流互感器二次转换器组成结构

　　光路模块部分主要包括光源、耦合器、起偏器、相位调制器及检测器等光学器件，为一次侧的光纤传感环提供输入光信号，并完成光纤传感环中返回光信号的原始采集。该模块将光路中的干涉光强信号经光电转换和前置放大后转换为模拟电压信号，送入电路模块的高速模数转换器进行数据采集。

　　电路模块部分主要包括数模转换（D/A）、模数转换（A/D）、运算放大器和现场可编程门阵列（FPGA）等模拟电路器件，完成二次转换器中的信号处理、光源控制和数据转发等功能。信号处理部分是二次转换器的核心部分，其逻辑电路通常采用 FPGA 实现，所完成功能包括：实现整个信号处理流程的时序控制；实现数字相关解调，进行数字积分，产生数字相位阶梯波及偏置调制信号；生成反馈信号实现闭环控制；实现内部状态量的实时监测；获取数字量信号，进行数字滤波，并作为互感器的数字输出。光源控制部分主要实现对光源管芯温度和驱动电流的准确控制，以保证互感器的测量准确度。数据转发部分依据合并单元的接口需求将互感器的输出数据按照 FT3 或 IEC 61850-9-2等标准格式输出。

电源模块提供直流稳压电源供电路模块使用。

3）关键光学器件。全光纤电流互感器中的关键光学器件有超辐射发光二极管（SLD）光源、耦合器、起偏器、相位调制器、PIN-FET 和传感光纤反射镜等。

SLD 光源是一种特殊的半导体激光器光源，可产生偏振度、光功率满足要求的光。SLD 光源通常分为 850、1310、1550nm 等工作波长，目前国内全光纤电流互感器一般选用 1310nm 的 SLD 光源。SLD 光源的发光功率通常为500μW～2mW，驱动电流为 100mA 左右，自带半导体制冷器精确控温，根据设计方案不同可以产生低偏振光和高偏振光。

耦合器是一种分束器，可将光进行分束和合束，耦合器根据输入端、输出端数量通常划分为 2×2 耦合器、1×3 耦合器、1×2 耦合器等类型，在互感器光路中使用的耦合器通常为 50:50 分束比的 2×2 光纤耦合器，通过对制作工艺的控制，可以精确调整耦合器的分束比。

起偏器可对光波进行起偏。SLD 光源发出的低偏振光或高偏振光并不能直接用于微弱信号检测，需要利用起偏器对光波的偏振方向进行选择。SLD 光源所发出的线偏振光经过起偏器后的出纤光偏振度非常高，通常可以达到 30dB甚至 40dB 以上，低偏振光则不到 3dB。相位调制器可对光波进行相位偏移或相位调制。相位调制器一方面对相位相同的两束正交光人为地调制成 $+\pi/2$ 或$-\pi/2$ 相位差，使两束光在接近 $\pm\pi/2$ 相位差处相互干涉，以获得最敏感的干涉光强变化斜率；另一方面是实现相位检测，相位调制器在检测电路的驱动下产生一个与 $\Delta\varphi$ 大小相等方向相反的反馈相移 $\Delta\varphi_F$，即 $\Delta\varphi_F=-\Delta\varphi$，因此检测电路通过检测反馈信号的大小即能确定相位，从而得到被测电流的大小。

PIN-FET 是一种光电转换器件，可以将光信号转换成电压信号，PIN-FET基于光电效应原理，当光子照射在金属或半导体材料表面时，光子会撞击原子的外电子，产生光生伏特电流，通过检测该电流大小即可获得光信号大小。通常 PIN-FET 内置转换电路、放大电路、滤波电路来提高信噪比。

传感光纤反射镜通常在传感光纤的一个端面进行镀膜，利用特殊的镀膜工艺可使其反射率高达 85% 以上，如同反射镜一般。光波经过反射镜光纤后，不仅其波矢量会反向，其偏振矢量也会在垂直、水平方向上互相对调。正因如此，反射回来的光波经过 $\lambda/4$ 波片后才能恢复成线偏振光，以便相位调制器进行相位调制。

4）光纤复合绝缘子。光纤复合绝缘子是 AIS 结构中承担主绝缘的部分，通常采用复合式绝缘子，光纤掩埋于绝缘子内部。光纤复合绝缘子中的光纤通常为保偏光纤，用于采集单元和光纤线圈之间的连接。

1.1.2 电子式电压互感器

1.1.2.1 电子式电压互感器结构

GB/T 20840.7—2007《互感器　第 7 部分：电子式电压互感器》中提供的单相电子式接地电压互感器通用框图如图 1−14 所示，三相电子式接地电压互感器通用框图如图 1−15 所示。根据所采用的技术确定电子式电压互感器所需部件，并非图 1−14 和图 1−15 中所有列出的部件都是必需的。

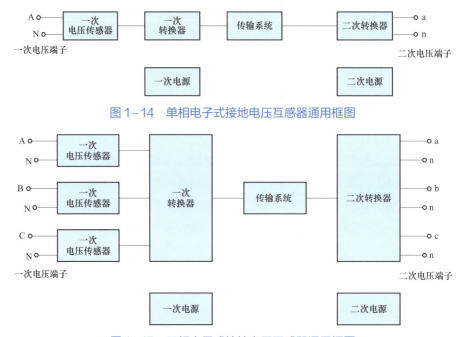

图 1−14　单相电子式接地电压互感器通用框图

图 1−15　三相电子式接地电压互感器通用框图

图 1−14 和图 1−15 中各部分的作用分别为：一次电压端子指用以将一次电压施加到电子式电压互感器的端子。一次电压传感器是一种电气、电子、光学或其他的装置，产生与一次电压端子上的电压相对应的信号，直接或经过一次转换器传送给二次设备。一次转换器是一种装置，其将来自一个或多个一次电压传感器的信号转换成适合于传输系统的信号。一次电源是一次转换器和（或）一次电压传感器的电源（可与二次电源合并）。传输系统是一次部件和二

次部件之间传输信号的短距或长距耦合装置，依据所采用的技术，传输系统也可用于传送功率。二次转换器是一种装置，其将传输系统传来的信号转换为供给测量仪器、仪表和继电保护或控制装置的量，该量与一次端子电压成正比。二次电源是二次转换器电源（可以与一次电源合并）。二次电压端子是用于向测量仪表和继电保护或控制装置的电压电路供电的端子。

1.1.2.2　电子式电压互感器原理

电子式电压互感器根据传感原理可分为有源电子式电压互感器和无源电子式电压互感器。有源电子式电压互感器主要是采用分压原理的电子式电压互感器，包括电阻分压型、电容分压型、阻容分压型及电感分压型。无源电子式电压互感器主要采用光学原理，是采用光学晶体做被测电压传感器，包括基于电光 Pockels 效应、基于电光 Kerr 效应、基于逆压电效应的互感器。

目前，系统中主要应用的是有源电子式电压互感器。

（1）电容分压型电子式电压互感器。电容分压型电子式电压互感器采用电容分压原理传变一次电压，根据安装形式分为 AIS 和 GIS 两种结构。其基本工作原理为：以电容分压器（或同轴电容分压器）为保护或测量通道传感器。采集单元将分压器二次端输出的含有被测电压信息的电压信号经 A/D 变换转换成数字信号，再变换成光信号，通过信号传输光纤以光脉冲的形式传输至合并单元。采集单元在低压侧，由站用电源供电。

AIS 结构由分压器、采集单元、绝缘子和合并单元组成，其原理结构图如图 1-16 所示。

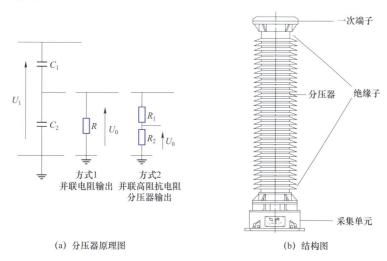

(a) 分压器原理图　　　　　　　　　　　　(b) 结构图

图 1-16　电容分压型电子式电压互感器原理结构图（AIS 结构）（一）

(c) 实物图

图 1-16　电容分压型电子式电压互感器原理结构图（AIS 结构）（二）

GIS 结构由同轴电容分压器、采集单元和合并单元组成，其原理结构图如图 1-17 所示。

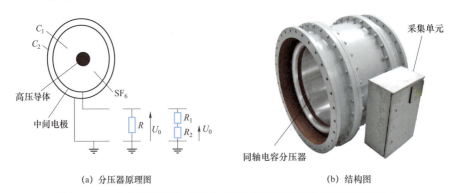

(a) 分压器原理图　　　　　　　　　　　　　　(b) 结构图

图 1-17　电容分压型电子式电压互感器原理结构图（GIS 结构）

电容分压器由分压电容 C_1、C_2 组成，输出电压较高，为适应采集单元的输入，通常有以下两种处理方式。

1）低压臂并联电阻取样 $\left(R \ll \dfrac{1}{\omega C_2} \right)$。

$$U_0 \approx RC_1 \frac{\mathrm{d}U_1}{\mathrm{d}t} \qquad\qquad (1-12)$$

式中：U_1 为一次电压；U_0 为采集单元输入电压。

目前主要应用低压臂并联电阻取样处理方式。

2）低压臂并联高阻抗电阻分压器二次分压 $\left(R_1 + R_2 \gg \dfrac{1}{\omega C_2} \right)$。

$$U_0 \approx \frac{C_1}{C_1 + C_2} \frac{R_2}{R_1 + R_2} U_1 = K_1 K_2 U_1 \qquad (1-13)$$

式中：K_1、K_2 为分压器的分压系数。

电容分压型电子式电压互感器的优点是分压器内部的电流基本是容性的无功电流，不会产生焦耳热，在长期运行中，不会因为热累计导致绝缘材料的快速老化，安全性较好；较大的电容极板可以弱化电场分布，具有较好的绝缘安全性；但易受环境温度的影响，测量稳定性相对较差，存在线路带滞留电荷重合闸引起的暂态问题及谐振产生的容升现象。

（2）电阻分压型电子式电压互感器。电阻分压型电子式电压互感器采用电阻分压原理传变一次电压，安装形式为 AIS 结构，由电阻分压器、采集单元、绝缘子和合并单元组成，其原理结构图如图 1-18 所示。其基本工作原理为：以电阻分压器为保护或测量通道传感器，采集单元将分压器二次端输出的含有被测电压信息的电压信号经 A/D 变换转换成数字信号，再变换成光信号，通过信号传输光纤以光脉冲的形式传输至合并单元。采集单元在低压侧，由站用电源供电。

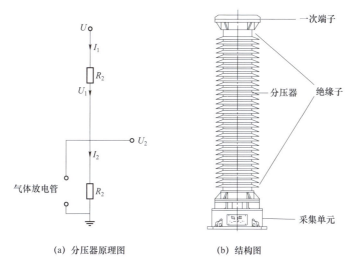

(a) 分压器原理图　　　　　　(b) 结构图

图 1-18　电阻分压型电子式电压互感器原理及结构图（AIS 结构）

电阻分压器由高压臂电阻、低压臂电阻和过电压保护的气体放电管构成。电阻分压器作为传感器，将一次电压按比例转换为小电压信号输出。串联电路的分压公式为

$$U_2 = \frac{R_2}{R_1 + R_2} U \qquad (1-14)$$

电阻分压器的分压比为

$$k = 1 + \frac{R_1}{R_2} \tag{1-15}$$

式中：k 为分压比；R_1 为高压臂电阻；R_2 为低压臂电阻。

电阻分压型电子式电压互感器的分压电阻上流过的是有功电流，分压器内电流过大，会直接产生有害温升，所以电阻分压器最大的限制是不允许流过过大的电流，这给抑制外场干扰、提高测量精度增加了技术难度，通常电阻分压适用于中低压，在 35kV 及以下电网的电压测量时，表现出良好的线性度和暂态特性，但在更高电压等级下，电阻元件的热稳定性难以满足要求。

1.1.3　组合电子式互感器

在实际应用中，电流互感器和电压互感器可以组合在一起，称为电子式电流电压组合互感器，也称为组合电子式互感器。组合电子式互感器只在装配空间上相互借用，并不需要改变原有传感器的原理和性能，安装形式也可分为 AIS 结构和 GIS 结构。目前，主要应用的组合电子式互感器为利用空心线圈或/和低功率线圈传感被测电流和电容分压器传感被测电压的有源组合电子式互感器。

图 1-19 所示为 AIS 结构组合电子式互感器的典型结构图。上端为电流传感头，绝缘支柱内装有电压传感头。绝缘子较粗，需要完整装入分压器或电压传感装置，还必须留有电流传感器的光纤通道。

图 1-20 所示为 GIS 结构组合电子式互感器的典型结构和实物图。高压导体和电极圆筒组成了同轴电容，作为电压分压器的高压臂电容；低压臂电容可做成同轴型，也可用标准的固定电容。电流传感器线圈套在高压臂电容之外。分压器的二次电压输出及电流传感线圈的输出统一经由装在封闭外壳上的密封端子盒引至箱外，接入数据采集单元。

组合电子式互感器使得互感器体积减小，提高了系统集成度，节约了制造成本。

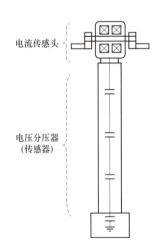

图 1-19　AIS 结构组合电子式互感器典型结构图

电流传感头

电压分压器
（传感器）

(a) 结构图

(b) 实物图

图 1-20　GIS 结构组合电子式互感器结构和实物图

1.2　国内外技术发展情况

在 20 世纪 60 年代，美国、日本一些技术发达国家就已经开始了电子式互感器的研究。20 世纪 70 年代初，光纤的问世与实用化进一步促进了电子式互感器的研究，但由于高电位功能困难、测量准确度低、温度稳定性差等问题，电子式互感器未能实用化。从 20 世纪 90 年代开始，随着激光技术、光纤技术和光通信技术的发展，有源电子式互感器与无源光学互感器的研究进入了快速发展的关键时期，研究机构开始投入大量的人力、物力和财力从事电子式互感器的研究，国外大型电气制造商陆续推出有源电子式互感器和无源光学互感器实用化产品，如瑞士的 ABB 公司、法国的 AREVA 公司（原 GEC ALSTHOM 公司）、加拿大的 NxtPhase 公司、日本的日立和东电等公司。

国内电子式互感器的研究虽然起步较晚，但发展很快，早期主要以高等院校研究团队为主，进入 21 世纪，逐步从高校转移到企业。目前，电子式互感器呈现多类型、多用途、智能化、集成化发展趋势。国内电子式互感器的研究始于 20 世纪 70 年代，以 1982 年在上海召开的"激光工业应用座谈会"为起步，先后有清华大学、华中科技大学等国内一些著名高等院校做了大量的理论和实际研究工作。国内如电子工业部第二十六研究所、北京电科院、上海互感器厂、沈变互感器厂、保定天威集团、国电南自、南瑞继保、南瑞航天等，也进行了相关研究。近年来，先后已有多家企业研制的电子式互感器在 10~750kV 系统上挂网运行。

电子式电流互感器的研究最初集中于无源型互感器，但由于测量准确度受温度影响以及长期运行稳定性问题，研究重点开始逐渐转向空心线圈电流互感

23

器，但全光纤电流互感器的研究并没有停止，其关键原因在于法拉第旋光效应原理（无源型）在频率响应范围大、无须外部电源、高压侧无电子元器件、抗电磁干扰等方面相对于电磁感应原理（有源型）具有较大的优势。2004 年开始，随着温度补偿、闭环控制等方法的应用，测量精度、温度漂移问题和长期运行稳定性问题有所改善，无源型电流互感器又重新成为研究热点。

电子式电压互感器早期的研究方向主要为无源型，但由于测量精度和绝缘方面的问题，并未挂网运行。后来研究方向转向采用传统的电压互感器技术进行电压测量后在低压侧转换为数字信号输出。由于传统电压互感器技术已非常成熟，这种有源型电压互感器并不存在技术瓶颈，因此得到了快速发展，有大量产品挂网运行。这类电子式电压互感器体积小、质量轻，暂态响应都优于传统互感器，可靠性比无源互感器高。

1.3 国 内 应 用 情 况

国内电子式互感器研究始于 20 世纪 70 年代，主要是高校和科研院所，20世纪 90 年代开始有电子式互感器试运行。2004～2009 年，电子式互感器开始以科技成果推广方式正式投入运行，主要以有源为主；2009 年以后，电子式互感器向实用化方向发展，在新建工程中的应用逐步增多；2018 年以后，随着电子式互感器在工程运行中暴露出的故障问题，其在新建工程中投入应用量很少，但是已建工程中仍部分保留电子式互感器。

2009 年，国家电网公司全面推广智能变电站建设，电子式互感器被大量采用。在使用过程中暴露出电子式互感器可靠性低的缺陷，2011 年 5 月国家电网公司开展电子式互感器调研。2011 年 7 月 21 日由国家电网公司科技部（智能电网部）、生技部、基建部、物资部、营销部、产业发展部、国调中心等七个部门在武汉共同组织召开了电子式互感器专题研讨会，会议决定开展电子式互感器性能检测工作，组织编写并印发了《电子式互感器性能检测方案》，并于 2011 年底完成第一批性能检测工作，24 个厂家的 41 台样品，其中 3 个厂家的4 台样机通过性能检测，到 2012 年底共完成三个批次的 75 台电子式互感器性能检测工作，累计 19 台通过性能检测。

经过专业检测和运行经验的积累，制造厂对采集单元电磁兼容（electro magnetic compatibility，EMC）问题、温度和振动可靠性等方面有了充分的认识并采取了相应的措施，电子式互感器可靠性有了明显提升，2013 年底，建成投运了 6 座新一代智能变电站试验示范站。2015 年又规划建设了 50 座扩大示范站。

以下针对国家电网公司系统内 2005～2020 年间智能变电站 110（66）～
1000kV 的电子式互感器进行了调研和缺陷分析。

1.3.1　电子式电流互感器应用情况

如表 1-1 所示，截止到 2020 年 12 月，国家电网公司交流系统 110（66）
kV 及以上电子式电流互感器投运数量为 4172 台，其中有源电子式电流互感器
3362 台，无源电子式电流互感器 810 台。电子式电流互感器大多应用于 110kV
和 220kV 变电站。其中，有源电子式电流互感器在运 3068 台，累计退运 294
台；无源电子式电流互感器在运 726 台，累计退运 84 台，退运主要集中在 2013
年以前投运的电子式电流互感器，退运原因主要是运行可靠性差，绝大部分均
替换成电磁式互感器。

表 1-1　　　　　　　　　　　电子式电流互感器运行分布

分类		投运（台）	在运（台）	退运（台）
有源电子式电流互感器	66kV	355	355	0
	110kV	1855	1629	226
	220kV	855	787	68
	330kV	101	101	0
	500kV	153	153	0
	750kV	39	39	0
	1000kV	4	4	0
	总计	3362	3068	294
无源电子式电流互感器	66kV	86	86	0
	110kV	403	322	81
	220kV	291	288	3
	330kV	6	6	0
	500kV	24	24	0
	总计	810	726	84
累计		4172	3794	378

1.3.2　电子式电流互感器缺陷分析

由于经过 2011 年和 2012 年的专业性能检测之后，电子式互感器的可靠性
有了明显提升，因此将 2013 年作为分界点，重点分析 2013 年及以后投运的有

源电子式电流互感器的缺陷情况。2013 年及以后投运的有源电子式电流互感器缺陷共发生 62 次，其中采集单元发生缺陷 41 次，供能系统发生缺陷 7 次，互感器本体发生缺陷 7 次，光纤复合绝缘子发生缺陷 3 次，合并单元发生缺陷 4 次，各部分缺陷分布如图 1-21 所示。

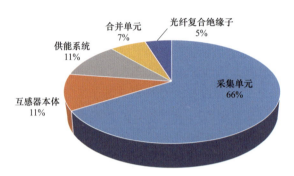

图 1-21　有源电子式电流互感器各部分缺陷分布图

2013 年及以后投运的有源电子式电流互感器的缺陷分析见表 1-2。

表 1-2　　2013 年及以后投运的有源电子式电流互感器的缺陷分析

缺陷位置	缺陷现象	缺陷次数	缺陷原因	缺陷类型	解决措施	解决效果
采集单元	采集单元元器件损坏	33	1）采集单元位于一次本体，工作的环境条件较恶劣。2）早期制造厂众多，技术、工艺水平较参差不齐，部分产品抗干扰能力设计不足、器件选型不合理、防护不当，自检不完善，容易损坏。3）采集单元 PCB 生产工艺不佳	器件品质问题/设计问题/质量管控问题/制造工艺问题	1）加强采集单元低功耗设计和散热措施，元器件选择时应充分考虑运行现场温、湿度要求。2）提升板卡设计、工艺质量水平，板卡三防（防潮、防盐雾、防霉）。3）加强采集单元的质量管控，选择高品质元器件，强化入厂检测，优化器件管理及实时监控。4）加强检测，提高检测标准要求	近年来的运行表明，该问题主流制造厂已基本解决，设计、工艺需要持续优化，效果需要重点关注
	投运过程中隔离开关分合引起采集单元输出异常	2	1）采集单元虽然处于地电位，但是由于 GIS 暂态过程产生的特快速瞬态过电压（VFTO）较严重，暂态骚扰可能从传感器传导至采集单元，对信号端口造成影响；暂态地电位抬升可能传导至采集单元，对电源端口造成影响。因此缺陷主要集中在 GIS 结构的有源 ECT。	设计问题	1）针对电子式互感器采集单元前移到一次设备场地的特点，加强 EMC 设计，从结构、硬件、软件等方面加强抗干扰设计。2）由电子式互感器厂家对 GIS 电子式传感器整体（包括罐体、一次传感器、采集单元）进行统一设计、生产、制造、试验，一体化结构设计方式，通盘考虑抗电磁干扰问题。罐体集成了一	近年来的运行表明，EMC 引起的采集单元缺陷持续减少，但是 VFTO 与 GIS 结构和接地密切相关，设计需要持续优化，效果需要重点关注

续表

缺陷位置	缺陷现象	缺陷次数	缺陷原因	缺陷类型	解决措施	解决效果
采集单元	投运过程中隔离开关开合引起采集单元输出异常	2	2）GIS 产品存在 GIS 罐体由 GIS 厂家设计生产，互感器厂家仅提供一次传感器和采集单元的方式，甚至传感器、采集单元、合并单元也由不同厂家提供，这种方式未对 EMC 进行整体设计。 3）早期厂家众多，技术工艺水平参差不齐，对 EMC 设计认识不足。 4）隔离开关操作产生的 VFTO 与 GIS 本身结构、接地处理有关系	设计问题	次传感器和采集单元，采样获得的模拟小信号在很短的距离、较好的电磁环境下传输至采集器。两端通过变径法兰和绝缘盆子也能方便地和不同的 GIS 厂家配合。 3）加强检测，提高 EMC 检测要求，强化隔离开关分合容性小电流下的抗干扰等试验考核。 4）优化 GIS 结构设计，完善 GIS 接地	近年来的运行表明，EMC 引起的采集单元缺陷持续减少，但是 VFTO 与 GIS 结构和接地密切相关，设计需要持续优化，效果需要重点关注
	同轴电缆连接异常	3	产品的同轴电缆虚接，或者同轴电缆连接端子松动	制造工艺问题 / 安装问题	规范厂内、现场安装过程中同轴电缆连接操作，加强关键质量点的检查	近年来的运行表明，该问题已解决
	光纤回路异常	2	产品的光纤连接头和光纤回路损伤	制造工艺问题 / 安装问题	规范厂内、现场安装过程中光纤插拔操作，增加对光纤的端面检查和光纤回路的损耗测量	近年来的运行表明，该问题已解决
	密封不满足工程要求，导致内部积水	1	个别产品端子箱零件加工不平整，造成密封不良，长期运行后出现进雨水情况	制造工艺问题	加强生产过程中密封制造工艺控制	近年来的运行表明，该问题已解决
供能系统	激光供能模块供能不稳定或者损坏	7	1）AIS 结构 ECT 由线圈取能、激光供能两种方式组合供能，当激光供能和 TA 取能切换设计不合理时，容易造成采集单元状态异常或测量不准确。 2）环境温度变化影响激光模块的转换效率。 3）激光供能插件对灰尘、静电有一定要求，早期生产和安装环节的光纤操作不规范、光纤头受灰尘污染或端面划伤、激光器发热后散热不良等原因引起激光器失效	设计问题/安装问题	1）设计合理的供能切换方式，适当降低高压取能的启动电流阈值，减少激光电源工作时间，提高激光电源使用寿命，保证线路取能和激光供能两种方式的平稳切换。 2）优化电路设计，降低采集单元的功耗，提高激光供电模块转换效率，提高其适应环境温度变化的能力。 3）规范厂内、现场安装过程中光纤插拔操作，增加对激光供能光纤头端面的检查和清洁操作，增加防尘措施，光纤法兰连接方式改为熔接，提高熔接质量，加强屏柜散热设计。 4）开发直流电源供电的 AIS 结构电子式电流互感器，无须激光供能	近年来激光供能在直流工程中大量运行且长期工作，通过各种措施，运行较稳定。直流电源供电的 AIS 结构电子式电流互感器无须激光供能

续表

缺陷位置	缺陷现象	缺陷次数	缺陷原因	缺陷类型	解决措施	解决效果
互感器本体	密封不满足要求,导致内部进水	7	1)个别产品下部法兰盘处未采取密封措施,导致内部进水。 2)有源 ECT 与隔离断路器集成时,一次传感部分一般套装在断路器连接法兰的外部,个别产品一次传感部分零件加工不平整,造成密封不良,长期运行后出现进雨水情况	制造工艺问题	加强生产过程中密封制造工艺控制	近年来的运行表明,该问题已解决
光纤复合绝缘子	内部光纤不通或者光路损耗过大	1	1)填充材料选型不良,热胀冷缩时光纤受到外应力,光纤损耗增大。 2)由于灌胶工艺不良,个别光纤复合绝缘子内部存在气体间隙,运行后导致绝缘击穿	制造工艺问题	1)选择合适的填充材料。 2)提升灌胶工艺水平	光纤复合绝缘子在直流工程中大量运行,运行稳定
	绝缘击穿	2				
合并单元	合并单元元器件损坏	4	1)部分产品抗干扰能力设计不足、器件选型不合理、防护不当,自检不完善,容易损坏。 2)PCB 生产工艺不佳	器件品质问题/设计问题/质量管控问题/制造工艺问题	1)加强合并单元散热措施,元器件选择时应充分考虑运行现场温、湿度要求。 2)提升板卡设计、工艺质量水平,板卡三防。 3)加强合并单元的质量管控,选择高品质元器件,强化入厂检测,优化器件管理及实时监控。 4)加强检测,提高检测标准要求	近年来的运行表明,该问题主流制造厂已基本解决,设计、工艺需要持续优化,效果需重点关注

2013 年及以后投运的无源电子式电流互感器缺陷共发生 18 次,其中采集单元发生缺陷 17 次,互感器本体发生缺陷 1 次,各部分缺陷分布如图 1-22 所示。

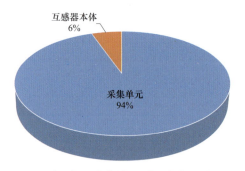

图 1-22 无源电子式电流互感器各部分缺陷分布图

2013 年及以后投运的无源电子式电流互感器的缺陷分析见表 1-3。

表 1-3　　2013 年及以后投运的无源电子式电流互感器的缺陷分析

缺陷位置	缺陷现象	缺陷次数	缺陷原因	缺陷类型	解决措施	解决效果
采集单元	采集单元质量问题，元器件异常或损坏	13	1）早期制造厂众多，技术、工艺水平参差不齐，部分产品抗干扰能力设计不足、器件选型不合理、防护不当，自检不完善，容易损坏。 2）SLD 光源是采集单元可靠性薄弱环节，在产品生产过程中，SLD 光源易受静电损伤，影响使用寿命；在产品使用过程中，SLD 光源发热导致温度升高而降低使用寿命。 3）光纤发送模块采用光纤跳线与通信端子连接，个别产品光纤接口松动时，容易受到工程现场的粉尘污染而导致损耗上升引起通信误码告警。 4）采集单元 PCB 生产工艺不佳	器件品质问题/设计问题/质量管控问题/制造工艺问题/安装问题	1）加强采集单元的质量管控，选择高品质元器件，强化入厂检测，优化器件管理及实时监控。 2）加强采集单元低功耗设计和散热措施，元器件选择时应充分考虑运行现场温、湿度要求，采集单元配置于通风环境中，避免日光直射。 3）在 SLD 光源的包装、运输、焊接装配、测试、更换过程中，采取静电防护措施。在对 SLD 光源采取温度控制措施的基础上，选择热导率高的材料增大光源的散热效率避免热量累积。 4）规范安装调试规范，加强对光纤跳线和光发送端口的清洁处理，避免粉尘污染。 5）提升板卡设计、工艺质量水平，板卡三防。 6）加强检测，提高检测标准要求	近年来的运行表明，该问题主流厂家已基本解决，设计、工艺需要持续优化，效果需要重点关注。安装规范需要标准化
	软件缺陷导致输出异常	4	产品对运行过程中出现的各种扰动缺乏认识，产品软件中缺少必要的处理算法，导致输出异常	设计问题	1）完善软件中的处理算法。 2）软件开发过程中，基于现场的运行情况编制测试案例，加强系统联调测试，将问题解决在出厂前	近年来的运行表明，该问题已解决
互感器本体	密封不满足要求导致闪络	1	个别产品密封不良导致雨水进入光纤槽引发闪络	制造工艺问题	1）制造过程中应提高产品密封工艺。 2）加强产品组装完成后的密封性检验	近年来的运行表明，该问题已解决

从缺陷分析来看，有源电子式电流互感器的缺陷主要集中在采集单元和供能系统，无源电子式电流互感器的缺陷主要集中在采集单元。缺陷与制造厂的技术水平、生产工艺和质量管控等因素密切相关。

有源电子式电流互感器采集单元元器件可靠性、采集单元 EMC 设计和激光供能模块可靠性仍是难点，需要持续优化采集单元低功耗设计、激光供能的切换方式及电路设计、EMC 防护设计等方面，并继续加强激光器、光电转换模块、AD 转换模块等器件的筛选及质量管控，持续提升有源电子式电流互感器的可靠性；无源电子式电流互感器采集单元元器件可靠性仍是难点，需要持续强化 SLD 光源的静电防护和温度控制措施，并继续加强 SLD 光源、AD 转换模块等器件的筛选及质量管控，持续提升无源电子式电流互感器的可靠性。

1.3.3 电子式电压互感器应用情况

如表 1-4 所示，截止到 2020 年 12 月，国家电网公司交流系统 110（66）kV 及以上电子式电压互感器投运数量为 2151 台，其中有源电子式电压互感器 2085 台，无源电子式电压互感器 66 台。电子式电压互感器大多应用于 110kV 和 220kV 变电站。其中，有源电子式电压互感器在运 1872 台，累计退运 213 台；无源电子式电压互感器在运 66 台，累计退运 0 台。退运主要集中在 2013 年以前投运的电子式电压互感器，退运原因主要是运行可靠性差，绝大部分均替换成电磁式互感器。

表 1-4   电子式电压互感器运行分布

分类		投运（台）	在运（台）	退运（台）
有源电子式电压互感器	66kV	107	107	0
	110kV	1165	1032	133
	220kV	647	567	80
	330kV	111	111	0
	500kV	38	38	0
	750kV	17	17	0
	总计	2085	1872	213
无源电子式电压互感器	110kV	36	36	0
	220kV	30	30	0
	总计	66	66	0
累计		2151	1938	213

1.3.4 电子式电压互感器缺陷分析

2013 年及以后投运的有源电子式电压互感器缺陷共发生 15 次，其中采集单元发生缺陷 14 次，传感器发生缺陷 1 次，各部分缺陷分布如图 1-23 所示。

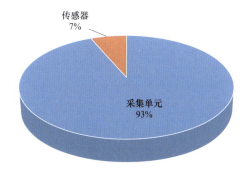

传感器
7%

采集单元
93%

图 1-23　有源电子式电压互感器各部分缺陷分布图

2013 年及以后投运的有源电子式电压互感器的缺陷分析见表 1-5。

表 1-5　　2013 年及以后投运的有源电子式电压互感器的缺陷分析

缺陷位置	缺陷现象	缺陷次数	缺陷原因	缺陷类型	解决措施	解决效果
采集单元	采集单元元器件损坏	12	1）采集单元位于一次本体，工作的环境条件较恶劣。 2）早期制造厂众多，技术、工艺水平参差不齐，部分产品抗干扰能力设计不足、器件选型不合理、防护不当，自检不完善，容易损坏。 3）采集单元 PCB 生产工艺不佳	器件品质问题/设计问题/质量管控问题/制造工艺问题	1）加强采集单元低功耗设计和散热措施，元器件选择时应充分考虑运行现场温、湿度要求。 2）提升板卡设计、工艺质量水平，板卡三防。 3）加强采集单元的质量管控，选择高品质元器件，强化入厂检测，优化器件管理及实时监控。 4）加强检测，提高检测标准要求	近年来的运行表明，该问题主流制造厂已基本解决，设计、工艺需要持续优化，效果需要重点关注
	光纤回路异常	2	产品的光纤连接头和光纤回路损伤	制造工艺问题／安装问题	规范厂内、现场安装过程中光纤插拔操作，增加对光纤的端面检查和光纤回路的损耗测量	近年来的运行表明，该问题已解决
传感器	分压器输出异常	1	个别产品低压电容分压器金属化过孔在制造过程中存在缺陷，受装配过程中弯曲应力和投运过程中热效应作用，使有缺陷过孔彻底断开，导致传感器输出异常	制造工艺问题	1）鉴于金属化过孔加工难度高，在后续生产过程中建议取消金属化过孔工艺。 2）改善工艺方法，加强元器件工艺检查，强化生产过程控制。 3）加强产品质量控制，完善外购元器件进厂检验措施	近年来的运行表明，该问题已解决

从缺陷分析来看，有源电子式电压互感器缺陷集中在采集单元。缺陷与制造厂的技术水平、生产工艺和质量管控等因素密切相关。采集单元元器件可靠性仍是难点，需要继续加强 AD 转换模块等器件的筛选及质量管控，持续提升有源电子式电压互感器的可靠性。

1.4　电子式互感器试验技术发展

在电子式互感器性能检测之前，电子式互感器一直以型式试验为唯一考核标准。试验内容为 GB/T 20840.8《互感器　第 8 部分：电子式电流互感器》和 GB/T 20840.7《互感器　第 7 部分：电子式电压互感器》规定的试验项目，电子式电流互感器的试验项目具体为短时电流试验；温升试验；雷电冲击试验；操作冲击试验；户外型电子式电流互感器的湿试验；无线电干扰电压（RIV）试验；传递过电压试验；低压器件的耐压试验；电磁兼容试验：发射、抗扰度；准确度试验；保护用电子式电流互感器的补充准确度试验；防护等级的验证；密封性试验；振动试验。电子式电压互感器的试验项目具体为雷电冲击试验；操作冲击试验；户外型电子式电压互感器的湿试验；准确度试验；异常条件耐受能力试验；无线电干扰电压试验；传递过电压试验；电磁兼容试验：发射、抗扰度；低压器件的冲击耐压试验；暂态性能试验。

在电子式互感器早期检测中，也存在一些问题：① 检测手段不完善，例如型式试验中的一次振动试验无条件实施。② 检测标准不完善，电子式互感器的国家标准是按照传统互感器检测标准修改的，其中有很多条款并不适用于电子式互感器；也存在检测规定不明确，无法执行的情况。③ 检测程序执行不到位。由于电子式互感器技术环节多，结构复杂，存在检测过程中局部整改和调试的情况，对检测人员的理论要求较高。④ 工厂质量控制及检测手段不完善，无法在工厂进行主要试验调试，还需要借助检测实验室的检测设备。

2011 年国家电网公司开展电子式互感器应用调研后，为促进电子式互感器关键技术的研究，提升电子式互感器质量和性能，提高电子式互感器运行的可靠性、稳定性和精度，进一步完善电子式互感器的技术标准，开展了电子式互感器性能检测工作。为了更加严格的检验电子式互感器的性能，初步确定了电子式互感器性能检测方案，该方案在电子式互感器的稳定性、可靠性和抗电磁干扰性能等方面提出了高于国家标准要求的测试项目和测试手段：① 增加在恶劣环境下短时间内稳定性和可靠性方面的要求和检测；② 提高对温度循环试验的要求，对电子式互感器整个升温或降温过程进行监控，以便更好地掌握产品的温度特性；③ 严格电磁兼容试验，对电子式互感器的所有电子部分进行检验，尤其要重点验证电子式互感器在高电压或大电流下的电磁兼容性能；④ 针对无源电子式互感器，增加对温度、小电流、振动的要求。该性能检测方案经过在试验过程中的完善，现阶段已初步形成电子式互感器行业标准

DL/T 1542—2016《电子式电流互感器选用导则》、DL/T 1543—2016《电子式电压互感器选用导则》。

经过电子互感器性能检测的补充实施，促进了电子式互感器的关键技术研究，尤其是在抗电磁干扰、宽温度范围下的测量准确度等性能有显著的提高，电子式互感器的可靠性有了明显的提升。

但是电子式互感器与传统互感器相比，缺乏足够的运行经验，其长期稳定性仍需进一步提升。2013 年，国家电网公司建设了 6 座新一代智能变电站，全部采用了电子式互感器。6 座智能变电站总体运行情况良好，但在投入运行初期暴露了电子式互感器的几个问题，主要包括有源电子式电流互感器采用的供能用的激光器出现由于熔接端面损耗等而无法供能的问题和有源电子式电压互感器由于电容屏生产工艺导致的异常输出信号的问题。这两类问题都在投入三个月内就暴露出来，属于制造工艺上的缺陷，但在型式试验和性能检测试验过程中却无法发现该类缺陷。同时，通过对部分已运行的电子式互感器进行调研，结果显示，超过 90% 的主要故障均发生在投入运行后的一年以内。电子式互感器大部分厂家都是没有挂网运行经验的，电子式互感器的长期稳定性存在巨大的安全隐患。因此，对电子式互感器的长期稳定性进行带电考核，可有效降低投运后出现可靠性故障的概率。

在此情况下，2015 年，国家电网公司开展了电子式互感器长期性能考核工作。主要是通过在实验室的一段时间带电考核，发现通过型式试验和性能检测试验的电子式互感器是否存在缺陷。第一期电子式互感器长期性能考核时间为 2015 年 3 月～2016 年 4 月，考核方案按照国家电网公司智能〔2015〕4 号文发布的《电子式互感器性能检测方案》执行。在长期性能考核中发现了电子式互感器的各类缺陷，并完成了缺陷的原因分析、改进措施的制订、效果验证等，显著提升了电子式互感器的长期运行可靠性。

2 电子式电流互感器标准试验

2.1 标 准 试 验 分 类

在 GB/T 20840.8—2007《互感器　第 8 部分：电子式电流互感器》中，规定了电子式电流互感器的试验项目分为例行试验、型式试验和特殊试验三类。

2.1.1 型式试验

型式试验是指对每种型式电子式电流互感器中的一台所进行的试验，用以验证按同一技术规范制造的电子式电流互感器均应满足在例行试验中未包括的要求。新产品在成批投产前应进行全部型式试验。当更改结构、原材料或工艺方法时，应重新进行部分或全部型式试验。在具有较少差别的电子式电流互感器上所做的型式试验，或在未改动的分组部件上所做的型式试验，其有效性应经制造方和用户协商同意。型式试验可以从同一型式的电子式电流互感器中选取具有代表性产品作为试品，并应在生产的批量中抽取。型式试验至少每 5 年进行一次。型式试验项目如下：

（1）短时电流试验；

（2）温升试验；

（3）额定雷电冲击试验；

（4）操作冲击试验；

（5）户外型电子式电流互感器的湿试验；

（6）无线电干扰电压试验；

（7）传递过电压测量；

（8）低压器件的耐压试验：工频耐压试验、冲击耐压试验；

（9）电磁兼容试验：发射、抗扰度；

（10）准确度试验：测量用电子式电流互感器的基本准确度试验、保护用电子式电流互感器的基本准确度试验、温度循环准确度试验、准确度与频率关系的试验、元器件更换的准确度试验、信噪比试验；

（11）保护用电子式电流互感器的补充准确度试验：复合误差试验、暂态特性试验；

（12）防护等级的验证：IP 代码的验证、机械冲击试验；

（13）密封性能试验；

（14）振动试验：二次部件的振动试验、一次部件的振动试验、短时电流期间的一次部件振动试验、一次部件与断路器机械耦联时的振动试验；

（15）数字量输出的补充型式试验：驱动器特性的验证、接收器特性的验证、定时准确度的验证。

除非另有规定，所有的绝缘型式试验应在同一台电子式电流互感器上进行。电子式电流互感器除经受型式试验外，还应经受全部例行试验。

2.1.2　例行试验

每台电子式电流互感器都应承受的例行试验项目如下：

（1）端子标志检验；

（2）一次端的工频耐压试验；

（3）局部放电测量；

（4）低压器件的工频耐压试验；

（5）准确度试验；

（6）密封性能试验；

（7）电容量和介质损耗因数测量；

（8）数字量输出的补充例行试验；

（9）模拟量输出的补充例行试验。

试验的顺序未标准化，但准确度试验应在其他试验后进行。一次端的重复性工频耐压试验应在规定试验电压值的 80%下进行。

2.1.3　特殊试验

特殊试验是一种既不同于例行试验，也不同于型式试验，由制造厂同用户协商确定的试验。特殊试验项目如下：

（1）截断雷电冲击试验；

（2）一次端的多次截断冲击试验；

（3）机械强度试验；

（4）谐波准确度试验；

（5）依据所采用技术需要的试验。

2.2 短 时 电 流 试 验

2.2.1 试验要求

电子式电流互感器在电力系统运行中要承受系统出现的短路电流而不损坏。短路电流是一个不对称电流，其典型波形如图 2−1 所示。短路电流在短路开始后半个周期时间达到峰值，然后逐渐减小进入稳态。其峰值电流产生的电磁力和稳态电流产生的发热对电子式电流互感器危害最严重，所以针对电子式电流互感器耐受短时电流的能力，标准规定了额定短时热电流（I_{th}）及额定动稳定电流（I_{dyn}），即电子式电流互感器在 1s 内承受住且无损伤的最大一次电流方均根值及电子式电流互感器承受其电磁力的作用而无电气或机械损伤的最大一次电流峰值。短时电流的时间根据系统切断故障的方式而定，可能有大于 1s 的要求，一般规定有 2、3s，最大到 5s，因此对于大于 1s 的短时电流，还要规定耐受时间。额定动稳定电流（I_{dyn}）的标准值是额定短时热电流（I_{th}）的 2.5 倍。

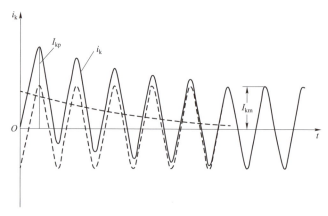

图 2−1　短路电流典型波形图

（1）电动力分析。因为通有电流的导体在其周围形成磁场，处于磁场中的载流导体受到机械力的作用，所以两个载流导体之间也同样存在机械力的作用，这种由于电流的存在而产生的力通常称为电动力。设导体中通有相位相同的单相正弦电流，则导体所受的电动力为

$$F = Ci^2 = CI_\mathrm{m}^2 \sin^2 \omega t = \frac{CI_\mathrm{m}^2 (1 - \cos 2\omega t)}{2} = \frac{1}{2} CI_\mathrm{m}^2 - \frac{1}{2} CI_\mathrm{m}^2 \cos 2\omega t = F' + F''$$

$$(2-1)$$

式中：F 为每相导体上所受的电动力；C 为单位电流的电动力，取决于导体的回路形式、导体长度及相互间的位置；i 为导体中所通过的电流值；I_m 为交流正弦电流的幅值。

由式（2-1）可知，单相交流正弦电流的电动力由两部分组成，一部分为恒定分量 F'，即交流电动力的平均值；另一部分为交变分量 F''，它以两倍电源的频率而变化。单相交流电流时电动力随时间的变化曲线如图2-2所示。从图2-2可见，电动力的最大值为恒定分量的两倍，即

$$F_\mathrm{max} = 2F' = CI_\mathrm{m}^2 \qquad (2-2)$$

电动力的最小值 $F_\mathrm{min} = 0$。

电动力的作用方向不变。

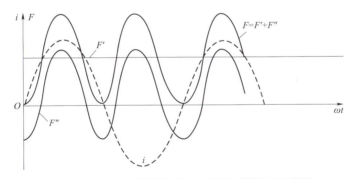

图2-2　单相交流电流时电动力随时间的变化曲线

当发生单相短路时，短路电流的过渡过程中常包括周期分量和非周期分量两部分。周期分量的大小与回路的功率因数角、短路瞬间电压的相位角有关。设短路前电流为零，短路时的电源为

$$U = U_\mathrm{m} \sin (\omega t + \psi) \qquad (2-3)$$

式中：U_m 为交流电源电压的幅值；ψ 为短路瞬间电压的相位角。

根据短路的过渡过程分析，短路电流为

$$i = \frac{U_\mathrm{m}}{Z}\sin(\omega t + \psi - \varphi) - \frac{U_\mathrm{m}}{Z}\sin(\psi - \varphi)\mathrm{e}^{-\frac{R}{L}t}$$

$$= I_\mathrm{m}[\sin(\omega t + \psi - \varphi) - \sin(\psi - \varphi)\mathrm{e}^{-\frac{R}{L}t}] = i' + i''$$

$$(2-4)$$

式中：i 为电流瞬时值；I_m 为短路电流周期分量的幅值；Z 为线路阻抗；ψ 为短路瞬间电压的相位角；φ 为电流滞后电压的相位角；R 为线路电阻；L 为线路电感；t 为线路合闸后时间。

式（2-4）中第一项为周期分量即稳态分量 i'，第二项为非周期分量即暂态分量 i''。图 2-3 给出了单相短路电流随时间的变化曲线。

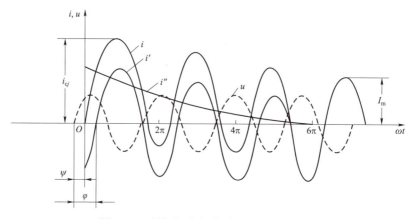

图 2-3　单相短路电流随时间的变化曲线

由式（2-4）可知，当合闸相位角 $\psi = \varphi$ 时，电流中非周期分量为零，也就是说，短路后不经过过渡过程而立即进入稳定状态。当合闸相位角 $\psi = \varphi - \pi/2$ 时，非周期分量电流最大，短路电路过渡过程最长。

要计算可能发生的最大电动力，就应按可能出现的最大电流来考虑。当 $\psi = \varphi - \pi/2$ 时，i 最大，即

$$i = I_\mathrm{m}\left[\sin\left(\omega t - \frac{\pi}{2}\right) - \sin\left(-\frac{\pi}{2}\right)\mathrm{e}^{-\frac{R}{L}t}\right] = I_\mathrm{m}\left(-\cos\omega t + \mathrm{e}^{-\frac{R}{L}t}\right) \quad (2-5)$$

当 $\omega t = \pi$，即 $t = 0.01\mathrm{s}$ 时，第一个周期电流峰值称为短路冲击电流，此时出现最大电动力。电子式电流互感器的机械强度应以电动力的最大值来参考，因此，允许通过的最大峰值电流是短路电流试验的一项主要参数指标，这一电流一般相当于短路电流第一个周期的峰值。

在三相交流电力系统中，如果各相的负载相同，即在负载对称的情况下，各相电流也必然是正弦对称三相电流，即各相电流的幅值相等而相位互差

120°。三相电力系统的短路形式有多种，其短路电流值及电动力也均不相同。当三相对称短路时，由于各相电流的相位不同，各相短路电流交替改变其大小和方向，三相导体之间的电动力要由电流瞬时值的大小和方向来决定。在同一短路电流值下，单相短路的电动力大于三相短路的电动力。

在进行三相交流短路电流试验时，除各相的第一周期峰值电流不相同以外，如果第一个周期最大峰值电流出现在三相的中间相或边相（任一边相），其综合电动力也将不同。根据计算分析可知，当第一个周期最大峰值电流出现在中间相时将在此电子式电流互感器上产生最大的电动力，它比第一个周期最大峰值电流出现在边相上时的电动力更大。这时应采用选相合闸开关把最大峰值电流轮流地加在每一相上依次考核。

（2）热效应分析。电网发生短路时，要求保护必须迅速动作，在几秒钟或更短的时间内切除故障。因此，这就要求电子式电流互感器能承受短时间内的短路电流发热的考验，即能承受故障电流所形成的热效应作用而不致被破坏。电子式电流互感器的导体被短路电流加热的特征是：电流的数值很大而持续时间很短。在很短的时间内，由短路电流所产生的热量几乎全部用来升高导体自身的温度，而来不及向周围散热。因此，导体温度上升很快。如果由于线路发生短路，电流突然猛增至电子式电流互感器额定电流的几十倍甚至上百倍时，就会在电子式电流互感器一次部分产生强烈的发热。当温升超过一定的限度时，一次部分可能发生熔焊、变形或机械强度降低，绝缘材料也必然迅速老化，使绝缘性能下降，甚至烧毁整台电子式互感器，进而扩大短路事故。

如果电子式电流互感器通电后，其全部发热均为本体吸收，并使其温度升高（散热为零），则热平衡关系为

$$\tau = \frac{K_{ad}R}{cm}I^2t \qquad (2-6)$$

式中：τ 为发热体的温升；K_{ad} 为附加损耗系数；R 为发热体电阻；c 为发热体比热容；m 为发热体质量。

电子式电流互感器在绝热情况下，温升 τ 与 I^2t 成正比。因此，除第一个周期峰值电流外，稳态电流 I 和通电持续时间 t 也是短路电流试验的两个主要参数指标。前者称为短时热电流，即周期分量的方均根值。

2.2.2　试验方法

短时电流试验接线如图 2−4 所示，短时电流试验包括动稳定试验和短时热电流试验。电子式电流互感器进行短时热电流（I_{th}）试验时，起始温度在 5～40℃。

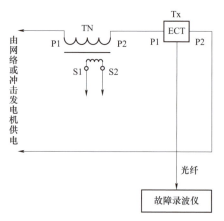

图 2-4　短时电流试验接线

P1、P2——一次端子；TN—标准电流互感器；S1、S2—接数据采集系统；Tx—电子式电流互感器试品

进行短时电流试验时，辅助电源电压和二次负荷同时作用，使二次转换器具有最大的内部功率消耗。短时热电流试验施加的电流 I' 及持续时间 t' 应满足

$$I'^2 t' \geqslant I_{th}^2 t \qquad (2-7)$$

式中：I_{th} 为额定短时热电流；t 为短时热电流的规定持续时间，而 t' 值在 0.5～5s 之间。

动稳定试验施加的一次电流峰值至少有一个不小于额定动稳定电流（I_{dyn}）；动稳定试验可以和短时热电流试验合并进行，但要求试验电流的第一个主峰值不小于额定动稳定电流（I_{dyn}）。

2.2.3　试验判据

如果电子式电流互感器冷却到环境温度（5～40℃）后无可见损伤，其误差与试验前的差异不超过其准确度误差限值的一半，能承受例行试验中规定的绝缘试验（试验电压降低到一次端规定值的 90%），接触导体表面的绝缘无明显的劣化现象（例如炭化），则认为通过试验。

如果电子式电流互感器一次导体为铜材，对应于额定短时热电流的电流密度不超过 180A/mm²，电导率不小于 GB/T 5585.1—2018《电工用铜、铝及其合金母线　第 1 部分：铜和铜合金母线》规定值的 97%，则不要求进行导体表面绝缘劣化现象的检查；如果电子式电流互感器一次导体为铝材，对应于额定短时热电流的电流密度不超过 120A/mm²，电导率不小于 GB/T 3954—2014《电工圆铝杆》规定值的 97%，则不要求进行导体表面绝缘劣化现象的检查。对于 A

级绝缘，只要一次导体对应于额定短时热电流的电流密度不超过上述值，运行时的热额定值要求通常就能得到满足，因此如果制造方和用户协商同意，则可以用符合此要求来取代绝缘检查。

2.3 温 升 试 验

2.3.1 试验要求

电子式电流互感器的正常使用环境温度分为 3 种类别，见表 2-1。在选择温度类别时，应考虑储存和运输条件。如果电子式电流互感器组装在 GIS、断路器等其他设备中，则应按相关设备的使用条件作规定。

表 2-1　　　　　　　　　温 度 类 别　　　　　　　单位：℃

类别	最低温度	最高温度
−5/40	−5	40
−25/40	−25	40
−40/40	−40	40

如果安装地点的环境温度明显超出表 2-1 所列的正常使用条件范围，则优先的最低温度范围为严寒气候，即 −50℃ 和 +40℃；优先的最高温度范围为酷热气候，即 −5℃ 和 +50℃。在频繁出现暖湿气流的某些地区，即使电子式电流互感器安装在户内，也可能发生温度突然变化导致凝露。在某些太阳辐射条件下，可能需要采取例如遮盖、吹风等适当措施，以避免温升超过规定，也可以降低额定值使用。

电子式电流互感器温升数值的高低，直接关系到其使用寿命和运行可靠性。当电子式电流互感器一次端子通过额定热连续电流及（模拟量电压输出）连接额定负荷时，其温升应不超过表 2-2 所列的相应值。这些值以表 2-1 给定的正常使用条件为依据。如果规定的环境温度超过表 2-1 的给定值，则表 2-2 的允许温升应减去环境温度的超过值。电子式电流互感器的温升由所用技术的最低绝缘等级限定，各绝缘等级的最高温升列于表 2-2。对电子式电流互感器预期最热部位的温升应进行代表性测量，此测量随所用技术而定，包括绕组的电阻测量、一次导体的温度测量。

表2-2　　　电子式电流互感器不同部位不同绝缘材料的温升限值　　　单位：K

电子式电流互感器各部分		温升限值
油浸式电子式电流互感器	顶层油	50
	顶层油（对于全密封结构）	55
	绕组平均	60
	绕组平均（对于全密封结构）	65
	接触油的其他金属	与绕组相同
固体或气体绝缘电子式电流互感器	绕组平均（对于接触右列等级绝缘材料） Y	45
	A	60
	E	75
	B	85
	F	110
	H	135
	接触上列等级绝缘材料的其他金属件	与绕组相同
用螺栓或类似件紧固的连接接触处	裸铜、裸铜合金或裸铝合金 在空气中	50
	在 SF_6 中	75
	在油中	60
	被覆银或镍 在空气中	75
	在 SF_6 中	75
	在油中	60
	被覆锡 在空气中	65
	在 SF_6 中	65
	在油中	60

在进行温升试验时，其各部分温升不应超过其对应的温升限值。温升测量可以用温度计、热电偶或其他适当装置。试验中，若温度变化值每小时不超过1K，则认为电子式电流互感器已达到稳定温度。对于装在三相气体绝缘金属封闭式组合开关设备上的电子式电流互感器，所有三相同时进行试验。与电子式电流互感器一次端子连接的导线，对一次端子的温升会有影响，试验时应选取合适的导线长度和截面，并与一次端子有良好的接触。

2.3.2　试验方法

温升试验接线图如图2-5所示。

试验场地的环境温度为 10～30℃。试验场所周围不应有任何影响环境温度的因素，例如辐射、热源、气流等。环境温度测量采用 2～3 个温度计，其测温端应浸于容积不小于 1000mL 装满油的杯中，放置于电子式电流互感器试品周围 1～2m 处，高度约为试品高度的中间部位。环境温度以几个温度计的平均值为准。

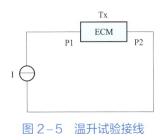

图 2-5　温升试验接线

I—大电流发生器；
Tx—电子式电流互感器试品

试验时，电子式电流互感器按代表实际使用情况的状态放置。电子式电流互感器具有多个二次转换器时，试验对每一个二次转换器进行。当温升试验持续时间至少等于电子式电流互感器热时间常数的三倍，或者温升变化连续三次不超过每小时 1K 时，可以终止试验。

制造方可以通过以下方法估计热时间常数：① 试验前，依据对同类结构产品先前试验的结果，在温升试验时给出热时间常数。② 试验中，用试验过程记录的温度上升曲线或温度下降曲线，按照 GB/T 20840.2—2014《互感器　第 2 部分：电流互感器的补充技术要求》附录中给出的试验推算法计算出热时间常数。③ 试验中，取温升曲线起始在 0 点处的切线与最高温升预计值的相交点。④ 试验中，取到达 63%最高温升预计值所经历的时间。

对于电子式电流互感器一次端子温升测量，推荐采用热电偶法。用热电偶法测量一次端子温度时，将适当数量的热电偶分别置于一次端子的不同部位，最后以各热电偶测得温度的平均值作为一次端子的平均温度。

如果电子式电流互感器规定在海拔超出 1000m 处使用而试验处海拔低于 1000m，则表 2-2 的温升限值 Δt 按使用处海拔超出 1000m 后的每 100m 减去相应数值，油浸式电子式电流互感器为 0.4%，干式和气体绝缘电子式电流互感器为 0.5%，温升的海拔校正因数如图 2-6 所示。

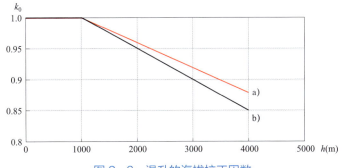

图 2-6　温升的海拔校正因数

温升的海拔校正因数的计算公式为

$$k_0 = \frac{\Delta t_h}{\Delta t_{h0}} \qquad (2-8)$$

式中：Δt_h 为在海拔 $h > 1000$m 处的温升；Δt_{h0} 为表 2-2 所规定的温升限值Δt（海拔 $h_0 \leqslant 1000$m 处）。

2.3.3 试验判据

如果电子式电流互感器各种零部件、材料和介质的实际温升值不高于表 2-2 及经海拔修正后的温升限值，且冷却到室温后无可见损伤，误差与试验前的差异不超过其准确度等级相应误差限值的一半，则认为电子式电流互感器通过试验。

2.4 额定雷电冲击试验

2.4.1 试验要求

雷电冲击试验是冲击电压发生器模拟雷电产生脉冲波来考核电子式电流互感器在遭受雷击过电压时的绝缘性能的试验。雷电冲击试验属于破坏性绝缘试验，用较高的试验电压来考验电子式电流互感器的绝缘水平，以发现设备的集中性缺陷，但破坏性绝缘试验有可能给被试电子式电流互感器造成一定损伤，所以需要安排在非破坏性试验合格之后进行，以免使绝缘性能无辜损伤甚至击穿。

根据实测，雷电波是一种非周期性脉冲，它的参数具有统计性。波前时间为 0.5～10μs，半峰值时间为 20～90μs，累积频率为 50%的波前和半峰值时间分别为 1.0～1.5μs 和 40～50μs。雷电冲击电压又可分为全波和截波两种。截波是利用截断装置把冲击电压发生器发生的冲击波突然截断，使电压急剧下降来获得的。截断的时间可以调节，或发生在波前或发生在波尾。

为保证多次试验结果的重复性和各实验室之间试验结果的可比性，国际电工委员会和我国国家标准规定了标准雷电冲击电压全波及截波的波形。雷电冲击电压全波波形如图 2-7 所示，O 为原点。

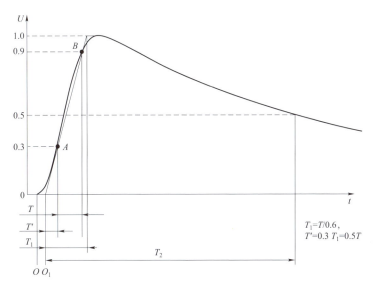

$T_1=T/0.6$,
$T'=0.3\ T_1=0.5T$

图 2-7　雷电冲击电压全波波形

实际操作过程中，有时用示波器摄取到的波形，在 O 点附近往往模糊不清，或是有起始的振荡。当冲击电压发生器的内电感大时，波形起始处也可能有一小段较为平坦。此时波形的原点（真正的起始点）在时间轴上不易确定。电压波的峰值点，由于较平坦，在时间上也不易确定。IEC 和国家标准采用了如图 2-7 所示的方法来求得视在原点 O_1，再从 O_1 计算波前时间 T_1 和半峰值时间 T_2。视在波前时间 T_1 定义为试验电压曲线峰值的 30% 和 90% 之间时间间隔 T（图 2-7 中点 A 和点 B）的 1/0.6 倍，即 $T/0.6$；半峰值时间 T_2 定义为从视在原点 O_1 到试验电压曲线下降到试验电压值一半时刻之间的时间间隔。

标准雷电冲击电压是指波前时间 T_1 为 1.2μs，半波峰值时间 T_2 为 50μs 的光滑的雷电冲击全波，表示为 1.2/50μs 冲击。标准雷电冲击规定值与实际施加值之间的允许偏差：峰值±3%，波前时间±30%，半峰值时间±20%。过冲和峰值附近的振荡是容许的，允许相对过冲最大幅值不超过 10%。对某些试验回路和试品，不易实现规定的标准波形时，可适当延长波前时间 T_1 来避免超出允许的过冲幅值。

额定雷电冲击试验的试验电压按设备最高电压和规定的绝缘水平，取表 2-3 的相应值。对于暴露安装的电子式电流互感器，推荐选择最高的绝缘水平。对于斜线下的数值，额定短时工频耐受电压为设备外绝缘干状态下的耐受电压值，额定雷电冲击耐受电压为设备内绝缘的耐受电压值。

表2-3　　电子式电流互感器一次端子的额定绝缘水平和耐受电压　　单位：kV

设备最高电压 U_m（方均根值）	额定短时工频耐受电压（方均根值）	额定雷电冲击耐受电压（峰值）	额定操作冲击耐受电压（峰值）	截断雷电冲击（内绝缘）耐受电压（峰值）
7.2	23/30	60	—	65
12	30/42	75	—	85
17.5	40/55	105	—	115
24	50/65	125	—	140
40.5	80/95	185/200	—	220
72.5	140	325		360
	160	350		385
126	185/200	450/480		530
	185/230	550		633
252	395	950	—	1050
	395/460	1050		1175
363	510	1175	950	1300
550	680	1550	1175	1675
	740	1675	1300	1925
800	975	2100	1550	2415
1100	1100	2400	1800	2560

2.4.2　试验方法

额定雷电冲击试验接线如图2-8所示。

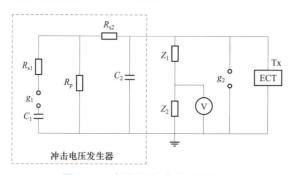

图2-8　额定雷电冲击试验接线

R_{s2}—波头电阻；R_p—波尾电阻；g_1—放电球隙；g_2—截波球隙；C_1—波头电容
C_2—波尾电容；Z_1、Z_2—分压器；Tx—电子式电流互感器试品；V—峰值电压表

额定雷电冲击试验设备包括冲击电压发生装置、冲击电压测量系统。试验

应在装配完整的电子式电流互感器上进行，包括传输系统、二次转换器和合并单元。试验电压施加在与一次电流传感器连接在一起的线端端子与地之间。座架（如果有）、箱壳（如果有）和所有二次端子（如果有）连在一起接地。接地连接中可接入适当的电流记录装置，二次端子（如果有）可连在一起接地，或接入适当的装置以记录试验时的适当输出量。对于输出为数字信号的电子式电流互感器，用网络分析仪与故障录波仪监视其输出信号。

设备最高电压 U_m＜300kV 的电子式电流互感器，试验在正和负两种极性下进行，每一极性连续冲击 15 次，需要做大气条件校正。施加正、负极性冲击各 15 次是针对外绝缘试验而规定的。如果制造方与用户协商同意用其他方法检查外绝缘，则每一极性下的雷电冲击数可减少到 3 次，不做大气条件校正。设备最高电压 U_m≥300kV 的电子式电流互感器，试验在正和负两种极性下进行，每一极性连续冲击 3 次，不做大气条件校正。

2.4.3　试验判据

（1）对于 U_m＜300kV 的电子式电流互感器，如果试验结果满足下列要求，则通过试验：

1）每一组试验（正极性和负极性）至少各冲击 15 次；

2）非自恢复内绝缘不发生击穿；

3）非自恢复外绝缘不出现闪络；

4）每一极性下自恢复外绝缘出现闪络不超过 2 次；

5）未发现绝缘损坏的其他证据（例如，所记录各种波形的变异）；

6）对于输出为数字信号的电子式电流互感器，不出现通信中断、丢包、采样无效、输出异常信号等故障。

如果试验时发生破坏性放电，而无证据显示破坏性放电发生在自恢复绝缘上，则电子式电流互感器在绝缘试验完成后拆开检查。如发现非自恢复绝缘损坏，则认为电子式电流互感器未通过试验。

（2）对于 U_m≥300kV 的电子式电流互感器，如果试验结果满足下列要求，则通过试验：

1）不发生击穿；

2）未发现绝缘损伤的证据（例如，所记录各种波形的变异）；

3）对于输出为数字信号的电子式电流互感器，不出现通信中断、丢包、采样无效、输出异常信号等故障。

2.5　操作冲击试验

2.5.1　试验要求

电力系统中运行的电子式电流互感器除长时间受工频电压和短时过电压的作用外，还经常受到操作过电压作用，主要是由于线路重合闸、故障、开断容性电流等线路操作引起的。随着超高压、特高压输电的出现，用操作冲击电压考核电气设备的绝缘性能显得越来越重要。目前产生操作冲击电压的方法有用变压器产生或用冲击电压发生器产生两种途径。一般使用冲击电压发生器来产生，与产生雷电冲击电压的原理一样，只是操作冲击电压的波前和波尾都比雷电冲击电压长得多，在选择回路参数时，要求调波电容和冲击电容都较大，同时要求波前电阻和放电电阻也较大。冲击电压用电容分压器来测量。

GB/T 16927.1—2011《高电压试验技术　第 1 部分：一般定义及试验要求》中规定的操作冲击全波波形如图 2−9 所示。半峰时间 T_2 是从实际原点到波尾下降到半峰值的时间间隔；90%峰值以上的时间 T_d 指冲击电压超过峰值 90%的持续时间；波前时间 T_p 是从实际原点到达峰值的时间间隔。标准操作冲击是波前时间 T_p 为 250μs，半峰值时间 T_2 为 2500μs 的冲击电压，表示为 250/2500μs 冲击。标准操作冲击规定值与实际施加值之间的允许偏差：峰值±3%，波前时间±20%，半峰值时间±60%。

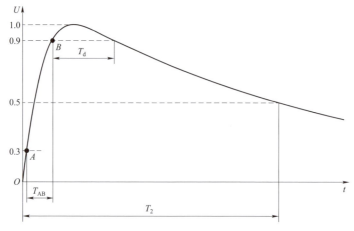

图 2−9　操作冲击全波波形

操作冲击试验的试验电压按设备最高电压和规定的绝缘水平，取表 2－3 的相应值。

2.5.2　试验方法

操作冲击试验接线如图 2－10 所示。

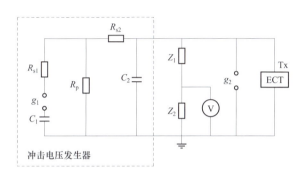

图 2-10　操作冲击试验接线

R_{s1}、R_{s2}—波头电阻；R_p—波尾电阻；g_1—放电球隙；g_2—截波球隙；

C_1—波头电容器；C_2—波尾电容器；Z_1、Z_2—分压器；

Tx—电子式电流互感器试品；V—峰值电压表

$U_m \geqslant 363kV$ 的电子式电流互感器需要进行操作冲击试验，试验接线与额定雷电冲击试验接线一致，但要求调波电容和冲击电容调节到约为雷电冲击参数的 10 倍。需要注意选择合适的对墙和对其他物体的安全距离，采用屏蔽罩等措施来提高空气间隙的击穿场强。对于户外型电子式电流互感器，试验在湿状态下进行，淋雨程序按照 GB/T 16927.1—2011《高电压试验技术　第 1 部分：一般定义及试验要求》的规定执行。试验电压施加在同一次电流传感器连接在一起的线端端子与地之间。座架（如果有）、箱壳（如果有）和所有二次端子（如果有）连在一起接地。接地连接中可接入适当的电流记录装置，二次端子（如果有）可连在一起接地，或接入适当的装置以记录试验时的适当输出量。对于输出为数字信号的电子式电流互感器，用网络分析仪与故障录波仪监视其输出信号。

试验在正和负两种极性下进行。每一极性连续冲击 15 次，需做大气条件校正。

2.5.3　试验判据

如果试验结果满足下列要求，则电子式电流互感器通过试验：

（1）每一组试验（正极性和负极性）至少冲击 15 次；

（2）非自恢复内绝缘不发生击穿；

（3）非自恢复外绝缘不出现闪络；

（4）每一极性下自恢复外绝缘出现闪络不超过 2 次；

（5）未发现绝缘损坏的其他证据（例如，所记录各种波形的变异）；

（6）对于输出为数字信号的电子式电流互感器，不出现通信中断、丢包、采样无效、输出异常信号等故障。

2.6　户外型电子式电流互感器的湿试验

2.6.1　试验要求

为了检验外绝缘的性能，户外型电子式电流互感器应承受淋雨试验。对于 $U_m < 300kV$ 的电子式电流互感器，试验以工频电压进行，依据设备最高电压取表 2–3 的相应电压值，需做大气条件校正。对于 $U_m \geqslant 300kV$ 的电子式电流互感器，试验以操作冲击电压进行，依据设备最高电压和规定的绝缘水平取表 2–3 的相应电压值。

用满足规定电阻率和温度的水（见表 2–4）喷射电子式电流互感器试品。落在试品上的水呈滴状（避免雾状），并控制喷射角度，以使其按垂直和水平方向的分布量大致相等。用量雨器测量水量，量雨器具有两个隔开的开口均为 100～750cm² 的容器，一个开口测水平分布量，一个开口测垂直分布量，垂直的开口面对淋雨方向。在所收集的即将喷到电子式电流互感器的水样品中测量其温度和电导率。

表 2–4　　　　标准湿试验的淋雨条件

所有测量点的平均淋雨率		每次测量的每个分布量的极限值（mm/min）	雨水温度（℃）	雨水电导率（μS/cm）
水平分布量（mm/min）	垂直分布量（mm/min）			
1.0～2.0	1.0～2.0	平均值±0.5	周围环境温度±15	100±15

2.6.2　试验方法

　　户外型电子式电流互感器的湿试验设备包括工频试验变压器、冲击电压发生器、冲击电压测量装置、淋雨装置和电导率仪。设备的选取按照电子式电流互感器的试验参数及外观尺寸来进行。淋雨装置应能调整，以便在试品上产生表 2-4 中规定的在允许容差内的淋雨条件。只要满足表 2-4 中规定的淋雨条件，就可以采用任何形式的喷嘴。

　　通常情况下，湿试验结果与其他高压放电或耐受试验相比，其重复性差。为减少分散性，采用下列方法：对于高度小于 1m 的电流互感器，量雨器要位于靠近电流互感器的地方，但要避免电流互感器上溅出的雨滴。测量时，应缓慢地在足够大的区域移动并求其雨量的平均值。为避免个别喷嘴喷射不均匀的影响，测量的宽度应等于电流互感器宽度，最大宽度为 1m。对于高度在 1～3m 之间的电流互感器，应在电流互感器顶部、中部和底部分别进行测量，每一测量区域仅涵盖电流互感器高度的 1/3；对于高度超过 3m 的电流互感器，测量段的数目应增加至覆盖电流互感器的整个高度，但不应重叠。对于高度超过 8m 的电流互感器，测量段的数目不应少于 5 段。对于水平尺寸大的电流互感器，采用类似方法。表面用活性洗涤剂洗净会减少试验的分散性，洗涤剂在开始淋雨之前应擦净；试验结果可能受局部反常（偏大或偏小）淋雨量的影响。如果需要，宜采用局部测量进行检验，以改进喷射的均匀性。

　　电流互感器按规定条件在规定的容差范围内至少不间断预淋 15min，预淋时间不包括调整喷水所需的时间。开始时也可以用自来水预淋 15min，然后在试验开始前用规定的水连续预淋至少 2min。淋雨条件在试验开始前进行测量。

　　湿试验的试验程序和规定的相应干试验的试验程序相同，交流电压湿试验的持续时间为 60s。

2.6.3　试验判据

　　对于 U_m＜300kV 的电子式电流互感器，在进行湿耐受试验时，允许闪络一次，但在重复试验时不应再发生闪络，满足上述要求则认为电子式电流互感器通过试验。对于 U_m≥300kV 的电子式电流互感器，试验判据与操作冲击试验相同。

2.7 无线电干扰电压（RIV）试验

2.7.1 试验要求

随着高压线路电压等级的提高，导线表面发生电晕及其放电的概率越来越高。在电晕放电的同时，线路会伴随产生无线电干扰或无线电噪声。无线电干扰的实质是电晕过程中产生的一种有害的、频带相当宽的电磁波，会干扰正常的无线电通信，危害环境。

无线电干扰电压（RIV）试验的目的是检验电子式电流互感器的电晕放电。无线电干扰电压（RIV）试验适用于安装在空气绝缘变电站的 $U_m \geqslant 126kV$ 的电子式电流互感器，属于电磁兼容的性能要求。装配完整的整台电子式电流互感器（包括附件）保持干燥、清洁，在温度大致等于试验室环境温度时进行试验。由于无线电干扰电压水平可能受绝缘子上沉积的纤维或尘埃的影响，因此在测量前可以用干净的揩布擦拭绝缘子。

2.7.2 试验方法

无线电干扰电压（RIV）试验接线如图 2-11 所示。

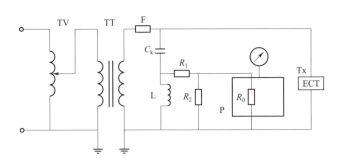

图 2-11　无线电干扰电压（RIV）试验接线

TV—调压器；TT—试验变压器；F—阻波器；C_k—耦合电容器；L—电抗器；
R_1、R_2—电阻；P—无线电干扰测试仪；R_0—无线电干扰测试仪内阻；
Tx—电子式电流互感器试品

无线电干扰电压（RIV）试验的试验温度为 5～40℃，试验气压为 87～

107kPa，相对湿度为 45%～75%。试验时，被试电子式电流互感器与试区的气象条件达到热平衡，防止其表面结露。测试得到的所有数据不做大气条件校正。

试验连接线及其端头不应成为无线电干扰电压源，采用模拟运行条件的一次端子屏蔽件，以防止出现干扰性放电，推荐采用球形端头的分段管件。试验电压施加在同一次电流传感器连接在一起的线端端子与地之间。座架（如果有）、箱壳（如果有）和所有二次端子（如果有）连在一起接地。

最好将试验线路调谐到频率为 0.5～2MHz（推荐 1MHz）范围内，并记录测量频率。测量结果以微伏（μV）表示。无线电干扰背景水平（由外界电磁场和高压变压器产生的无线电干扰）低于规定的无线电干扰水平至少 6dB（最好为 10dB）。

施加预加电压 $1.5U_m/\sqrt{3}$ 并保持 30s，然后，在 10s 内将电压降至 $1.1U_m/\sqrt{3}$，保持此电压 30s 后测量无线电干扰电压。

2.7.3 试验判据

如果在电压 $1.1U_m/\sqrt{3}$ 下的无线电干扰水平不超过规定的限值，则认为电子式电流互感器通过试验。

2.8 传递过电压试验

2.8.1 试验要求

传递过电压试验适用于 $U_m \geqslant 72.5kV$ 的模拟量输出的电子式电流互感器，属于电磁兼容的性能要求，对于数字信号输出的电子式电流互感器，不需进行本项试验。传递过电压所施加的波形要求及电压峰值见表 2–5，具体波形如图 2–12 所示。通过测量传递过电压峰值，能够使二次绕组所接电子设备获得足够的保护。

A 类冲击波要求适用于空气绝缘变电站中的电子式电流互感器，代表放电间隙闪络和开关操作引起的电压振荡。B 类冲击波要求适用于安装在气体绝缘金属封闭开关设备（GIS）内的电子式电流互感器，代表开关操作时产生的陡波前冲击波。

表2-5   传递过电压所施加的波形要求及电压峰值

冲击波类型		A	B
施加电压峰值（U_P）		$1.6\times\dfrac{\sqrt{2}U_m}{\sqrt{3}}$	$1.6\times\dfrac{\sqrt{2}U_m}{\sqrt{3}}$
波形参数	常规波前时间（T_1）	$0.50\times(1\pm20\%)\mu s$	—
	半峰值时间（T_2）	$\geqslant50\mu s$	—
	波前时间（T_1）	—	$10\times(1\pm20\%)ns$
	波尾时间（T_2）	—	$>100ns$
传递过电压峰值的限值（U_s）		1.6kV	1.6kV

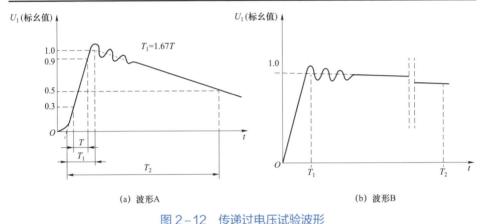

(a) 波形A   (b) 波形B

图2-12   传递过电压试验波形

2.8.2   试验方法

低电压冲击波（即试验电压 U_1）施加在短接的一次端子与地之间（见图2-13）。对于 GIS 用电子式电流互感器，按图2-14通过 50Ω 同轴电缆适配器施加冲击波，GIS 外壳按运行方式接地。对于其他应用情况，试验电路如图2-13所示。

拟接地的二次端子与座架连接并接地。传递电压（U_2）在开路的二次端子上测量，通过 50Ω 同轴电缆连接输入阻抗为 50Ω 且带宽不低于 100MHz 的示波器读取峰值。经制造方与用户协商同意，也可以采用避免测量受到干扰的其他试验方法。如果电子式电流互感器有多个二次绕组，则依次对每一个二次绕组进行测量。二次绕组具有中间抽头时，只需在绕组满匝数对应的出头上进行测量。

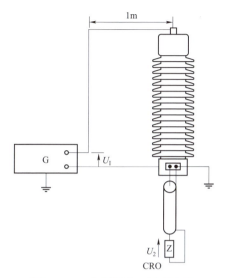

图2-13　传递过电压试验布置

G—试验发生器；U_1—试验电压；U_2—传递电压；CRO—示波器

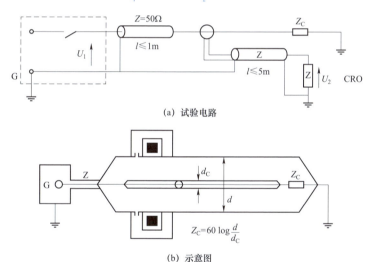

(a) 试验电路

(b) 示意图

图2-14　传递过电压测量：GIS用互感器试验电路

G—试验发生器；Z—50Ω同轴馈送连接器；Z_C—负荷；CRO—示波器；U_1—试验电压；U_2—传递电压

以规定的过电压（U_p）施加到一次端子，所传递到二次端子的过电压（U_s）为

$$U_s = U_p \times \frac{U_2}{U_1} \qquad (2-9)$$

当峰值处有振荡时，绘制平均曲线，以此曲线的最大幅值作为 U_1 的峰值计算传递电压。

2.8.3　试验判据

以规定的过电压（U_p）施加到一次端子，所传递到二次端子的过电压（U_s）不超过表 2-5 所列值，则认为电子式电流互感器通过试验。

2.9　低压器件的耐压试验

2.9.1　工频耐压试验

2.9.1.1　试验要求

低压器件如合并单元和二次转换器，通常包含彼此电气绝缘的多个独立电路。其低电压耐受能力应能满足表 2-6 的要求。试验时电子式电流互感器为新的，处于干燥状态且无自身发热。对于具有绝缘外壳的装置，外露的各导电件以覆盖整个外壳的金属箔来模拟，但在各端子周围留有适当的间隙以避免对端子闪络。试验时的大气条件为：环境温度 5～40℃，相对湿度 45%～75%，大气压强 86～106kPa。

表 2-6　　　　　　　　　　低 电 压 耐 受 能 力

被试端口		电压耐受能力	冲击电压耐受能力
电源输入		交流电源输入：交流 2.0kV，1min 直流电源输入：直流 2.8kV，1min	5kV，1.2/50μs
传输系统	电缆长度小于 10m	820V	1.5kV，1.2/50μs
	电缆长度不小于 10m	3kV	5kV，1.2/50μs
	光接插件	不适用	不适用

2.9.1.2　试验方法

试验电压施加在电子式电流互感器的各连接点上。每一独立电路的试验，在规定的试验电压下进行，与其相关的其他所有电路连接在一起并接地，对于给定电路与所有其他电路之间的试验，单个电路的所有连接点皆连在一起。对于所有的试验，接地的各电路均做同样的连接。除非显而易见，否则各独立电路皆由制造方说明，例如，二次转换器或合并单元可以是独立电路。

试验电压电源在对被试装置施加规定电压值的一半时，观测的电压降小于10%。电源电压应予以校准，其准确度优于 5%。试验电压是频率为 45～65Hz 的正弦波电压，或直流电压。起始的电源开路电压不超过规定试验电压的 50%，然后施加到被试装置上，电压由此起始值，以不发生明显暂态现象的方式升高到规定值，持续 1min，随后，应尽可能快地平滑降压到零。

2.9.1.3　试验判据

如果电子式电流互感器的低压器件未发生击穿或闪络，则认为通过试验。

2.9.2　冲击耐压试验

2.9.2.1　试验要求

冲击耐压试验的试验要求与工频耐压试验一致。

2.9.2.2　试验方法

试验电压施加在电子式电流互感器的各连接点上。每一独立电路的试验，在规定的试验电压下进行，与其相关的其他所有电路连接在一起并接地，对于给定电路与所有其他电路之间的试验，单个电路的所有连接点皆连在一起。对于所有的试验，接地的各电路均做同样的连接。除非显而易见，否则各独立电路皆由制造方说明，例如，二次转换器或合并单元可以是独立电路。

冲击耐压试验施加表 2−6 所规定的电压。采用的标准雷电冲击波参数为：波前时间 1.2×（1±30%）μs，半波峰时间 50×（1±20%）μs，输出阻抗 500×（1±10%）Ω，输出能量 0.5×（1±10%）J。每根试验引线长度不超过 2m。冲击电压施加在设备外部方便操作的适当连接点上，其他电路和外露导电零件皆接地。试验时，装置不能有输入或辅助能源接入。施加 3 次正极性和 3 次负极性冲击，其间隔时间不小于 5s。

2.9.2.3　试验判据

如果电子式电流互感器的低压器件未发生闪络，试验后的电子式电流互感器仍满足基本准确度试验要求，则认为通过试验。

2.10　电磁兼容试验

2.10.1　电磁兼容试验：发射

2.10.1.1　试验要求

电磁兼容（EMC）是一种性能，表示一台设备或一个系统在它的电磁环境下能满意地运行，且不对该环境中的任何物体产生过量的电磁骚扰。为了评定电子式电流互感器在特定电磁环境中产生的电磁骚扰，需要规定发射的适当限值。除了无线电干扰电压（RIV）试验和传递过电压试验所包含的发射要求外，还应进行电磁兼容发射试验。GB 4824—2019《工业、科学和医疗设备　射频骚扰特性　限值和测量方法》中为了简化区分相关限值，将设备分为两组，即2组和1组，2组设备指以电磁辐射、感性和/或容性耦合形式，有意产生并使用或局部使用 9kHz～400GHz 频段内射频能量的，所有用于材料处理或检验/分析目的，或用于传输电磁能量的工科医射频设备，1组设备指除2组以外的其他设备；按照在电磁环境中使用设备的预期用途，将设备分为两类，即A类和B类，A类设备指非居住环境和不直接连接到住宅低压供电网设施中使用的设备，包含引弧或稳弧装置的弧焊设备和用于焊接的独立引弧或稳弧装置应归类为A类设备，B类设备指家用设备和直接连接到住宅低压供电网设施中使用的设备。按照 GB 4824—2019《工业、科学和医疗设备　射频骚扰特性　限值和测量方法》的要求，电子式电流互感器的发射限值应满足1组A类设备的要求。

2.10.1.2　试验方法

试验优先在组装完整的条件下进行，为了试验简便，如果有的部件不包含电子器件，则可以只对其余的部件进行试验。发射试验要求在抗扰度试验之后进行。

（1）电源端子骚扰电压试验。试验在电波暗室进行，将受试电子式电流互感器部件放置在 0.4m 高的木桌上，其电源端口经人工电源网络与供电电源相连。试验时电子式电流互感器处于正常工作状态。当测量频率为 0.15～0.5MHz 时，准峰值限值为 79dB（μV），平均值限值为 66dB（μV）；当测量频率为 0.5～

30MHz 时，准峰值限值为 73dB（μV），平均值限值为 60dB（μV）。

（2）电磁辐射骚扰试验。试验在电波暗室进行，受试电子式电流互感器正常运行，与天线距离 3m，天线移动高度为 1～4m，分为水平和垂直两种极化方式，放置受试设备的转台 360°旋转，以检测出最大辐射骚扰值。当测量频率为 30～230MHz 时，准峰值限值为 50dB（μV/m）；当测量频率为 230～1000MHz 时，准峰值限值为 57dB（μV/m）。

2.10.1.3 试验判据

如果电子式电流互感器满足规定值为 1 组 A 类的试验限值，则认为通过试验。

2.10.2 电磁兼容试验：抗扰度

2.10.2.1 试验要求

表 2-7 列出了适用于电子式电流互感器的各项抗扰度试验及其严酷等级和评价准则。评价准则 A 表示电子式电流互感器在试验过程中满足准确度规范限值以内的正常性能（稳态下，在额定一次电流或其较低值）；评价准则 B 表示允许与保护无关的测量性能暂时下降或能够自动恢复的自诊断运作，不允许复位或重新启动。不允许输出过电压超过 500V，对于保护用电子式互感器，不允许性能下降致使继电保护装置误动。

表 2-7　　　　　　　　　抗 扰 度 要 求 和 试 验

试验	参考标准	严酷等级	评价准则
谐波和谐间波抗扰度试验 [a]	GB/T 17626.13—2006《电磁兼容试验和测量技术　交流电源端口谐波、谐间波及电网信号的低频抗扰度试验》	2	A
电压慢电压变化抗扰度试验 [a]	GB/T 17626.11—2008《电磁兼容试验和测量技术　电压暂降、短时中断和电压变化的抗扰度试验》	+10%～-20%	A
电压慢电压变化抗扰度试验 [b]	GB/T 17626.29—2006《电磁兼容试验和测量技术　直流电源输入端口电压暂降、短时中断和电压变化的抗扰度试验》	+20%～-20%	A

续表

试验	参考标准	严酷等级	评价准则
电压暂降和短时中断抗扰度试验 [a]	GB/T 17626.11—2008《电磁兼容试验和测量技术 电压暂降、短时中断和电压变化的抗扰度试验》	30%暂降，0.1s 中断 0.02s	A
电压暂降和短时中断抗扰度试验 [b]	GB/T 17626.29—2006《电磁兼容试验和测量技术 直流电源输入端口电压暂降、短时中断和电压变化的抗扰度试验》	50%暂降，0.1s 中断 0.05s	A
浪涌（冲击）抗扰度试验	GB/T 17626.5—2019《电磁兼容试验和测量技术 浪涌（冲击）抗扰度试验》	4	B
电快速瞬变脉冲群抗扰度试验	GB/T 17626.4—2018《电磁兼容试验和测量技术 电快速瞬变脉冲群抗扰度试验》	4	B
阻尼振荡波抗扰度试验	GB/T 17626.12—2023《电磁兼容试验和测量技术 第 12 部分：振铃波抗扰度试验》	3	B
静电放电抗扰度试验	GB/T 17626.2—2018《电磁兼容试验和测量技术 静电放电抗扰度试验》	2	B
工频磁场抗扰度试验	GB/T 17626.8—2006《电磁兼容试验和测量技术 工频磁场抗扰度试验》	5	A
脉冲磁场抗扰度试验	GB/T 17626.9—2011《电磁兼容试验和测量技术 脉冲磁场抗扰度试验》	5	B
阻尼磁场抗扰度试验	GB/T 17626.10—2017《电磁兼容试验和测量技术 阻尼振荡磁场抗扰度试验》	5	B
射频电磁场辐射抗扰度试验	GB/T 17626.3—2016《电磁兼容试验和测量技术 射频电磁场辐射抗扰度试验》	3	A

[a] 试验仅适用于交流辅助电源的电子式电流互感器。

[b] 试验仅适用于直流辅助电源的电子式电流互感器。

（1）谐波和谐间波抗扰度试验，是为了评价电子式电流互感器对谐波、谐间波和电网信号频率的低频抗扰性能。谐波是具有频率为供电系统运行频率整数倍的正弦电压和电流，谐波骚扰通常是由具有非线性电压—电流特性的设备或者由于负荷的周期性及线性同步操作引起的，这些设备可以认为是谐波电流源。来自不同谐波源的谐波电流在网络阻抗上产生谐波电压降。由于网络中存在电缆电容、线路电感，并连接有改善功率因数的电容器，有可能会产生并联或串联谐振，甚至在远离畸变电荷的地方形成谐波电压的放大，所形成的波形是一个或几个谐波源不同次数谐波相加的结果。由发电、输电和配电设备产生的谐波电流是少量的，大部分的谐波电流是由工业负荷和居民负荷产生的。有时网络中只有少量产生显著谐波电流的源，而大量其他装置单独产生的谐波水平是低的，然而由于它们相加的作用，可能产生较大的谐波电压畸变。谐间波是指在工频的谐波电压和谐波电流之间，观察到的一些不是基波频率整数倍的频率，它们或以离散的频率出现，或以一个宽带频谱出现。谐间波源会在低压网络中出现，同样也会在中压和高压网络中出现。中压/高压网络中的谐间波流入与之相连的低压网络中，同样低压网络中的谐间波也会流入中压/高压网络中。主要的谐间波源有静止变频器、电焊机和电弧炉等。

（2）电压慢电压变化抗扰度试验，是为了评价电子式电流互感器的电源输入端对电压暂降、短时中断和电压变化的抗扰性能。电压暂降、短时中断是由电网、电力设施的故障（主要是短路）或负荷突然出现大的变化引起的。在某些情况下会出现两次或更多次连续的暂降或中断。电压变化是由连接到电网的负荷连续变化或直流系统中电池的充放电引起的。这些现象本质上是随机的，为了在实验室进行模拟，可以用额定电压的偏离值和持续时间来最低限度地表述其特征。

（3）浪涌（冲击）抗扰度试验，是为了评价电子式电流互感器对由开关和雷电瞬变过电压引起的单极性浪涌（冲击）的抗扰性能。电力系统开关瞬态主要为与操作有关的瞬态，即主网电力系统的切换骚扰，例如电容器组的切换；配电系统中较小的局部开关动作或负载变化；与开关器件（如晶闸管、晶体管）相关联的谐振现象；各种系统故障，例如电气装置对接地系统的短路和电弧故障。雷电产生浪涌电压的主要原理包括：直接雷击于外部（户外）电路，注入的大电流流过接地电阻或外部电路阻抗而产生电压；间接雷击（即云层之间、云层中的雷击或击于附近物体的雷击会产生的电磁场）于建筑物内、外导体上产生感应电压和电流；附近直接对地放电的雷电入地电流，当它耦合到电气装置接地系统的公共接地路径时产生感应电压。当雷电保护装置动作时，电压和电流可能发生迅速变化，对邻近的设备产生感应电磁骚扰。

（4）电快速瞬变脉冲群抗扰度试验，是为了评价电子式电流互感器对重复性电快速瞬变的抗扰性能，验证互感器对诸如来自切换瞬态过程（切断感性负载、继电器触点弹跳等）的各种类型瞬变骚扰的抗扰度。重复性快速瞬变试验是一种由许多快速瞬变脉冲组成的脉冲群耦合到互感器的电源端口、信号端口和接地端口的试验。试验的要点是瞬变的高幅值、短上升时间、高重复率和低能量。

（5）阻尼振荡波抗扰度试验，是为了评价电子式电流互感器在运行条件下的抗扰性能，包括：主要在高压和中压（HV/MV）变电站安装的电源电缆、信号电缆中出现的重复阻尼振荡波；主要在气体绝缘变电站（GIS）和某些情况下的空气绝缘变电站（AIS）或者高空电磁脉冲（HEMP）现象下的任何设施的电源电缆、信号电缆中出现的重复阻尼振荡波。阻尼振荡波主要是由隔离开关的合、分操作引起的，可以分为慢阻尼振荡波和快阻尼振荡波，慢阻尼振荡波振动频率为 100kHz～1MHz，快阻尼振荡波频率在 1MHz 以上。重复频率主要取决于隔离开关触点的间距，触点较近时重复频率最大，但当触点间距接近灭弧距离时，重复频率最小。

（6）静电放电抗扰度试验，是为了评价电子式电流互感器遭受直接来自操作者及其操作者对邻近物体的静电放电时的抗扰性能。低相对湿度，使用低导电率（人造纤维）地毯、乙烯基服装等都可能使互感器处于静电放电环境中。

（7）工频磁场抗扰度试验，是为了评价电子式电流互感器在运行条件下对住宅区和商业区、工矿企业和发电厂、中压和高压变电站等场所中的工频磁场骚扰的抗扰性能。互感器所遭受的磁场可能影响其可靠运行，工频磁场是由导体中的工频电流产生的，或极少量的由附近的其他装置（如变压器的漏磁通）所产生。对于邻近导体的影响，分为两种不同情况：正常运行条件下的电流，产生稳定的磁场，幅值较小；故障条件下的电流，能产生幅值较高但持续时间较短的磁场，直到保护装置动作为止。

（8）脉冲磁场抗扰度试验，是为了评价电子式电流互感器在运行条件下对工业设施和发电厂、中压和高压变电站等场所中的脉冲磁场骚扰的抗扰性能。互感器所遭受的磁场可能影响其可靠运行，脉冲磁场是由雷击建筑物和其他金属构架（包括天线杆、接地体和接地网）以及由低压、中压和高压电力系统中初始的故障暂态产生的。在高压变电站，脉冲磁场也可由断路器切合高压母线和高压线路产生。

（9）阻尼磁场抗扰度试验，是为了评价电子式电流互感器在运行条件下对中压和高压变电站中的阻尼振荡磁场骚扰的抗扰性能。互感器所遭受的磁场可能影响其可靠运行，阻尼振荡磁场是由隔离开关切合高压母线产生的。

（10）射频电磁场辐射抗扰度试验，是为了评价电子式电流互感器在运行条件下对射频电磁场骚扰的抗扰性能。大多数的电子设备都会在某种情况下受到电磁辐射的影响，例如操作维修及保安人员使用的小型手持无线电收发机、固定的无线电广播、电视台的发射机、车载无线电发射机及各种工业电磁源，这些常规用途发射源均会频繁地产生这种辐射。近年来，无线电话及其他射频发射装置的使用显著增加，其使用频率为 0.8～6GHz。除了有意产生的电磁能量以外，还有一些设备产生辐射，如电焊机、晶闸管装置、荧光灯、感性负载的开关操作等，这种干扰在大多数情况下表现为传导干扰。

2.10.2.2 试验方法

多数情况，一台电子式电流互感器可以分成几个主要部件，例如，位于控制柜区的电路部分和位于开关站区的电路部分。电磁兼容试验与电子式电流互感器所采用的技术有关，必须对每个主要部件进行，试验时整台电子式电流互感器处于运行状态，或者缺少的部件以模拟方式代替。主要部件如图 2-15～图 2-17 所示。

进行电磁兼容试验时，电子式电流互感器与试验设备之间及部件 1 与 2 之间的缆线长度，是制造方规定的最大值，缆线的布置要尽可能符合实际使用状态。试验以逐个端口进行，端口的区别示例如图 2-15～图 2-17 所示。

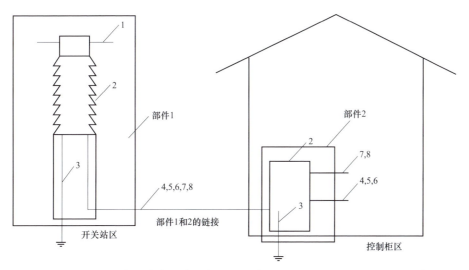

图 2-15 用于电磁兼容试验的部件示例（用于高压 AIS 设备的常用结构）

1—高压线；2—外壳端口；3—接地端口；4—信号端口；5—指令端口；

6—通信端口；7—交流电源端口；8—直流电源端口；

部件 1—在开关站区的"户外部分"；

部件 2—在控制柜区的"户内部分"

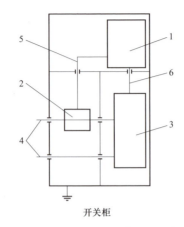

开关柜

图 2-16 用于电磁兼容试验的部件示例（适用于中压设备的常用结构）

1—控制装置；2—低功率互感器 LPIT 控制装置电源；3—开关装置；4—中压线路；

5—通信链接和/或电源；6—通信链接

注：中压开关站不同于高压 AIS 的示例，不具有开关站区与控制柜之间的电气绝缘。

通常，所有各件均装在一个接地的金属箱内，并且内有不同间隔的壁板。

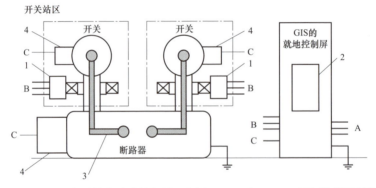

图 2-17 用于电磁兼容试验的部件示例（适用于高压 GIS 设备的常用结构）

1—带 IED（智能电子装置）的低功率电流互感器；2—控制单元（及合并单元），装在就地控制屏上；

3—高压线路，封闭在接地的金属罐内；4—断路器或隔离开关的操动机构；

A—来自上一级系统的通信链接和/或电源，保护继电器和/或控制单元；

B—低功率电流互感器的 IED 的通信链接和/或电源；C—操动机构的通信链接和/或电源

注：高压 GIS 不同于 AIS 的示例，不具有开关与就地控制屏和/或控制柜区之间的电气绝缘。

（1）谐波和谐间波抗扰度试验。电子式电流互感器应能承受严酷等级为 2 级（总谐波畸变量 10%）的干扰，电子式电流互感器电源在试验时处于正常工作状态，选择典型测量参数测试性能。典型测量参数如下：

1）平顶波：平顶波波形的每个半波由三部分组成，第一部分从零开始，按纯正弦函数变化，对于等级 2，达到峰值的 90%；第二部分是恒定电压；第三部分与第一部分相对应（纯正弦函数）。

2）尖顶波：尖顶波是由相应相位关系的离散的 3 次谐波和 5 次谐波叠加而产生的。

3）扫频试验：扫频的幅值依赖于频率范围（$0.33f\sim40f$，其中 f 为基波频率）。频率扫描（模拟）或阶跃（数字）的速率不小于每 10 倍频程 5min。

试验时记录电子式电流互感器的基本功能和性能，基本功能主要记录录波仪接收合并单元二次输出报文是否正常，性能记录校验仪测量的比差与相差，试验中记录数据的最大值。

（2）电压慢电压变化抗扰度试验。对电子式电流互感器进行规定的电压变化试验，在最典型的运行方式下进行三次试验，间隔时间为 10s。交流电源的电压波动范围为其标称电压的 +10%～ −20%，直流电源的电压波动范围为其标称电压的 +20%～ −20%。

试验时记录电子式电流互感器的基本功能和性能，基本功能主要记录录波仪接收合并单元二次输出报文是否正常，性能记录校验仪测量的比差与相差，试验中记录数据最大值。

（3）电压暂降和短时中断抗扰度试验。电子式电流互感器按每一种选定的试验等级和持续时间组合，顺序进行三次电压暂降或中断试验，最小间隔 10s（两次试验之间的间隔），均在每个典型的工作模式下进行试验。

交流电源试验所用电压暂降为其标称电压的 30%，历时 0.1s，交流电源的电压中断试验按历时 0.02s 进行。直流电源试验所用电压暂降为其标称电压的 50%，历时 0.1s，直流电源的电压中断试验按历时 0.05s（低阻抗）进行。

试验时记录电子式电流互感器的基本功能和性能，基本功能主要记录录波仪接收合并单元二次输出报文是否正常，性能记录校验仪测量的比差与相差，试验中记录数据最大值。

（4）浪涌（冲击）抗扰度试验。电子式电流互感器电源在试验时处于正常工作状态，选择典型测量参数测试性能。试验水平按 4 级（共模 4kV，差模 2kV）进行，试验波形为由 1.2/50μs 电压波和 8/20μs 电流波构成的组合波，在每个试验端口施加正、负极性脉冲试验电压各 5 次，间隔时间 1min。

试验时记录电子式电流互感器的基本功能和性能，基本功能主要记录录波仪接收合并单元二次输出报文是否正常，性能记录校验仪测量的比差与相差，试验中记录数据最大值。

（5）电快速瞬变脉冲群抗扰度试验。电子式电流互感器电源在试验时处于正常工作状态，选择典型测量参数测试性能。试验水平为 4 级，在每个试验端口施加脉冲波形为 5/50ns，持续时间 15ms、重复频率 5kHz 和持续时间 0.75ms、重复频率 100kHz 的正、负极性试验电压各 1min，其中电源端口的试验电压为 4kV，输入/输出信号、数据和控制端口的试验电压为共模 2kV。试验时，对电源端口采用耦合/去耦合电路，对输入/输出和通信端口采用电容耦合夹。

试验时记录电子式电流互感器的基本功能和性能，基本功能主要记录录波仪接收合并单元二次输出报文是否正常，性能记录校验仪测量的比差与相差，试验中记录数据最大值。

（6）振荡波抗扰度试验。电子式电流互感器电源在试验时处于正常工作状态，选择典型测量参数测试性能。对于慢阻尼振荡波，电源和控制/信号线的试验电压皆为共模2.5kV及差模1kV，在每个试验端口施加上升时间为75ns，振荡频率为0.1MHz 和 1MHz 的阻尼振荡波，试验重复率为 0.1MHz 时至少 40 次/s，1MHz 时至少 400 次/s。对于快阻尼振荡波，电源和控制/信号线的试验电压皆为共模 4kV，在每个试验端口施加上升时间为 5ns，振荡频率为 3MHz、10MHz 和 30MHz 的阻尼振荡波，试验重复率为 5000 次/s。

试验时记录电子式电流互感器的基本功能和性能，基本功能主要记录录波仪接收合并单元二次输出报文是否正常，性能记录校验仪测量的比差与相差，试验中记录数据最大值。

（7）静电放电抗扰度试验。电子式电流互感器电源在试验时处于正常工作状态，试验严酷等级为 4 级，接触放电试验电压为 8kV，空气放电试验电压为 15kV，试验点选择在操作人员可能接触的各个位置，每个放电点放电次数为正、负极性各 10 次，放电间隔时间为 1s。

试验时记录电子式电流互感器的基本功能和性能，基本功能主要记录录波仪接收合并单元二次输出报文是否正常，性能记录校验仪测量的比差与相差，试验中记录数据最大值。

（8）工频磁场抗扰度试验。电子式电流互感器电源在试验时处于正常工作状态，试验采用渗入法，将受试部件置于边长为 1m 的正方形感应线圈产生的工频磁场内，施加 50Hz 试验磁场，试验水平为 5 级（100A/m×1min 和 1000A/m×1s）。

试验时记录电子式电流互感器的基本功能和性能，基本功能主要记录录波仪接收合并单元二次输出报文是否正常，性能记录校验仪测量的比差与相差，试验中记录数据最大值。

（9）脉冲磁场抗扰度试验。电子式电流互感器电源在试验时处于正常工作状态，试验水平为5级（1000A/m峰值），试验磁场波形为6.4/16μs，试验采用渗入法，将受试部件置于边长为 1m 的正方形感应线圈产生的脉冲磁场中，施加正、负极性脉冲磁场各 5 次，每次间隔 60s。

试验时记录电子式电流互感器的基本功能和性能，基本功能主要记录录波仪接收合并单元二次输出报文是否正常，性能记录校验仪测量的比差与相差，试验中记录数据最大值。

（10）阻尼振荡磁场抗扰度试验。电子式电流互感器电源在试验时处于正常工作状态，试验水平为 5 级（100A/m 试验磁场），试验磁场波形的振荡频率为 0.1MHz 和 1MHz。试验采用渗入法，将受试设备置于边长为 1m 的正方形感应线圈产生的磁场中，施加磁场 1min。

试验时记录电子式电流互感器的基本功能和性能，基本功能主要记录录波仪接收合并单元二次输出报文是否正常，性能记录校验仪测量的比差与相差，试验中记录数据最大值。

（11）射频电磁场辐射抗扰度试验。电子式电流互感器电源在试验时处于正常工作状态，试验水平为 3 级（10V/m 场强）。试验扫描频率为 80～1000MHz，波形为 1kHz 正弦波对信号进行 80%的幅度调制，驻留时间 1s，扫描步长 1%。发射天线水平、垂直极化与受试部件距离 3m。

试验时记录电子式电流互感器的基本功能和性能，基本功能主要记录录波仪接收合并单元二次输出报文是否正常，性能记录校验仪测量的比差与相差，试验中记录数据最大值。

2.10.2.3　试验判据

如果电子式电流互感器电磁兼容抗扰度满足表 2-7 中严酷等级和评价准则的要求，则认为电子式电流互感器通过试验。

2.11　准 确 度 试 验

2.11.1　测量用电子式电流互感器的基本准确度试验

2.11.1.1　试验要求

电子式电流互感器是一种由连接到传输系统和二次转换器的一个或者多个电流传感器组成，用于传输正比于被测电流的量，以供给测量仪器、仪表、继电保护或控制装置的装置。在正常使用条件下，其二次转换器的输出实质上正比于一次电流，且相位偏差在联结方向正确时为已知相位角。

电子式电流互感器的二次输出与传统电流互感器的二次输出不同，分为数字输出和模拟输出两种。根据智能变电站的实际使用情况，两种输出形式的电子式电流互感器一般都需与合并单元配合使用，其最终输出形式为数字输出。

测量用电子式电流互感器的准确度等级由其在额定电流下所规定最大允许电流误差的百分数来标称，测量用电子式电流互感器的标准准确度等级为0.1、0.2、0.5、1、3、5。

对于准确度等级为0.1、0.2、0.5级和1级的电子式电流互感器，其额定频率下的电流误差和相位误差应不超过表2-8所列限值，其中120%额定一次电流下所规定的电流误差和相位误差限值，应保持到额定扩大一次电流。

表2-8　　　　　　　　　　误　差　限　值

准确度等级	在下列额定电流下的电流（比值）误差（%）				在下列额定电流下的相位误差							
					（'）				crad			
	5%	20%	100%	120%	5%	20%	100%	120%	5%	20%	100%	120%
0.1	±0.4	±0.2	±0.1	±0.1	±15	±8	±5	±5	±0.45	±0.24	±0.15	±0.15
±0.2	±0.75	±0.35	±0.2	±0.2	±30	±15	±10	±10	±0.9	±0.45	±0.3	±0.3
±0.5	±1.5	±0.75	±0.5	±0.5	±90	±45	±30	±30	±2.7	±1.35	±0.9	±0.9
±1.0	±3.0	±1.5	±1.0	±1.0	±180	±90	±60	±60	±5.4	±2.7	±1.8	±1.8

对于0.2S级和0.5S级特殊用途的电子式电流互感器（尤其是连接特殊电能表，要求在额定电流1%和120%之间的电流下测量准确），其额定频率下的电流误差和相位误差应不超过表2-9所列限值，其中120%额定一次电流下所规定的电流误差和相位差限值，应保持到额定扩大一次电流。

表2-9　　　　　　特殊用途电子式电流互感器的误差限值

准确度等级	在下列额定电流下的电流（比值）误差（%）					在下列额定电流下的相位差									
						（'）					crad				
	1%	5%	20%	100%	120%	1%	5%	20%	100%	120%	1%	5%	20%	100%	120%
0.2S	±0.75	±0.35	±0.2	±0.2	±0.2	±30	±15	±10	±10	±10	±0.9	±0.45	±0.3	±0.3	±0.3
0.5S	±1.5	±0.75	±0.5	±0.5	±0.5	±90	±45	±30	±30	±30	±2.7	±1.35	±0.9	±0.9	±0.9

对于准确度等级为3级和5级的电子式电流互感器，其相位误差不作规定，在额定频率下的电流误差应不超过表2-10所列值，其中120%额定一次电流下所规定的电流误差限值，应保持到额定扩大一次电流。

表 2-10   误 差 限 值

准确度等级	在下列额定电流下的电流（比值）误差（%）	
	50%	120%
3	±3	±3
5	±5	±5

基本准确度试验在额定频率、额定负荷（如果适用）和常温下进行，试验环境温度为 5～40℃，相对湿度不大于 80%。存在于工作场所周围与试验工作无关的外界电磁场引起标准器的误差变化不大于被试电子式电流互感器基本误差限值的 1/20；用于试验工作的调压器、升流器等工作电磁场引起标准器的误差变化不大于被试电子式电流互感器基本误差限值的 1/20；电源频率为 50Hz，由试验电源波动引起的测量误差变化不大于被试电子式电流互感器基本误差限值的 1/20；试验接线的布置尽量避免影响误差测量结果。电子式电流互感器的额定一次电流系数大于 1.2 时，试验以额定扩大一次电流代替 1.2 倍额定一次电流。

在额定频率和被试电子式电流互感器量程范围内，标准电子式电流互感器应比被试电子式电流互感器高三个准确度等级。当标准器不具备上述条件时，可以选用比被试电子式电流互感器高两个准确度等级的标准器作为标准，但被试电子式电流互感器的误差应进行标准电子式电流互感器的误差修正。标准电子式电流互感器的升降变差不大于标准器误差限值的 1/5。

电子式互感器校验仪应具有数字输出校验功能，由其所引起的测量误差绝对值应不大于被试电子式电流互感器误差限值的 1/4。电子式互感器校验仪的比值误差和相位误差示值分辨力应分别不低于 0.001% 和 0.05′。电子式互感器校验仪完成单次测量的频率为 1Hz，即每秒钟完成一次误差测量，每次误差测量采样周期数不少于 4 个。

标准时钟源应能够提供多种同步方式，如秒脉冲、IRIG-B（DC）或 IEC 61588，其上升沿的时钟准确度应优于 1μs，10min 稳定度优于 1μs。

2.11.1.2 试验方法

1. 模拟量和数字量输出的电子式电流互感器基本准确度试验电路

模拟量输出的电子式电流互感器基本准确度试验电路如图 2-18 所示。

当 $t \geq t_{dr} - \varphi_{or}/(2\pi f)$ 时，模拟量输出的电子式电流互感器二次电压的数字描述可以表示为

$$u_s(t) = U_{ssc}\sqrt{2}\ \sin(2\pi ft + \varphi_s) + U_{s,dc}(t) + u_{s,res}(t) \qquad (2-10)$$

式中：U_{ssc} 为二次电压对称分量的方均根值；$U_{s,dc}$ 为二次直流电压，包括指数

衰减分量；$u_{s,res}$ 为二次剩余电压，包括谐波和分数谐波分量；f 为基波频率；φ_s 为二次相位移；t 为时间瞬时值；t_{dr} 为额定延时时间；φ_{or} 为额定相位偏移。

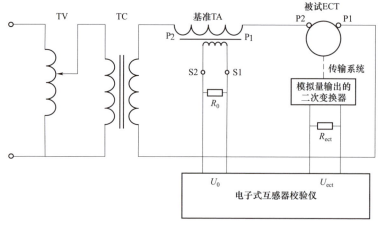

图 2-18 模拟量输出的电子式电流互感器基本准确度试验电路

R_0—标准电阻；U_0—标准电阻输出的二次电压；U_{ect}—模拟量输出型 ECT 的二次电压；R_{ect}—ECT 的额定二次负荷

电子式互感器校验仪把基准通道和被试电子式电流互感器的输出电压分别进行 A/D 变换，然后进行数字量计算。

数字量输出的电子式电流互感器基本准确度试验电路如图 2-19 所示。

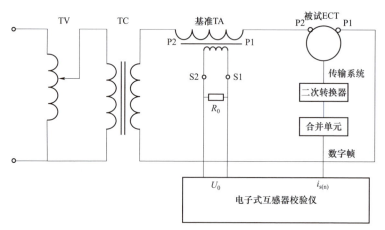

图 2-19 数字量输出的电子式电流互感器基本准确度试验电路

R_0—标准电阻；U_0—标准电阻输出的二次电压；$i_s(n)$—数字量输出型 ECT 的数字输出

与模拟量输出相比较，数字量输出不是时间 t 的函数，而是一序列数值，因而是计数 n 的函数，n 为整数。一次电流的第 n 次数据集采样完毕的时间称

为 t_n。由于采用等间隔采样，样本之间的时间间隔 T_s 是恒定值，并等于数据速率的倒数。因此数字量输出可描述为

$$i_s(n) = I_{ssc}\sqrt{2}\,\sin(2\pi f t_n + \varphi_s) + I_{s,dc}(n) + i_{s,res}(n) \qquad (2-11)$$

式中：i_s 为合并单元输出的数字数，代表一次电流的实际瞬时值；I_{ssc} 为该合并单元输出的电流对称分量方均根值；$I_{s,dc}$ 为二次直流输出电流，包括指数衰减分量；$i_{s,res}$ 为二次剩余输出电流，包括谐波和次谐波分量；n 为数据集的计数；t_n 为一次电流及电压第 n 次数据集采样完毕的时间；f 为基波频率；φ_s 为二次相位移。

2. 合并单元的时间同步

许多继电保护需要的信号是来自不同设备间隔的同步化电流和电压信息，因此，必须使不同协议规则的电流和电压信息做到同步。进行这种同步的方法有两种，即几个协议规则的各数值的插值法，或利用电站公共时钟做不同协议规则的同步。

对于插值法，根据在不同协议规则的各样本之间采用插值法所确定的状态，用不同协议规则的已知不同延时时间来推算各样本，图 2-20 是设备间隔 1 和设备间隔 2 的电流同步样本，分别由设备间隔 1 和设备间隔 2 的非同步样本推算出。

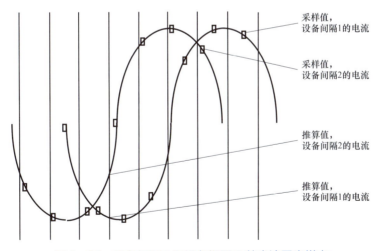

图 2-20　设备间隔 1 和设备间隔 2 的电流同步样本

对于利用公共时钟脉冲的同步方法，各合并单元必须有时钟输入，并具备依照时钟输入信号给定的时间状态取得样本的协议规则。用公共时钟同步采样的设备间隔 1 和设备间隔 2 的电流样本如图 2-21 所示。

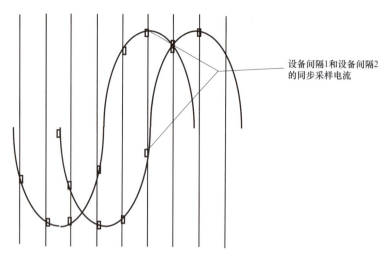

图 2-21 用公共时钟同步采样的设备间隔 1 和设备间隔 2 的电流样本

3. 数字接口的相位误差定义

图 2-22 标出了一台电子式电流互感器测量的某个一次电流。经历一段时间后，测得的电流值通过数字接口做数码传输。由于电子式电流互感器的幅值误差，传输值通常与被测的实际一次电流并不完全一样。到达传输开始的这段时间便是相位差。它包括两个分量，即一个恒定等于 $\varphi_{\mathrm{or}} - 2\pi f t_{\mathrm{dr}}$ 的额定值和一个可能变化的值，其中 φ_{or} 为额定相位偏移，t_{dr} 为额定延时时间。

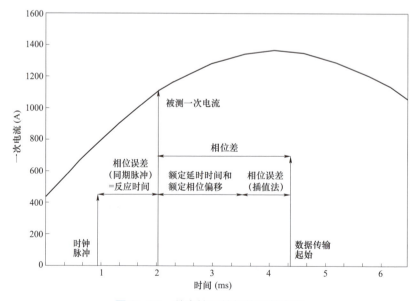

图 2-22 数字接口的相位误差定义

如果两个合并单元的数据是用插值法结合，则极其重要的是准确地保持由φ_{or}和t_{dr}确定的相位移额定值。在这种情况下，当几个合并单元的数据结合时，相位差与$\varphi_{\text{or}} - 2\pi f t_{\text{dr}}$的任何差异将形成相位误差。

一次电流的采样时间通常与电子式电流互感器 A/D 转换器的采样时间不一样，原因往往是模拟元件（如滤波器、空心线圈相位移等）产生相位偏移，或是一次电流信息到达 A/D 转换器之前的延时。这些延时和相位偏移不是包含在额定延时时间之内就是包含在额定相位偏移之内。

在多个合并单元用一个公共时钟脉冲同步时，另一个时间变得重要，即时钟脉冲与电流或电压测量之间的时间间隔，此时间应为 0。任何与 0 的差异值形成相位误差，此时间间隔也称为"反应时间"。

时钟脉冲不是每个测量传送一次，而是每秒一次，用它使合并单元的内部时钟与主时钟同步。由于时钟脉冲是良好确定的周期性信号，可以做到反应时间为 0。因此，可以确保两个时间脉冲之间的各次测量皆不超过电子式电流互感器规定的相位误差，只要求这些测量不在各时钟脉冲出现的同一时刻进行。合并单元的设计可以采用插值法或时钟原理之一或两者并用。

在合并单元规定采用插值法的情况下，电子式互感器校验仪首先必须设法取得基准和被试电子式电流互感器的时间相关数据集。为此，电子式互感器校验仪要使用被试电子式电流互感器和基准系统的额定延迟时间和额定相位偏移，其数值必须已知且非常精确。如果 t_{nre} 是接收被试电子式电流互感器第 n 次数据集的开始时间，那么数据集采样完毕的时间 t_n 为

$$t_n = t_{nre} - t_{\text{dr}} + \varphi_{\text{or}}/(2\pi f) \tag{2-12}$$

式中：t_n 为一次电流及电压第 n 次数据集采样完毕的时间；t_{nre} 为接收被试电子式电流互感器第 n 次数据集的开始时间；t_{dr} 为额定延时时间；φ_{or} 为额定相位偏移。

于是，相应的被试电子式电流互感器一次电流值 $i_p(t_n)$ 或基准值 $i_{\text{ref}}(t_n)$ 可以用基准数据 i_{ref} 和插值法进行计算。另一种可用方法是以被试电子式电流互感器的数据集触发基准电流互感器的采样，从而在同一时间取得一次电流的两种样本。一旦基准电子式电流互感器和被试电子式电流互感器的时间相关数组电流数据已经获得，电子式互感器校验仪就可以进行误差计算。

在合并单元采用时钟脉冲同步时，其程序则不相同。由于供给被试电子式电流互感器和基准电子式电流互感器的是同一时钟脉冲，它们的样本理应已经具有时间相关性。被试电子式电流互感器的 $i_s(n)$ 和基准电子式电流互感器的 $i_{\text{ref}}(n)$ 可以直接进行比较，$i_p(t_n)$ 可直接用 $K_{\text{rd,ref}} i_{\text{ref}}(n)$ 置换。当然，采用时钟脉冲同步时，时钟脉冲务必足够精确。

如果一台数字量输出型电子式电流互感器已经验证为精确度足够，则它可以作为基准。采用上述任一种方法经独立的外部基准校验后，已校准的电子式电流互感器可以代替基准系统，这样，有两个合并单元与电子式互感器校验仪连接，一个是被试电子式电流互感器的，另一个是基准电子式电流互感器的。如两个电子式电流互感器采用相同的合并单元技术，则试验布置可简化为两者皆接到同一个合并单元上。

4. 误差计算的数学求值方法

电子式互感器校验仪一般采用傅里叶变换的误差计算，$i_p(t_n)$和$i_s(n)$皆为周期性信号，这些信号数字化后的（离散）傅里叶变换为

$$I_p(f) = \sum_{n=0}^{kT/T_s-1} i_p(t_n)\, e^{-j2\pi ft_n} \tag{2-13}$$

$$I_s(f) = \sum_{n=0}^{kT/T_s-1} i_s(n)\, e^{-j2\pi ft_n} \tag{2-14}$$

式中：i_p为一次电流；i_s为二次数字量输出（在合并单元输出）；T为一个周期的时间；n为数据集的计数；t_n为一次电流及电压第n个数据集采样完毕的时间；k为累加周期数；T_s为一次电流两个样本之间的时间间隔。

对于谐波h，以$f' = f_h = hf_r$应用式（2-13）和式（2-14），得到2个复数系数，即

$$I_p(f_h) = |I_p(f_h)|\, e^{-j\varphi_{p,h}} \tag{2-15}$$

$$I_s(f_h) = |I_s(f_h)|\, e^{-j\varphi_{s,h}} \tag{2-16}$$

对于正弦电流和$t_n \geqslant t_{dr} - \varphi_{or}/(2\pi f)$，额定频率的相位和幅值误差，用$h = 1$的傅里叶变换系数计算。

幅值误差为

$$\varepsilon = 100 \times \frac{K_{rd}|I_s(f_1)| - |I_p(f_1)|}{|I_p(f_1)|}, \ \%$$

式中：K_{rd}为额定变比。

相位误差为

$$\varphi_e = \varphi_{s,1} - \varphi_{p,1}, \text{rad}$$

5. 测量结果的不确定度评定

（1）比值误差测量不确定度评定。被试电子式电流互感器的比值误差测量采用与标准电子式电流互感器比较的方式进行，在同一参比电流下计算示值误差。以0.2级电子式电流互感器，一次额定电流为600A，参比电流为600A时

为例进行评定。比值误差 ε 的测量模型为

$$\varepsilon = \varepsilon_1 + \varepsilon_0 \qquad (2-17)$$

式中：ε 为被试电子式电流互感器的比值误差；ε_1 为比值误差读数的算术平均值；ε_0 为标准器的比值误差。

由于 ε_0 和 ε_1 彼此独立，由式（2-17）可以导出比值误差的合成标准不确定度为

$$u_c(\varepsilon) = \sqrt{\left[\frac{\partial \varepsilon}{\partial \varepsilon_1}\right]^2 u^2(\varepsilon_1) + \left[\frac{\partial \varepsilon}{\partial \varepsilon_0}\right]^2 u^2(\varepsilon_0)} \qquad (2-18)$$

ε_1 的灵敏系数为

$$c_1 = \frac{\partial \varepsilon}{\partial \varepsilon_1} = 1 \qquad (2-19)$$

ε_0 的灵敏系数为

$$c_2 = \frac{\partial \varepsilon}{\partial \varepsilon_0} = 1 \qquad (2-20)$$

分析该电子式电流互感器的试验过程，其测量不确定度来源主要有以下几项：

1）在规定的环境条件下，被试电子式电流互感器测量重复性引入的不确定度分量 u_1。对被试电子式电流互感器重复性测量的数据，采用统计分析的方法算出实验标准偏差作为标准不确定度分量 u_1，属于 A 类分量，呈正态分布。被试电子式电流互感器为 0.2 级电子式电流互感器，一次额定电流为 600A，在 600A 时，对其进行 10 次重复性测量，得到表 2-11 的一组数据。

表 2-11　　　　　　　　　　10 次重复测量比值差

测量次数	比值差（%）
1	-0.081
2	-0.080
3	-0.078
4	-0.078
5	-0.078
6	-0.078
7	-0.078
8	-0.078
9	-0.077
10	-0.078
算术平均值	-0.0784

用贝塞尔公式算出单次测量标准差为

$$s_f(\varepsilon_i) = \sqrt{\frac{1}{9}\sum_{i=1}^{10}(\varepsilon_i - \overline{\varepsilon})^2} = 0.00117\% \qquad (2-21)$$

采用 10 次测量结果的平均值，所以测量重复性引入的标准不确定度为 $u_{1f} = 0.00117\% / \sqrt{10} = 0.0004\%$，自由度 $\nu_1 = 10 - 1 = 9$。

2）在规定的环境条件和正常的工作状态下，标准器引入的不确定度分量 u_2。标准电子式电流互感器经计量部门检定合格，准确度等级为 0.01 级，所以比值误差最大允许示值误差为 $\pm 0.01\%$，在区间内服从均匀分布，包含因子 $k = \sqrt{3}$，则不确定度分量 $u_{2f} = 0.01\% / \sqrt{3} = 0.0058\%$。该分量可靠性为 90%，故自由度 $\nu_2 = 50$。

3）误差测量装置引入的不确定度分量 u_3。误差测量装置经计量部门校准，准确度等级为 0.05 级，所以比值误差最大允许示值误差为 $\pm 0.05\%$，在区间内服从均匀分布，包含因子 $k = \sqrt{3}$，则不确定度分量 $u_{3f} = 0.05\% / \sqrt{3} = 0.0289\%$。该分量可靠性为 90%，故自由度 $\nu_3 = 50$。

4）工作电磁场引入的不确定度分量 u_4。按照 JJG 313—2010《测量用电流互感器》规定，用于校准工作的升流器、调压器等工作电磁场引入的误差不大于电子式电流互感器误差限值 ε_X 的 1/10，其不确定度属 B 类分量，呈均匀分布，即 $k = \sqrt{3}$，则 $u_4 = 0.1\varepsilon_X / \sqrt{3} = 0.06\varepsilon_X$，该分量可靠性为 75%，自由度 $\nu_4 = 8$。

5）外界电磁场引入的不确定度分量 u_5。按照 JJG 313—2010《测量用电流互感器》规定，存在于工作场所周围与校准工作无关的外界电磁场引入的误差不大于 ε_X 的 1/20，其不确定度属 B 类分量，呈均匀分布，即 $k = \sqrt{3}$，则 $u_5 = 0.05\varepsilon_X / \sqrt{3} = 0.03\varepsilon_X$，该分量可靠性为 75%，自由度 $\nu_5 = 8$。

根据以上分析，列出标准不确定度分量表，见表 2-12，其中 $\varepsilon_X = 2 \times 10^{-3}$。

表 2-12　　　　　　　　　　　标准不确定度分量表

不确定度评定类别	标准不确定度分量	不确定度来源	测量结果的分布	灵敏系数	标准不确定度分量的值	自由度
A	u_1	测量重复性	正态分布	1	0.0004%	9
B	u_2	标准器	均匀分布	1	0.0058%	50
B	u_3	误差测量装置	均匀分布	1	0.0289%	50
B	u_4	工作电磁场	均匀分布	1	$0.06\varepsilon_X$	8
B	u_5	外界电磁场	均匀分布	1	$0.03\varepsilon_X$	8

以上各分量相互独立，则比值差合成标准不确定度为

$$u_c = \sqrt{\sum_{i=1}^{5} u_i^2} = \sqrt{0.04^2 + 0.58^2 + 2.89^2 + 1.2^2 + 0.6^2} \times 10^{-4} = 3.24 \times 10^{-4}$$

（2-22）

包含因子 $k=2$，则比值差的扩展不确定度为 $U = 2 \times 3.24 \times 10^{-4} = 6.48 \times 10^{-4}$。

（2）相位误差的不确定度评定。被试电子式电流互感器的相位误差测量采用与标准电子式电流互感器比较的方式进行，在同一参比电流下计算示值误差。以 0.2 级电子式电流互感器，一次额定电流为 600A，参比电流为 600A 时为例进行评定。相位误差的测量模型为

$$\varphi_e = \varphi_{e1} - \varphi_{e0}$$

（2-23）

式中：φ_e 为被检电子式电流互感器的相位误差；φ_{e1} 为相位误差读数的算术平均值；φ_{e0} 为标准器的相位误差。

由于 φ_{e1} 和 φ_{e0} 彼此独立，由式（2-23）可以导出相位误差的合成标准不确定为

$$u_c(\varphi_e) = \sqrt{\left[\frac{\partial \varphi_e}{\partial \varphi_{e1}}\right]^2 u^2(\varphi_{e1}) + \left[\frac{\partial \varphi_e}{\partial \varphi_{e0}}\right]^2 u^2(\varphi_{e0})}$$

（2-24）

φ_{e1} 的灵敏系数为

$$c_1 = \frac{\partial \varphi_e}{\partial \varphi_{e1}} = 1$$

（2-25）

φ_{e0} 的灵敏系数为

$$c_2 = \frac{\partial \varphi_e}{\partial \varphi_{e0}} = -1$$

（2-26）

分析该电子式电流互感器的试验过程，其测量不确定度来源主要有以下几项：

1）在规定的环境条件下，被试电子式电流互感器测量重复性引入的不确定度分量 u_1。对被试电子式电流互感器重复性测量的数据，采用统计分析的方法算出实验标准偏差作为标准不确定度分量 u_1，属于 A 类分量，呈正态分布。被试电子式电流互感器为 0.2 级电子式电流互感器，一次额定电流为 600A。在 600A 时，对其进行 10 次重复性测量，得到表 2-13 的一组数据。

表 2-13　　　　　　　10 次重复测量相位误差

测量次数	比值差（′）
1	−3.567
2	−3.539

续表

测量次数	比值差（′）
3	−3.544
4	−3.535
5	−3.574
6	−3.541
7	−3.555
8	−3.578
9	−3.586
10	−3.634
算术平均值	−3.578

用贝塞尔公式算出单次测量标准差为

$$s_\delta(\varepsilon_i) = \sqrt{\frac{1}{9}\sum_{i=1}^{10}(\varepsilon_i - \overline{\varepsilon})^2} = 0.030' \tag{2-27}$$

采用 10 次测量结果的平均值，所以测量重复性引入的标准不确定度为 $u_{1\delta} = 0.030'/\sqrt{10} = 0.010'$，自由度 $v_1 = 10 - 1 = 9$。

2）在规定的环境条件和正常的工作状态下，标准器引入的不确定度分量 u_2。标准电子式电流互感器经计量部门检定合格，准确度等级为 0.01 级，所以相位误差最大允许示值误差为 ± 0.3′，在区间内服从均匀分布，包含因子 $k = \sqrt{3}$，则不确定度分量 $u_{2\delta} = 0.3'/\sqrt{3} = 0.173'$。该分量可靠性为 90%，故自由度 $v_2 = 50$。

3）误差测量装置引入的不确定度分量 u_3。误差测量装置经计量部门校准，准确度等级为 0.05 级，所以相位误差最大允许示值误差为 ±0.05%，在区间内服从均匀分布，包含因子 $k = \sqrt{3}$，折到单位（′）为 0.05%×3438 = 1.719′，则不确定度分量 $u_{3\delta} = 1.719'/\sqrt{3} = 0.992'$。该分量可靠性为 90%，故自由度 $v_3 = 50$。

4）工作电磁场引入的不确定度分量 u_4。按照 JJG 313—2010《测量用电流互感器》规定，用于校准工作的升流器、调压器等工作电磁场引入的误差不大于电子式电流互感器误差限值 ε_X 的1/10，其不确定度属B类分量，呈均匀分布，即 $k = \sqrt{3}$，则 $u_4 = 0.1\varepsilon_X/\sqrt{3} = 0.06\varepsilon_X$，该分量可靠性为 75%，自由度 $v_4 = 8$。

5）外界电磁场引入的不确定度分量 u_5。按照 JJG 313—2010《测量用电流互感器》规定，存在于工作场所周围与校准工作无关的外界电磁场引入的误差不大于 ε_X 的 1/20，其不确定度属 B 类分量，呈均匀分布，即 $k = \sqrt{3}$，则

$u_5 = 0.05\varepsilon_X / \sqrt{3} = 0.03\varepsilon_X$，该分量可靠性为 75%，自由度 $v_5 = 8$。

根据以上分析，列出标准不确定度分量表，见表 2-14，其中 $\varepsilon_X = 10'$。

表 2-14　　　　　　　　标准不确定度分量表

不确定度评定类别	标准不确定度分量	不确定度来源	测量结果的分布	灵敏系数	标准不确定度分量的值	自由度
A	u_1	测量重复性	正态分布	1	0.010	9
B	u_2	标准器	均匀分布	1	0.173	50
B	u_3	误差测量装置	均匀分布	1	0.992	50
B	u_4	工作电磁场	均匀分布	1	$0.06\,\varepsilon_X$	8
B	u_5	外界电磁场	均匀分布	1	$0.03\,\varepsilon_X$	8

以上各分量相互独立，则相位误差合成标准不确定度为

$$u_c = \sqrt{\sum_{i=1}^{5} u_i^2} = \sqrt{0.010^2 + 0.173^2 + 0.992^2 + 0.6^2 + 0.3^2} = 1.210' \quad (2-28)$$

包含因子 $k=2$，则相位误差的扩展不确定度为 $U = 2 \times 1.210' = 2.42'$。

2.11.1.3　试验判据

如果电子式电流互感器准确度测量结果满足对应准确度等级的限值要求，则认为电子式电流互感器通过试验。

2.11.2　保护用电子式电流互感器的基本准确度试验

2.11.2.1　试验要求

保护用电子式电流互感器的准确度等级，是以该准确度等级在额定准确限值一次电流下所规定最大允许复合误差的百分数来标称，其后标以字母"P"（表示保护）或字母"TPE"（表示暂态保护电子式电流互感器准确度等级），保护用电子式电流互感器的标准准确度等级为 5P、10P 和 5TPE。

在额定频率下的电流误差、相位误差应不超过表 2-15 所列限值，表中相位差是对额定延时时间补偿后余下的数值。对于模拟量输出的电子式电流互感器，试验所用二次负荷应按有关条款的规定选取。

表 2-15   误 差 限 值

准确度等级	在额定一次电流下的电流误差（%）	在额定一次电流下的相位差	
		(′)	crad
5TPE	±1	±60	±1.8
5P	±1	±60	±1.8
10P	±3	—	—

为了验证是否符合表 2-15 的要求，基本准确度试验应在额定一次电流、额定频率、额定负荷（如果适用）和常温下进行，试验环境温度为 5～40℃，相对湿度不大于 80%。存在于工作场所周围与试验工作无关的外界电磁场引起标准器的误差变化不大于被试电子式电流互感器基本误差限值的 1/20；用于试验工作的调压器、升流器等工作电磁场引起标准器的误差变化不大于被试电子式电流互感器基本误差限值的 1/20；电源频率为 50Hz，由试验电源波动引起的测量误差变化不大于被试电子式电流互感器基本误差限值的 1/20；试验接线的布置尽量避免影响误差测量结果。

在额定频率和被试电子式电流互感器量程范围内，标准电子式电流互感器应比被试电子式电流互感器高三个准确度等级。当标准器不具备上述条件时，可以选比被试电子式电流互感器高两个准确度等级的标准器作为标准，但被试电子式互感器的误差应进行标准电子式电流互感器的误差修正。标准电子式电流互感器的升降变差不大于标准器误差限值的 1/5。

电子式互感器校验仪应具有数字输出校验功能，由其所引起的测量误差绝对值应不大于被试电子式电流互感器误差限值的 1/4。电子式互感器校验仪的比值误差和相位误差示值分辨力应分别不低于 0.001% 和 0.05′。电子式互感器校验仪完成单次测量的频率为 1Hz，即每秒钟完成一次误差测量，每次误差测量采样周期数不少于 4 个。

标准时钟源应能够提供多种同步方式，如秒脉冲、IRIG-B（DC）或 IEC 61588。其上升沿的时钟准确度应优于 1μs，10min 稳定度优于 1μs。

2.11.2.2 试验方法

试验方法与测量用电子式电流互感器的基本准确度试验一致。

2.11.2.3 试验判据

如果电子式电流互感器准确度测量结果满足对应准确度等级的限值要求，则认为电子式电流互感器通过试验。

2.11.3　温度循环准确度试验

2.11.3.1　试验要求

温度循环准确度试验是对基本准确度试验的补充，目的是考核电子式电流互感器的温度特性。

1. 无源电子式电流互感器温度特性

无源电子式电流互感器在温度循环准确度试验过程中参数指标的稳定性取决于电子式电流互感器设计时选用的光学器件、光路技术方案、光学工艺等环节。光学器件主要包括光源、$\lambda/4$ 波片、反射镜、保偏光纤耦合器、相位调制器、光纤传感环等，光学器件的制备工艺、器件选型匹配及控制电路设计是影响电子式电流互感器温度特性的关键参数。在光学器件研究的基础上，不同的光路技术方案中的非互易性引起的温度误差也会影响电子式电流互感器的温度性能。由于理想状态的光学器件和完全互易的光路并不存在，因此需在光学器件和光路设计的基础上，选择电子式电流互感器整机的温度误差模型及补偿算法。

（1）光学器件的温度特性。

1）光源温度特性。无源电子式电流互感器采用的光源为超辐射发光二极管（SLD），为宽谱光源，多数情况下光谱宽度超过 30nm。SLD 光源光谱的中心波长对波片、传感光纤等的工作状态都有影响。当光源驱动电流恒定时，无源电子式电流互感器采用的 SLD 光源的中心波长随工作温度的变化而改变，采用光源闭环反馈控制回路能有效地抑制 SLD 光源中心波长的温度漂移。

光源闭环反馈控制回路包括 SLD 光源、Lyot 消偏器、耦合器、探测器、处理电路和驱动电路，如图 2－23 所示。

2）$\lambda/4$ 波片的温度特性。传感环光路中 $\lambda/4$ 波片的相位延迟也随温度变化而变化，电子式电流互感器的标度因数为 $4VNI\sin(\Psi)$，式中，Ψ 为 $\lambda/4$ 波片的相

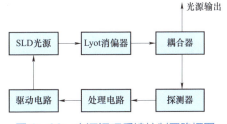

图 2－23　光源闭环反馈控制回路框图

位延迟，当该波片为理想的 $\lambda/4$ 波片时，$\Psi=\pi/2$。$\lambda/4$ 波片产生的误差为二阶分量，并且在较大的温度范围内影响较大。由于维尔德常数随温度变化的特性是确定的，约为 0.7×10^{-4}，而 $\lambda/4$ 波片的偏移量随温度变化的曲线与偏置点有关，通过设定波片工作点就可以得出与维尔德常数的曲线斜率相反的曲线，如图 2－24 所示，从而在光学上抵消传感光纤维尔德常数的温度变化量，实现

光学自补偿，提高传感环的温度稳定性。

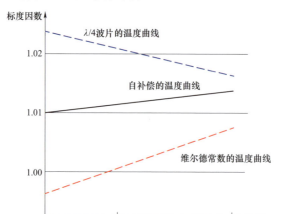

图 2-24 光路参数自补偿技术示意图

3）保偏光纤耦合器的温度特性。保偏光纤耦合器的耦合区应力会随温度变化而变化，在 -40～+70℃ 温度下的分光比变化约为 10%，对测量准确度有较大影响。保偏光纤耦合器在研制过程中选用模场匹配光纤，采用单模保偏熔结工艺和低应力的耦合器封装工艺技术，降低温度应力的影响，如图 2-25 所示。

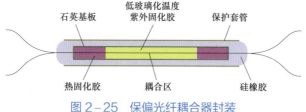

图 2-25 保偏光纤耦合器封装

4）相位调制器的温度特性。无源电子式电流互感器通常采用直波导调制器，直波导调制器在全温范围内中心波长变化 0.7nm，因光源为宽谱光源，谱宽超过 40nm，故中心波长的变化对互感器整体特性的影响可以忽略；全温范围内消光比变化 0.4dB，经测试，这样幅度的消光比变化基本不会对系统特性产生影响。因此在全温范围内直波导的技术指标满足电子式电流互感器的使用要求。

5）传感光纤环的温度特性。高低温循环对经过传感光纤环的光的光谱有一定影响，光纤长度越长，影响越大；对经过传感光纤环的光的偏振度影响很大，尤其是高温（70℃）环境下，光纤长度越长，所受影响也越大。因此，适当选取传感光纤环的长度对无源电子式电流互感器温度稳定性具有重要作用。此外，在传感光纤环的绕制时选用高强度、低热膨胀系数、高尺寸稳定性的材料以提高结构的刚度，防止结构变形，从而提高传感光纤环在高低温下的稳定性能。

6）各类光学器件匹配。

波长匹配及光谱匹配：光学器件及光纤的离散性较大，不同光学器件的工作中心波长、截止波长、工作谱宽等都是有区别的，且同样的光学器件不同厂家、不同批次的电子式电流互感器也有很大区别，因此需要挑选匹配的光学器件及光纤建立光路。

偏振匹配：偏振特性可以说是反映光纤电流互感器系统工作状态的最直接的特性，偏振不匹配会降低光路中的消光比，降低光纤电流互感器的信噪比，同时会降低光纤电流互感器的温度稳定性。因此在选用光学器件时，需要尽可能保证各器件的引出光纤采用同种光纤，同时用保偏光纤显微对轴系统对各段光纤端面进行观察，挑选端面形状接近的光纤组成光学系统，同时在光纤熔接的过程中应用显微镜对轴系统辅助熔接，压缩熔接的角度误差。

（2）光路设计方案。采用相位调制和调制效率自动跟踪双闭环控制回路，保证控制回路的稳定性。双闭环控制系统框图如图 2－26 所示。

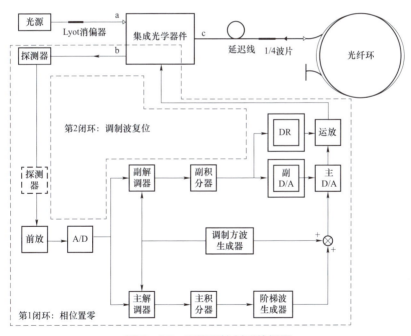

图 2－26 双闭环控制系统框图

（3）温度补偿技术。通过测试不同温度下无源电子式电流互感器的误差数据，得到电子式电流互感器的温度系数，从而建立该电子式电流互感器的温度模型，然后通过软件的方法，实现对无源电子式电流互感器的温度补偿。

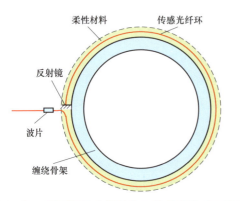

柔性材料　传感光纤环

反射镜

波片

缠绕骨架

图 2－27　采用柔性支撑缠绕工艺后的传感环结构

（4）光纤柔性缠绕技术。为了解决固定骨架对传感光纤的限制问题，改善光纤电流互感器的温度、振动性能，采用柔性支撑缠绕技术。如图 2－27 所示，在缠绕骨架的外围均匀涂抹一层柔性材料对光纤进行支撑，该柔性支撑材料可以是凝胶或其他低弹态材料，传感光纤相当于浸没在柔性材料中，并不与缠绕骨架紧密结合，因此不会受到骨架热胀冷缩的影响，同时有振动时，光纤会受到柔性材料的约束，不会产生摆动。

2. 有源电子式电流互感器温度特性

有源电子式电流互感器的传感部分在温度循环准确度试验过程中性能稳定，受温度影响较小。对于罗氏线圈原理的有源电子式电流互感器，其温度特性主要由采集单元的温度特性决定；对于低功率铁芯线圈原理的有源电子式电流互感器，其温度特性主要由取样电阻和采集单元的温度特性决定。

1）采集单元的温度特性。采集单元一般包括比例电路、积分电路、基准电压源、AD 芯片、处理器芯片和电光转换器件等。在元件选择时，需要根据互感器的实际运行温度，选用合理温度特性的电阻元件、电容元件、电感元件、基准电压源等，选择合适温度范围的 AD 芯片、处理器芯片和电光转换器件等。

2）取样电阻的温度特性。在 LPCT 的设计过程中，考虑到测量准确度的问题，首先应使互感器的二次负荷尽可能小，取样电阻的阻值尽量低；其次，取样电阻应选用具有低温度漂移系数的电阻。

对于精密的低温度漂移电阻，其阻值随温度变化的关系表达式为

$$R_T = R_{25}(1 + \alpha \Delta T) \tag{2－29}$$

式中：R_{25} 为该电阻在 25℃时的电阻值；ΔT 为温度 T 相对于 25℃时的温度变化量，$\Delta T = T - 25$；R_T 为温度为 T 时的电阻值；α 为电阻材料温度特性曲线的斜率。

由式（2－29）可得，当温度从 25℃变化到 T 时，电阻值的变化量为

$$\Delta R = R_T - R_{25} = R_{25}\alpha \Delta T \tag{2－30}$$

设 25℃时 LPCT 的输出电压为 $E(t)_{T=25℃} = I_s R_{25}$（$I_s$ 为 LPCT 的二次侧电流），则当温度变化量为 ΔT 时，LPCT 输出的相对误差为

$$\delta_{\mathrm{L}} = \frac{\Delta E(t)}{E(t)_{T=25℃}} = \frac{I_s \Delta R}{E(t)_{T=25℃}} = \alpha \Delta T \qquad （2-31）$$

式中：$\Delta E(t)$ 为温度变化量为 ΔT 时输出电压的变化量；ΔR 为温度变化量为 ΔT 时电阻值的变化量。

2.11.3.2 试验方法

温度循环准确度试验要求在额定频率、连续施加额定电流或额定扩大一次电流、额定负荷（如果适用）及户内和户外的元器件处在其规定的最高和最低环境气温条件下进行，试验过程中被试电子式电流互感器一直处于正常工作状态。

温度循环准确度试验应按图 2-28 进行。

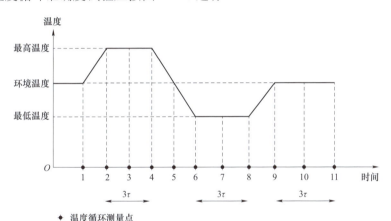

图 2-28 温度循环准确度试验

温度的最低变化速率为 5K/h，只要制造方允许，可以更大些。热时间常数 τ 由制造方提供，电子式电流互感器达到温度稳定所需的时间，主要取决于电子式电流互感器的尺寸和结构。

对于部分为户内和部分为户外的电子式电流互感器，试验为户内和户外两部分各自在其有关温度范围的两个极限值下进行，但两部分皆处于环境气温，户外部分处于其最高温度时户内部分也处于其最高温度，户外部分处于其最低温度时户内部分也处于其最低温度。

2.11.3.3 试验判据

在正常使用条件下，如果各温度循环测量点测得的误差在相位准确度等级的限值以内，则电子式电流互感器通过试验。

2.11.4　准确度与频率关系的试验

2.11.4.1　试验要求

电子式电流互感器应在标准频率范围内满足其准确度等级要求。标准频率范围，对于测量用电子式电流互感器，其准确度等级为额定频率（f_r）的99%～101%，对于保护用电子式电流互感器，其准确度等级为额定频率的96%～102%。

2.11.4.2　试验方法

准确度与频率关系的试验是对基本准确度试验的补充，在标准参考频率范围的两个极限值、额定电流、额定负荷（如果适用）和恒定环境温度下进行。

试验电路与基本准确度试验一致，不同频率下的测量用同一个试验电路进行。试验所用的准确度测量系统，可以在额定频率下校验。

2.11.4.3　试验判据

如果电子式电流互感器不同频率下的误差在相应准确度等级的限值以内，则认为电子式电流互感器通过试验。

2.11.5　元器件更换的准确度试验

2.11.5.1　试验要求

电子式电流互感器在设计阶段可以采用模块化设计，将一次传感器、绝缘本体、采集单元、合并单元分别进行模块化设计，实现电子式电流互感器模块化、标准化的现场运维。从一次电流信号到二次回路信号的处理，各个功能模块相互独立，互不影响。在装配方式上利用各自不同的功能部件进行安装，也不存在装配空间上的相互干涉。当其中的任意模块单元发生故障需要更换时都不影响其他模块的正常使用，节省了维修更换费用，降低了变电站的运行成本。

无源电子式电流互感器由于其传感回路与信号处理回路之间需要通过特殊的光纤连接，光接头的功率损耗等都会引起额外的误差，这就给模块化设计带来了困难。因此模块化设计主要针对有源电子式电流互感器。

通过对智能变电站实际运行情况的调研分析，有源电子式电流互感器故障率最高的模块是采集单元模块，因此针对采集单元的模块化设计和准确度免校准的运维技术是研究的热点。采集单元内部集成电阻、电容、运放、A/D 等不同电子器件，器件自身存在误差，使采集单元模块在出厂时存在差异性。为保证不同采集单元的一致性，适用于批量生产，以及在故障时实现快速更换采集单元等，需保证采集单元的标准化模块设计。采集单元内部配置多级校正系数，保证输出数字信号为额定标准值。通过标准模拟信号源输出信号到采集单元，调整其出厂校正系数，使得输出的数字量为额定值，即保证不同采集单元处理相同模拟信号的一致性，实现标准化的要求。

基于采集单元模块化设计及现场快速更换准确度免校准设计的要求，在现场运维过程中，需对采集单元的输入/输出接口进行标准化设计，以满足调试及更换的便捷性需求。对电子式电流互感器采集单元的信号输入接口、电源接口、信号输出接口、调试接口等进行标准化设计，示意图如图 2-29 所示。各模块接口标准及要求如下：信号输入接口主要用于传感器与采集单元之间的信号传输，采用五芯航空插头加螺纹紧固，有确定的额定输入电压值；电源接口用于连接直流 220V 或直流 110V 供电电源，采用标准化端子连接；信号输出接口用于输出采集单元处理后的数字信号，输入到合并单元中，采用光纤 ST 跳线接口；调试接口用于调试采集单元一二级系数配置，采用光纤 ST 跳线接口。

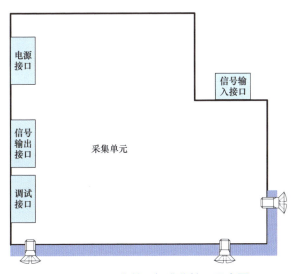

图 2-29　采集单元标准化接口示意图

元器件更换的准确度试验为了验证电子式电流互感器在某些元器件更换后无须校准仍保持其准确度等级，容许更换的元器件仅是电子式电流互感器制造方指定的元器件，实际应用中一般是采集单元模块。现场可更换且无须校准的器件（分部件）应以适当标志特别标明，其余的器件更换时，则需要整个电子式电流互感器重新校准。

2.11.5.2　试验方法

电子式电流互感器在某些元器件更换后仍能满足其准确度等级的工作能力，应以在室温、额定频率、额定电流和额定负荷（如果适用）下的准确度试验进行验证。

2.11.5.3　试验判据

更换元器件后，电子式电流互感器的准确度测量结果满足对应准确度等级的限值要求，则认为电子式电流互感器通过试验。

2.11.6　信噪比试验

2.11.6.1　试验要求

电子式电流互感器的输出可能包含某些扰动，加在所有电子系统共有的白噪声上。电子式电流互感器产生的这种扰动占有很宽的频带，且在无任何一次电流时。这些扰动源可能是转换器的时钟信号、多路开关的换向噪声、直流/直流的转换器、整流频率。

其他的扰动可能来自 50Hz 基波的畸变（产生本身的谐波），或来自基波的谐波调制（在二次转换器的输出上产生谐间波）。

2.11.6.2　试验方法

采用频谱分析仪，在无一次信号时测量电子式电流互感器在规定频带宽度上的输出，由此得到电子式电流互感器本身感生的噪声图像。

采用频谱分析仪，在"纯"50Hz 一次信号下，测量电子式电流互感器在规定频带宽度上的输出，由此可得到电子式电流互感器本身感生的谐波畸变图像。

2.11.6.3　试验判据

在规定的频带宽度内，若电子式电流互感器输出的信噪比大于 30dB（相对于额定二次输出），则认为电子式电流互感器通过试验。

2.12 保护用电子式电流互感器的补充准确度试验

2.12.1 复合误差试验

2.12.1.1 试验要求

在正常使用时，电子式电流互感器作为电流变换器件，应保证一定的准确度，GB/T 20840.8—2007《互感器　第8部分：电子式电流互感器》中对测量用、保护用各等级电子式电流互感器的误差限值做出了明确规定。随着系统不断向超高压、大容量方向发展，当电力系统出现短路故障时，电子式电流互感器可能通过远大于额定电流的短路电流，这种情况下，保护用电子式电流互感器（P级电流互感器）应保证一定的准确度，确保继电保护装置正确动作，这就要求电子式电流互感器的复合误差满足规定。GB/T 20840.8—2007《互感器　第8部分：电子式电流互感器》对继电保护用电子式电流互感器提出"复合误差"的概念，即稳定状态下二次电流的瞬时值与一次电流瞬时值之差的有效值，包括了一次电流和二次电流中出现的高次谐波，因此可以说复合误差在一定程度上综合反映了电流的比值误差和相位误差的可能数值。GB/T 20840.8—2007《互感器　第8部分：电子式电流互感器》规定将保护用电子式电流互感器的准确度等级与额定准确限值系数（ALF）一起标注，例如：5P20，表示电子式电流互感器为5P级，额定准确限值系数为20，电子式电流互感器二次绕组接额定负荷（如果适用）且一次电流不超过20倍额定电流时，电子式电流互感器的复合误差小于5%。

保护用电子式电流互感器在额定频率下的复合误差，以及规定暂态特性时在规定工作循环下的最大峰值瞬时误差，不超过表2-16所列限值。对于模拟量输出的电子式电流互感器，试验所用二次负荷按规定选取。试验环境温度为5～40℃，相对湿度不大于80%。环境电磁场干扰引起标准器的误差变化不大于被试电子式电流互感器基本误差限值的1/20；试验接线引起被试电子式电流互感器误差的变化不大于被试电子式电流互感器基本误差限值的1/10；标准电子式电流互感器比被试电子式电流互感器高两个准确度等级；试验接线的布置尽量避免对误差测量结果的影响。

表 2-16   误 差 限 值

准确度等级	在额定准确限值一次电流下的复合误差（%）	在准确限值条件下的最大峰值瞬时误差（%）
5TPE	5	10
5P	5	—
10P	10	—

2.12.1.2 试验方法

复合误差试验采用直接法，试验时一次端子通过实际正弦波电流，其值等于额定准确限值一次电流，连接额定负荷（如果适用）。复合误差试验在短时电流试验后进行，保护通道不应出现通信中断、丢包、采样无效、输出异常信号等故障。

试验可在与交货产品相类似的电子式电流互感器上进行，只要几何尺寸布置保持相同，就可以减少绝缘。对于一次电流非常大和单匝一次导体的电子式电流互感器，一次返回导体与电子式电流互感器之间的距离应注意模仿运行情况。

在稳态下，复合误差为一次电流的瞬时值和实际二次输出的瞬时值乘以额定变比之差的方均根值。一次电流和二次输出的正负号与端子标志规定一致。

对于模拟量输出，复合误差ε_c通常表示为一次电流方均根值的百分数，即

$$\varepsilon_c = \frac{100}{I_p}\sqrt{\frac{1}{T}\int_0^T [K_{ra}\,u_s(t)-i_p(t-t_{dr})]^2\,dt}\ ,\ \% \qquad (2-32)$$

式中：K_{ra}为额定变比；I_p为一次电流方均根值；i_p为一次电流；u_s为二次电压；T为一个周期的周期；t为时间瞬时值；t_{dr}为额定延迟时间。

对于单独式空心线圈，电压$u_s(t)$在积分器的输出上测量。

对于数字量输出，复合误差ε_c通常表示为一次电流方均根值的百分数，即

$$\varepsilon_c = \frac{100}{I_p}\sqrt{\frac{T_s}{kT}\sum_{n=1}^{kT/T_s}[K_{rd}\,i_s(n)-i_p(t_n)]^2}\ ,\ \% \qquad (2-33)$$

式中：K_{rd}为额定变比；I_p为一次电流方均根值；i_p为一次电流；i_s为二次的数字量输出；T为一个周期的周期；n为样本的计数；t_n为一次电流（及电压）第n个数据集采样完毕的时间；k为累计周期数；T_s为一次电流两个样本之间的时间间隔。

可以用大量的累加周期数k保证上述计算的结果稳定，不允许使用带通滤波器。

对于单独式空心线圈，二次输出是在积分器的输出上测量的。

2.12.1.3 试验判据

在额定频率下，若电子式电流互感器的复合误差满足对应准确度等级的限值要求，则认为电子式电流互感器通过试验。

2.12.2 暂态特性试验

2.12.2.1 试验要求

电力系统短路电流包含交流分量和暂态分量，暂态分量也称为直流分量。交流分量为电力系统频率，而直流分量随时间做指数衰减。无论是传统铁芯式电流互感器还是低功率电流互感器，在测量短路电流时都会有一些误差。交流分量误差可能会影响继电保护，但采用相量算法能够滤除直流分量，所以直流分量误差通常不影响继电保护。然而，对于某些非线性电流互感器，例如铁芯式电流互感器，直流分量会引起电流互感器饱和，导致交流波形失真，交流分量误差可能依赖于直流分量的大小和持续时间。如果电流互感器没有饱和且无非线性元件，则直流分量不影响交流分量误差。电子式电流互感器采用不同技术，如线性度较高的光学互感器（线性度由电子器件决定），或者无非线性元件的罗哥夫斯基线圈，不会受到传统电流互感器饱和等因素的限制。

图 2-30 是电力系统故障（短路）示意图。正常运行时，电流受负载阻抗限制；发生故障时，电流由远小于负载阻抗的电源和线路阻抗决定，因而故障电流增大。故障电流由线路断路器切断。短路电流可由式（2-34）（未表示故障前的电流）表示，故障电流波形如图 2-31 所示。式（2-34）的第一项代表故障电流的衰减直流分量，第二项代表交流分量。当直流分量最小时，可认为故障电流是对称的。

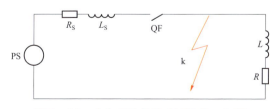

图 2-30 电力系统故障（短路）示意图

R_s、L_s—电源阻抗；QF—断路器；k—故障（短路电流）；PS—电力系统；R、L—负载阻抗

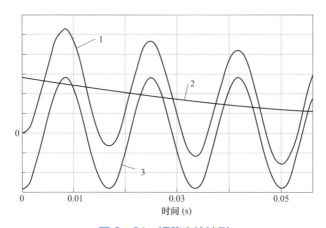

图 2－31　短路电流波形

1—短路电流；2—直流分量；3—交流分量

$$i(t) = \sqrt{2} I_{psc}[e^{-t/T_p} \cos(\theta) - \cos(\omega t + \theta)] \qquad （2-34）$$

式中：$i(t)$ 为短路电流瞬时值；I_{psc} 为短路电流方均根值；θ 为故障初始角；T_p 为一次电路时间常数。

假定电源和线路为感性，在 $\theta=90°$ 时可得到对称故障电流（见图 2－32），在 $\theta=0°$ 时可得到全偏移（非对称）故障电流（见图 2－33）。

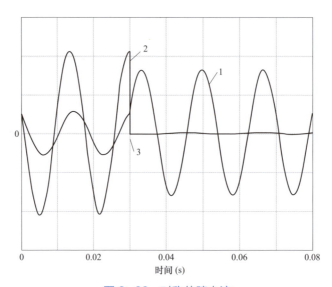

图 2－32　对称故障电流

1—短路故障电流；2—电压；3—故障发生角 $\theta=90°$

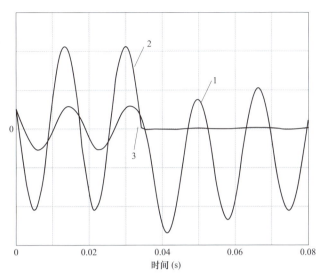

图 2-33　非对称故障电流
1—短路故障电流；2—电压；3—故障发生角$\theta=0°$

当故障发生时，保护装置启动断路器动作，切断故障电流。故障电流切断操作在保护装置启动断路器动作后 2~5 个周期内完成。因为大部分故障是暂时性的，所以断路器可能设计在预定的一段时间后重合闸。如果故障是持久性的，则故障电流将重新出现，断路器又将重新断开，且大多数情况下不会再合闸（将是闭锁）。因此，GB/T 20840.8—2007《互感器　第 8 部分：电子式电流互感器》中规定电流互感器的暂态性能试验必须有两个连贯的短路电流时期。

实际的电力系统是一个复杂的电气网络，式（2-34）不足以准确估算短路电流值，仅能得到近似值。短路电流的交流分量和直流分量取决于多个因素，例如一次时间常数、故障位置和网络架构。一次时间常数在靠近变电站处可能较大（如 200ms），但在离变电站几千米以外（因为线路电阻）则很小（如 60ms）。短路电流的大小也取决于故障位置（与变电站的距离）和故障类型。为了制定适当的电流互感器暂态特性要求，必须准确确定电力系统参数。

传统电流互感器在稳态下具有较高的准确度，但它们在大电流故障下可能饱和，导致二次电流波形畸变，造成大的转换误差。电流互感器铁芯中的剩磁通能加速饱和及加深饱和程度。为了获得继电保护所要求的性能，传统电流互感器开发并应用了多种设计方式，特别是电流互感器铁芯的设计。GB/T 20840.8—2007《互感器　第 8 部分：电子式电流互感器》规定了不同的电流互感器等级要求，例如 P、PR、PX、PXR、TPX、TPY 和 TPZ。保护用电子式电流互感器各准确度等级列于表 2-17。

表 2-17　　　　　　　　保护用电子式电流互感器的准确度等级

准确度等级	剩磁通限值	说明
P	无 a	电子式电流互感器界定为满足稳态对称短路电流条件下的复合误差要求
PR	有	
PX	无 a,b	电子式电流互感器界定为规定其磁化特性
PXR	有 b	
TPX	无 a	电子式电流互感器界定为满足非对称短路电流条件下的瞬时误差要求
TPY	有	
TPZ	有	

a　虽然无剩磁通限值，但仍允许有气体间隙，例如分裂铁芯电流互感器。

b　使用剩磁通区分 PX 和 PXR。

光学电流互感器基于法拉第磁光效应，其偏振光偏振面的旋转角度正比于光路方向上的磁场强度分量，暂态特性取决于电子设备。对于在保护装置输入端设计有低功率电流互感器的情况，电流互感器在额定电流下的二次输出电压通常为 200mV，频率带宽为 0.5Hz～10kHz。

低功率铁芯式电流互感器具有与传统电流互感器类似的设计，但采用最小的铁芯以减小尺寸和质量。输出端子间跨接内置电阻，产生正比于电流的输出电压。由于有铁芯，它们与传统电流互感器一样会饱和，这是在选用低功率电流互感器时必须要考虑的。通常，额定电流下的二次输出电压为 22.5mV。

由于导线绕在非磁性线芯上，罗哥夫斯基线圈具有线性的电压—电流特性。当满足设计准则时，罗哥夫斯基线圈能达到较高的准确度，且一个传感器可以同时用于保护和测量。产生的输出电压正比于一次电流的时间导数 $di(t)/dt$。罗哥夫斯基线圈是一种具有线性电压—频率特性的频率相关设备。罗哥夫斯基线圈不会饱和，能用于大故障电流和高直流分量的电力系统。额定电流下典型的二次输出电压为 22.5mV 或 150mV，频率带宽从 0.1Hz 到 1MHz 以上（取决于设计）。

TPE 级电子式电流互感器是为继电保护用途设计的，其准确度等级由该准确度等级在额定准确限值一次电流下的复合误差最高允许百分数定义。TPE 级指定用于暂态保护级别电子式电流互感器。TPE 级定义为：在准确限值条件、额定一次时间常数和额定工作循环下，最大峰值瞬时误差为 10%。峰值瞬时误差包括直流分量和交流分量，这相当于 TPY 级电子式电流互感器的定义。

电子式电流互感器具有比传统电流互感器更广泛的用途。它们在大电流下不会饱和，高直流分量不影响其性能。一次电流交流分量能够正确地（无畸变）

传递到电子式电流互感器的二次侧。基于电子式电流互感器的保护方案有可能采用较低的截止（衰减）频率（低于 1Hz）。TPE 级电子式电流互感器隐含规定下限截止频率（与电子式电流互感器的二次时间常数有关）限制直流分量的峰值瞬时误差低于 10%。较大的一次时间常数要求较低的截止频率，以获得相同的直流分量峰值瞬时误差。

如果电子式电流互感器所工作网络的一次时间常数大于额定时间常数，或者下限截止频率高于对 TPE 级电子式电流互感器的规定值，则直流分量峰值瞬时误差将增大。但如果电子式电流互感器工作特性的线性度足够，交流分量峰值瞬时误差就将保持较低值或在规定的限值以内。其暂态特性与传统 TPZ 级电子式电流互感器相同。由于继电保护运算通常仅依靠交流分量峰值瞬时误差，故对保护装置运行的影响很小。如果电子式电流互感器的工作特性是非线性的，则交流分量峰值瞬时误差将增大，可能超过可接受的限值。因此，制造方要按照使用场合限定可接受的交流分量峰值瞬时误差。例如，假定额定一次时间常数为 60ms，等效于频率为 2.67Hz，则电子式电流互感器下限截止频率设计为 0.5Hz。这样满足 TPE 级低功率电流互感器的误差限值要求。如果一次故障电流的时间常数较大，例如 200ms（等效于频率 0.8Hz），则直流分量误差将较大但不影响交流分量误差。因而对继电保护运行的影响很小。

截止频率规定电子式电流互感器数字接口的频率响应边界，规定下限和上限截止频率，也允许直流耦合。GB/T 20840.6—2017《互感器　第 6 部分：低功率互感器的补充通用技术要求》规定通带边界以内的幅值和相位特性，以保证保护设备的互通性及阻滞衰减以避免信号混叠。过渡带不作限定，以便于运行不同的硬件和软件。

这些系统能够以较小的误差传送交流分量，去除了部分或全部直流分量。这意味着一次时间常数可以较大而不影响交流分量测量的准确性。

保护用电子式电流互感器规定暂态特性试验时在规定工作循环下的最大峰值瞬时误差，应不超过表 2–17 所列限值。对于模拟量输出的电子式电流互感器，试验所用二次负荷应按规定选取。试验环境温度为 5~40℃，相对湿度不大于 80%。环境电磁场干扰引起标准器的误差变化不大于被试电子式电流互感器基本误差限值的 1/20；试验接线引起被试电子式电流互感器误差的变化不大于被试电子式电流互感器基本误差限值的 1/10；标准电子式电流互感器比被试电子式电流互感器高两个准确度等级；试验接线的布置尽量避免对误差测量结果的影响。

2.12.2.2　试验方法

暂态特性试验采用直接法，试验时一次端子通过暂态一次电流，在额定

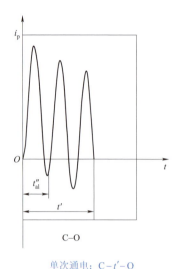

单次通电：C–t'–O

图 2-34   C–O 工作循环（单次通电）

t'—第一次故障时间；t'_{al}—第一次故障达到
准确度等级限制的指定时间

负荷（如果适用）、额定一次短路电流、额定一次时间常数和额定工作循环下进行，计算最大峰值瞬时误差。对于一次电流非常大和单匝一次导体的电子式电流互感器，一次返回导体与电子式电流互感器之间的距离应注意模仿运行情况。

额定工作循环包括 C–O 工作循环和 C–O–C–O 工作循环两种。C–O 工作循环如图 2–34 所示，在其规定通电期间，假定一次短路电流具有最坏情况下的初始相位角。

C–O–C–O 工作循环如图 2–35 所示，在其各规定通电期间，一次短路电流假定为具有最坏情况下的初始相位角。

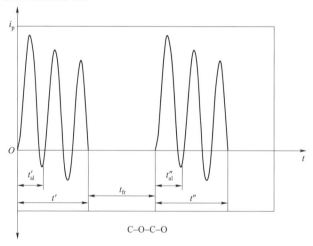

双次通电：C–t'–O–t_{fr}–C–t''–O（两次通电时的磁通极性相同）

图 2-35   C–O–C–O 工作循环（两次通电）

t'—第一次电流通过时间；t''—第二次电流通过时间；t_{fr}—故障重现时间，即在断路器自动重合闸的
工作循环中，当故障未能成功切除时，其一次短路电流从切断到再次出现的时间间隔；
t'_{al}—第一次故障达到准确度等级限制的指定时间；t''_{al}—第二次故障达到准确度等级限制的指定时间

暂态一次电流为

$$i_p(t) = I_{psc}\sqrt{2}\left[\sin\left(2\pi ft + \varphi_p\right) - \sin\left(\varphi_p\right)\exp\left(-t/\tau_p\right)\right] + i_{p,res}(t) \quad (2\text{--}35)$$

式中：I_{psc} 为一次电流对称分量方均根值；f 为基波频率；τ_p 为一次时间常数；

φ_{p} 为一次相位移；$i_{\mathrm{p,res}}(t)$ 为一次剩余电流，包括谐波和次谐波分量及一次直流电流；t 为时间瞬时值。

瞬时误差是电子式电流互感器二次输出乘以额定变比与一次电流瞬时值之差。

对于模拟量输出，瞬时误差电流定义在 $t \geqslant t_{\mathrm{dr}}$，表示为

$$i_{\varepsilon}(t) = K_{\mathrm{ra}} u_{\mathrm{s}}(t) - i_{\mathrm{p}}(t - t_{\mathrm{dr}}) \qquad (2-36)$$

对于单独式空心线圈，电压 $u_{\mathrm{s}}(t)$ 在积分器的输出上测量。

对于数字量输出，瞬时误差电流定义在 $t \geqslant t_{\mathrm{dr}}$，表示为

$$i_{\varepsilon}(n) = K_{\mathrm{rd}} i_{\mathrm{s}}(n) - i_{\mathrm{p}}(t_n) \qquad (2-37)$$

对于单独式空心线圈，二次输出在积分器的输出上测量。

最大峰值瞬时误差为在规定工作循环中，用额定一次短路电流峰值的百分数表示的最大瞬时误差电流（$\hat{i}_{\varepsilon}$），表示为

$$\hat{\varepsilon} = 100\hat{i}_{\varepsilon}(\sqrt{2}I_{\mathrm{psc}}) , \quad \% \qquad (2-38)$$

式中：I_{psc} 为额定一次短路电流，即暂态一次短路电流的交流分量方均根值。

计算最大峰值瞬时误差需要考虑延迟时间的影响，计算时需要进行修正，消除延迟时间对最大峰值瞬时误差计算的影响。

延迟时间指事件在一次端发生与在输出端出现之间的实际时间间隔。对于电子式电流互感器的延迟时间，可以是由频带限制滤波器和数字处理引起的。对于模拟量输出的电子式电流互感器，延迟时间一般为固定的，任何偏离将会形成相位误差。对于数字量输出的电子式电流互感器，延迟时间为由数字量输出信息中 SmpCnt（样本计数器）标记的时刻与这条报文出现在数字量输出时刻的时间差。延迟时间图解如图 2-36 所示。

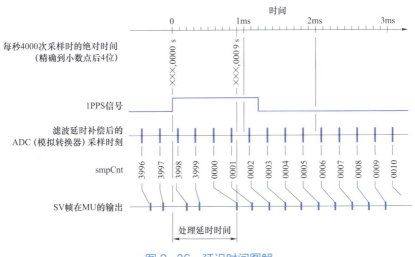

图 2-36　延迟时间图解

2.12.2.3　试验判据

在规定工作循环下，若电子式电流互感器的最大峰值瞬时误差满足对应准确度等级的限值要求，则认为电子式电流互感器通过试验。

2.13　防护等级的验证

2.13.1　试验要求

外壳防护等级是将电子式电流互感器依其防尘、防止外物侵入、防水、防湿气的特性加以分级。电子式电流互感器包含电源电路零件可从外部穿入的所有外壳，以及所属低电压控制和/或辅助电路的所有外壳，规定其防护等级。外壳提供的防护等级用 IP 代码和 IK 代码表示。IP 代码各要素说明见表 2-18。

表 2-18　　　　　　　　　IP 代码各要素说明

组成	数字或字母	对设备防护的含义	对人员防护的含义
代码字母	IP	—	—
第一位特征数字		防止固体异物进入	防止接近危险部件
	0	无防护	无防护
	1	不小于直径 50mm	手背
	2	不小于直径 12.5mm	手指
	3	不小于直径 2.5mm	工具
	4	不小于直径 1.0mm	金属线
	5	防尘	金属线
	6	尘密	金属线
第二位特征数字		防止进水造成有害影响	
	0	无防护	
	1	垂直滴水	
	2	15°滴水	
	3	淋水	
	4	溅水	—
	5	喷水	
	6	猛烈喷水	
	7	短时间浸水	
	8	连续浸水	
	9	高温/高压喷水	

　　第一位特征数字指外壳通过防止人体的一部分或人手持物体接近危险部件对人提供防护，同时外壳通过防止固体异物进入设备对设备提供防护。当外壳符合低于某一防护等级的所有等级时，仅以该数字标识这一个等级。如果试验明显地适用于任一较低防护等级，则低于该等级的试验不需要进行。表2-19给出对接近危险部件的防护等级的简短说明和含义，表中由第一位特征数字规定防护等级。根据第一位特征数字的规定，试具与危险部件之间应保持足够的间隙。表2-20给出对防止固体异物（包括灰尘）进入的防护等级的简短说明和含义，表中仅由第一位特征数字规定防护等级。防止固体异物进入，当表2-20中第一位特征数字为1或2时，指物体试具不得完全进入外壳，即球的整个直径不得通过外壳开口；第一位特征数字为3或4时，物体试具完全不得进入外壳；第一位特征数字为5的防尘外壳，允许在某些规定条件下进入数量有限的灰尘；第一位特征数字为6的尘密外壳，不允许任何灰尘进入。

表2-19　　第一位特征数字所表示的对接近危险部件的防护等级

第一位特征数字	防护等级	
	简要说明	含义
0	无防护	—
1	防止手背接近危险部件	直径50mm球形试具应与危险部件有足够的间隙
2	防止手指接近危险部件	直径12mm、长80mm的铰接试指应与危险部件有足够的间隙
3	防止工具接近危险部件	直径2.5mm的试具不得进入壳内
4	防止金属线接近危险部件	直径1.0mm的试具不得进入壳内
5	防止金属线接近危险部件	直径1.0mm的试具不得进入壳内
6	防止金属线接近危险部件	直径1.0mm的试具不得进入壳内

　　注：对于第一位特征数字为3、4、5和6的情况，如果试具与壳内危险部件保持足够的间隙，则认为符合要求。

表2-20　第一位特征数字所表示的对防止固体异物进入的防护等级

第一位特征数字	防护等级	
	简要说明	含义
0	无防护	—
1	防止直径不小于50mm的固体异物	直径50mm球形物体试具不得完全进入壳内[a]
2	防止直径不小于12.5mm的固体异物	直径12.5mm球形物体试具不得完全进入壳内[a]
3	防止直径不小于2.5mm的固体异物	直径2.5mm的物体试具不得完全进入壳内[a]

续表

第一位特征数字	防护等级	
	简要说明	含义
4	防止直径不小于1.0mm的固体异物	直径1.0mm的物体试具不得完全进入壳内 [a]
5	防尘	不能完全防止尘埃进入，但进入的灰尘量不得影响设备的正常运行，不得影响安全
6	尘密	无灰尘进入

[a] 物体试具的直径部分不得进入外壳的开口。

第二位特征数字表示外壳防止由于进水而对设备造成有害影响的防护等级。试验用清水进行，试验前不能用高压水和（或）溶剂清洗试品。表 2-21 给出了第二位特征数字所表示的防护等级的简要说明和含义。

表2-21　　第二位特征数字所表示的防止水进入的防护等级

第二位特征数字	防护等级	
	简要说明	含义
0	无防护	—
1	防止垂直方向滴水	垂直方向滴水应无有害影响
2	防止当外壳在15°倾斜时垂直方向滴水	当外壳的各垂直面在15°倾斜时，垂直滴水应无有害影响
3	防淋水	当外壳的垂直面在60°范围内淋水时，无有害影响
4	防溅水	向外壳各方向溅水无有害影响
5	防喷水	向外壳各方向喷水无有害影响
6	防强烈喷水	向外壳各方向强烈喷水无有害影响
7	防短时间浸水影响	浸入规定压力的水中经规定时间后外壳进水量不致达有害程度
8	防持续浸水影响	按生产厂和用户双方同意的条件（应比特征数字为7时严酷）持续潜水后外壳进水量不致达有害程度
9	防高温/高压喷水的影响	向外壳各方向喷射高温/高压水无有害影响

电子式电流互感器的外壳还应有足够的机械强度，由 IK 代码规定。

IP、IK 代码可以在电子式电流互感器试品上直接进行试验，也可以在制造方提供的代表性部件上（如同型式二次端子盒）或同结构等比例缩小试品上进行试验。

对于有保证安全的控制手段（例如联锁、书面操作指令等）禁止工作人员接近的户内电子式电流互感器，IP20 可以不做要求。

2.13.2 试验方法

2.13.2.1 外壳防护等级（IP 代码）的检验

外壳防护等级（IP 代码）的检验方法应符合 GB/T 4208—2017《外壳防护等级（IP 代码）》的规定。

2.13.2.2 外壳防护等级（IK 代码）的检验

外壳防护等级（IK 代码）的检验可用摆锤、弹簧锤、垂直落锤三种试验装置进行，推荐采用弹簧锤法。对被试外壳施加击打，以检验其对机械碰撞的防护。不能承受冲击的部件（如瓷绝缘子、浇注式环氧树脂外壳及伞裙、外壳上的接插件、显示器等）可以不要求该试验。

试验时，被试外壳应按制造方使用说明的要求安装在一刚性支撑座上。当对支撑座直接施加一能量相当于被试外壳防护等级的碰撞力时，若发生的位移小于或等于 0.1mm，则认为该支撑座具有足够的刚性。

适合于电子式电流互感器的其他安装和支撑方法，可在相关的产品标准中规定。若在相关的产品标准中无规定，则每一暴露面应承受 5 次碰撞。碰撞的部位应均匀地分布于被试外壳的测试面上。在外壳上同一部位附近所施加的碰撞应不超过 3 次。相关的产品标准应规定所施加撞击力的碰撞部位。

2.13.3 试验判据

2.13.3.1 外壳防护等级（IP 代码）的检验

（1）第一位特征数字所代表的对接近危险部件防护的试验的接受条件。

如果试具与危险部件之间有足够的间隙，则防护合格。

第一位特征数字为 1 的试验，直径为 50mm 的试具不得完全进入开口。

第一位特征数字为 2 的试验，铰接试指可进入 80mm 长，但挡盘不得进入开口。从直线位置开始，试指的两个接点应绕相邻面的轴线在 90° 范围内自由弯曲。应使试指在每一个可能的位置上活动。

接受条件中"足够的间隙"，对低压设备来说，指的是试具不能触及危险带电部件，如果足够的间隙是通过试具与危险部件间的指示灯电路来检验，则试验时指示灯应不亮。

接受条件中"足够的间隙",对于高压设备,指的是当试具放在最不利的位置时,设备应能承受相关标准规定的适用于该设备的耐电压试验,还可通过观察规定的空气中的间隙尺寸来确定,这个间隙应能保证在最不利的电场分布下通过耐电压试验,如果外壳包括不同等级的几个部分,则应对每一部分确定足够间隙的适当验收条件。

(2)第一位特征数字所代表的防止固体异物进入的试验的接受条件。

第一位特征数字为 1、2、3、4 的接受条件:如果试具的直径不能通过任何开口,则试验合格。

第一位特征数字为 5 的防尘试验接受条件:试验后,观察滑石粉沉积量及沉积地点,如果同其他灰尘一样,不足以影响设备的正常操作或安全,则认为试验合格,而且在可能沿爬电距离导致漏电起痕处不允许有灰尘沉积。

第一位特征数字为 6 的防尘试验接受条件:试验后,如果壳内无明显的灰尘沉积,则认为试验合格。

(3)第二位特征数字所代表的防止水进入试验。

试验后应检查外壳进水情况,一般来说,如果进水,则应不足以影响设备的正常操作或破坏安全性。水不积聚在可能导致沿爬电距离引起漏电起痕的绝缘部件上;水不进入带电部件,或进入不允许在潮湿状态下运行的绕组;水不积聚在电缆头附近或进入电缆。如外壳有泄水孔,应通过观察证明进水不会积聚,且能排出而不损害设备。满足以上条件则认为试验合格。

2.13.3.2 外壳防护等级(IK 代码)的检验

试验后,外壳不应出现破裂,外壳的变形应不影响电子式电流互感器的正常性能,且不降低规定的防护等级。表面的损伤,例如漆膜脱落、散热翅或类似件的破损或少量凹痕可以忽略。

2.14 振 动 试 验

2.14.1 试验要求

振动试验对电子式电流互感器的一次部件和二次部件均提出了要求。对于一次部件,要求在开关操作或短路电动力产生振动的条件下能正常运行;对于二次部件，要求考核其经受规定严酷度正弦振动的能力。

2.14.2　试验方法

（1）二次部件的振动试验。二次转换器、合并单元和二次电源与变电站的电子式二次设备类似，在正常使用条件下进行试验。二次部件的振动试验分为振动响应试验和振动耐久试验。模拟运行安装情况进行试验，电子式电流互感器试品通过螺栓与振动试验平台进行固定，其分别沿三条相互垂直的轴线方向（上下、左右、前后）进行试验。

振动响应试验：通流情况下进行试验。每一方向扫频 1 次，每次 8min，总试验时间 24min。

1）试验频率为 10～150Hz，交越频率为 58～60Hz，试验振动水平应满足幅度 $10m/s^2$（二次部件放置于室内）或 $20m/s^2$（二次部件直接放置于室外或其所放置屏柜位于室外）。

2）试验频率为 150～2000Hz，试验振动水平应满足幅度 $5m/s^2$。试验过程中应监测电子式电流互感器的二次输出波形。

振动耐久试验：不通流情况下进行试验。每一方向扫频 20 次，每次 8min，总试验时间 480min。试验振动水平应满足幅度 $10m/s^2$，试验频率为 10～150Hz。

（2）一次部件的振动试验。试验布置尽量符合实际所体现的最恶劣振动运行情况。振动水平是随联结布置、绝缘类型及断路器的动作原理（认为弹簧机构产生较强的振动水平）不同而变化的。

（3）短时电流期间的一次部件振动试验。试验是在短时电流电磁力造成母线振动时，确定受振动的电子式电流互感器是否能正确运行。试验可与短时电流试验或复合误差试验结合进行。在断路器最后一次分闸经 5ms 后，在额定频率一个周期计算出的电子式电流互感器二次输出信号方均根值，理论上应该是"0"，实际上不超过额定二次输出的 3%。为了体现最恶劣的振动情况，电子式电流互感器与断路器作刚性连接。

（4）一次部件与断路器机械耦联时的振动试验。试验也适用于安装在 GIS、中压开关和罐式断路器上的电子式电流互感器。试验是确定电子式电流互感器在断路器操作造成的振动下是否能正确运行。断路器作无电流操作一个工作循环（分－合－分）。在断路器最后一次分闸经 5ms 后，在额定频率一个周期计算出的电子式电流互感器二次输出信号方均根值，理论上应该是"0"，实际上不超过额定二次输出的 3%。为了体现最恶劣的振动情况，断路器通过软导体连接。

断路器在无一次电流的情况下操作 3000 次。电子式电流互感器在此试验前、后测量额定电流下的准确度。试验后电子式电流互感器的误差与试验前的差异，不超过其准确度等级相应误差限值的一半。

断路器产生的振动水平主要取决于其动作原理。弹簧机构的断路器通常产生较强的振动水平，因此，经制造方与用户协商同意，电子式电流互感器在这种断路器上进行的试验可以认为对其他类型断路器也有效。

2.14.3　试验判据

（1）二次部件的振动试验。振动响应试验中对二次部件的输出信号进行记录，电子式电流互感器无输出异常（输出中断、丢包、品质位异常、波形明显畸变等），最大误差电流值不超过保护启动值，则认为电子式电流互感器通过试验。振动耐久试验后检查电子式电流互感器外观无异常，并在通流情况下对二次部件的输出信号进行记录，误差没有超过规定限值，且振动前后误差变化没有超出误差限值的一半，则认为电子式电流互感器通过试验。

（2）一次部件的振动试验。振动过程中电子式电流互感器无输出异常（输出中断、丢包、品质位异常、波形明显畸变等），最大误差电流值不超过保护启动值，则认为电子式电流互感器通过试验。

（3）短时电流期间的一次部件振动试验。在断路器最后一次分闸经 5ms 后，在额定频率一个周期计算出的电子式电流互感器二次输出信号方均根值不超过额定二次输出的 3%，则认为电子式电流互感器通过试验。

（4）一次部件与断路器机械耦联时的振动试验。在断路器最后一次分闸经 5ms 后，在额定频率一个周期计算出的电子式电流互感器二次输出信号方均根值不超过额定二次输出的 3%，则认为电子式电流互感器通过试验。

2.15　数字量输出的补充型式试验

2.15.1　试验要求

数字量输出的补充型式试验适用于在正常使用条件及其额定参数（辅助电

源和推荐的光纤/电缆类型及长度）下使用的电子式电流互感器。

合并单元到二次设备的联结，可以用光纤传输系统或铜线型传输系统实现。对于光纤传输系统，通用帧的标准传输速度为 2.5Mbit/s。采用曼彻斯特编码，首先传输 MSB（最高位）。曼彻斯特编码从低位转移到高位为二进制 1，从高位转移到低位为二进制 0，说明如图 2-37 所示。

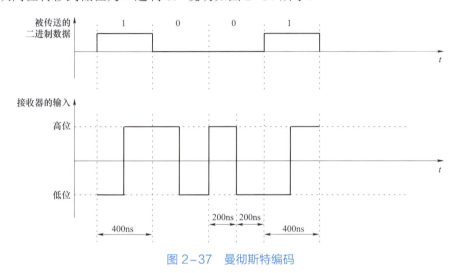

图 2-37　曼彻斯特编码

2.15.1.1　光纤传输

如果采用光纤传输系统，则兼容接口是合并单元的光纤接插件。接插件类型见表 2-22。表中提供的一些准则有助于建立可靠的光纤传输链接。其他的机械工程规范，例如安装位置和光缆布局，由制造方规定。光纤传输高位定义为"光线亮"，低位定义为"光线灭"。

表 2-22　　　　　　　　　　　兼容性光纤传输系统

特征	塑料光纤	玻璃光纤
接插件	BFOC（大口式光纤连接器）/2.5[a]	BFOC/2.5[b]
光缆类型	阶跃折射率 980/1000μm	渐变折射率 62.5/125μm[c]
典型距离	达 5m	达 1000m
光波长	660nm	820～860nm
最大传输功率 [d,e]	−10dBm	−15dBm
最小传输功率 [d,e]	−15dBm	−20dBm
最大接收功率 [d]	−15dBm	−15dBm

续表

特征	塑料光纤	玻璃光纤
最小接收功率 d	−25dBm	−30dBm
系统储备量 f	最小 +3dB	最小 +3dB

a　HP 塑料接插件可用于塑料纤维，也可以采用 ST 接插件。

b　LSH 接插件可用于严酷环境。

c　可采用 50/125μm 光纤。如采用此型光纤，可输入的传输功率会下降，因而应分别规定其距离、接收功率和系统储备量。

d　各功率值是 50%占空比的平均值。

e　传输光功率应在 10m 长（硅 62.5/125μm）或 1m 长（塑料）光纤的输出处测量。0dBm 定义为光功率方均根值 1mW。

f　设计传输链接时，须注意接收器上的光功率瞬时（峰）值不得超过其最大额定值。如果超过最大额定值，则接收器不可能正确检测比特流（因为它已无识别能力），因而传输线上发送信号会出现大量错误。

（1）光驱动器特性。

1）接收器的上升和下降时间：信号的上升和下降时间，由幅值的 10%和 90%两点确定，应小于 20ns。

2）光脉冲特性：光脉冲过冲值应小于光脉冲标称输出的 30%，在脉冲后半部的脉动值限制为光脉冲标称输出的 10%。

光脉冲特性如图 2–38 所示。过冲百分数定义为$\{[过冲量(P_m - P_{100\%})]/P_{100\%}\}\times 100$，脉动百分数定义为$\{[最大的|P（100ns < t < 200ns）- P_{100\%}|]/P_{100\%}\}\times 100$。进行光脉冲特性测量，是为了检验接收器不受过高光功率的影响。检验发送器输出的稳定性以满足良好的光功率检测。

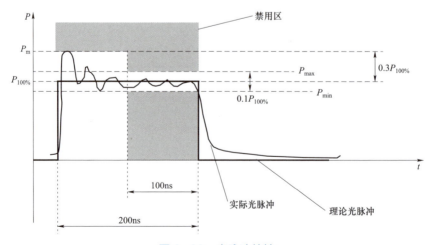

图 2–38　光脉冲特性

P_m—脉冲峰值；P_{max}—脉动最大值；P_{min}—脉动最小值

（2）光接收器特性。

1）接收器的上升和下降时间：信号的上升和下降时间，由幅值的 10%和90%两点确定，应小于 20ns。

2）脉冲宽度失真：脉冲宽度失真应小于 25ns。

（3）光传输的定时准确度。时钟抖动测量时，半电压点测得的数据跳变应发生在标称时钟周期的±10ns 以内。

2.15.1.2　铜线传输

作为光纤传输系统的替换选择，铜线传输系统可用在合并单元与电气测量仪器和继电保护装置之间，见表 2−23，传输系统符合 EIA RS−485 网络连接指南。

表 2−23　　　　兼容性铜线传输系统，用于单工制点对点链接

链接	参数
接插件	D 型，9 针
电缆类型	屏蔽双绞线
典型距离	达 250m

在此用途中，仅用于电子式电流互感器到二次设备的单向性链接。由于 EIA RS−485 网络连接指南规定的特性，在一条物理线上最多可连接 32 个单元负荷。

EIA RS−485 网络连接指南不规定所用电缆的类型，但在附录中列出了电缆选用导则。中继电缆是屏蔽电缆，特性阻抗在频率 5MHz 时为 90～120Ω。所有其他的机械工程规范由制造方规定。

线路驱动器输出为 3 点式电缆，铜线接口如图 2−39 所示。低位定义为 A 点电压（U_a）高于 B 点电压（U_b），$U_a' - U_b'$（接收器输入）＞200mV 峰值。高位定义为 A 点电压（U_a）低于 B 点电压（U_b），$U_a' - U_b'$（接收器输入）＜−200mV 峰值。

铜线传输系统对电磁干扰的敏感性远高于光纤传输系统，铜线传输系统应不得降低电气测量仪器和继电保护装置的运行性能。可以采用 RS−422 型通信的设计电路，但必须经制造方和用户双方同意。对于多个接收器通过菊花链方式链接一个发送器的情况，特别要注意电缆的机械联结技术要求。

（1）线路驱动器特性。

1）输出阻抗：线路驱动器应具有平衡输出的内阻抗，为 110×（1±20%）Ω，

它是在 0.1～6MHz 频率下在其连接传输线的端子上测得的。

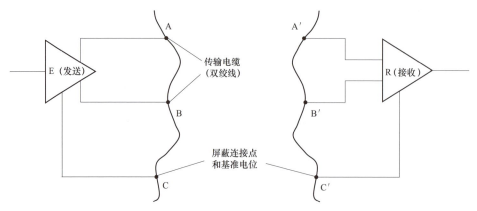

图 2-39　铜线接口

2）信号幅值：信号幅值应为 3～10V 峰对峰值，它是在输出端子所接的电阻［110×（1±1%）Ω］上测得的，且无任何中继电缆。

3）上升和下降时间：最大上升和下降时间，由幅值的 10% 和 90% 两点确定，应为 20ns，它是在线路驱动器输出端子所接的 110Ω 电阻上测得的。

（2）线路接收器特性。

1）接收器输入阻抗：接收器最小输入电阻应为 12kΩ。

2）最大输入信号：接收器与在规定极限电压之间工作的线路驱动器直接连接时，应能正确解译数据。

3）最小输入信号：当某个随机输入信号产生的眼形图（见图 2-40），其特征为 $U_{min}=200mV$ 和 T_{min} 等于 50% 码元周期时，接收器应能正确解译数据。

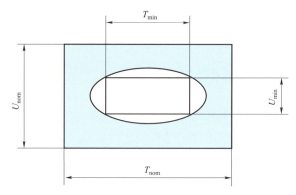

图 2-40　眼形图

U_{nom}—规定的信号幅值范围；$U_{min}=200mV$；$T_{nom}=200ns$；$T_{min}=0.5×200ns=100ns$

（3）定时准确度。时钟抖动测量时，半电压点测得的数据跳变应发生在标称时钟周期的±10ns以内。

2.15.2 试验方法

2.15.2.1 光纤传输

光驱动器特性的验证，包括上升时间和下降时间、脉冲特性的验证；光接收器特性的验证，包括上升时间和下降时间、脉冲宽度失真的验证；定时准确度的验证，包括时钟抖动的测量，该试验信号为曼彻斯特编码的伪随机序列，其最小重复期为511bits。时钟抖动应在过零点测量，时钟抖动测量和上升、下降时间测量有可能合并进行。

光脉冲试验电路如图2-41所示。

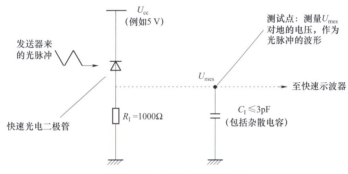

图2-41 光脉冲试验电路

该电路未表示电源 U_{cc} 所需的去耦合网络；示波器及其探头的频带宽度应至少为500MHz；试验电路所用光电二极管的上升和下降时间应非常小，典型值不大于1.5ns，例如BPX65；光脉冲应在10m长（石英62.5/125μm）或1m长（塑料纤维）光纤的输出上获取。

2.15.2.2 铜线传输

线路驱动器特性的验证，包括输出阻抗、信号幅值、上升时间和下降时间的验证；线路接收器特性的验证，包括接收器输入阻抗、正确检测的最大输入信号、正确检测的最小输入信号的验证；定时准确度的验证，包括时钟抖动的测量。

时钟抖动应在传输线所用推荐电缆的输出上测量，按规定的电缆长度并以其额定终端阻抗为终止端（也为了测量传输介质、阻抗失配和接插件等的影响），如果不可能，允许采用传输线模型。试验信号应为曼彻斯特编码的伪随机序列，其最小重复期为511bits。时钟抖动应在过零点测量。时钟抖动测量的上升、下降时间测量有可能合并进行。

2.15.3　试验判据

若驱动器特性验证、接收器特性验证、定时准确度的验证都满足相应要求，则认为电子式电流互感器通过试验。

2.16　端子标志检验

2.16.1　试验要求

电子式电流互感器的铭牌至少应标有以下内容：

（1）制造单位名及其所在的地名或者国名（出口产品），以及其他容易识别制造单位的标志、生产序号和日期；

（2）互感器型号及名称、采用标准的代号；

（3）额定频率；

（4）设备最高电压 U_m；

（5）额定绝缘水平；

（6）设备种类：户内或者户外、温度类别（非正常使用环境温度）、如果互感器允许使用在海拔高于 1000m 的地区，还应标出其允许使用的最高海拔；

（7）总质量（≥50kg 时）；

（8）机械强度要求的类别（适用于 $U_m \geqslant 72.5kV$）。

此外，最好还标出以下内容：

（1）额定短时热电流（I_{th}）和不等于 2.5 倍额定短时热电流的额定动稳定电流；

（2）A 级以外的绝缘耐热等级，如果使用几种不同等级的绝缘材料，还应标出限制电子式电流互感器温升的那一种；

（3）当互感器具有两个二次转换器时，标出各转换器的用途及其相应的端子；

（4）气体绝缘的电子式电流互感器还需标出额定充气压力及最低工作压力。

电子式电流互感器的端子标志应能识别一次和二次端子，对于模拟量输出的电子式电流互感器，端子标志应能识别二次输出的相对极性，所有标为 P1、S1 的端子，在计及延迟时间作用的同一瞬间应具有相同的极性；对于数字量输出的电子式电流互感器，标为 P1 的端子是正极性（负极性）时，帧中的对应值为其 MSB 等于 0（1）。

端子标志应清晰和牢固地标在其表面或近旁处。标志由字母和数字组成，字母应为大写黑体。

所有电缆及其端头应有清晰的识别标志；光纤两端应标出识别的编码或颜色，任何光纤端子盒应清楚地标明为"光纤端子盒"，光缆应清楚地标出"光缆"字样，以便与电缆相区别；所有的接地端子应标有地符号。

电子式电流互感器端子的标志见表 2-24。

表2-24　　　　　　　　电子式电流互感器端子的标志

端子	模拟量输出	数字量输出，光纤	数字量输出，铜线
一次端子 二次端子	P1 ○── ──○ P2 K_{ra} S1 ○　　○ S2	P1 ○── ──○ P2 K_{rd} 光纤	P1 ○── ──○ P2 K_{rd} A C（盒） B
二次端子	S1 S2		

2.16.2　试验方法

采用目测方式，按照试验要求，逐项检查电子式电流互感器端子铭牌内容。在基本准确度试验时，通过与标准电流互感器比对输出波形的方法检验其极性一致性。

2.16.3　试验判据

若铭牌、标志、接地栓、接地符号、出线端子满足试验要求，则认为电子式电流互感器通过试验。

2.17 一次端的工频耐压试验

2.17.1 试验要求

工频耐压试验是为了更有效地查出电子式电流互感器的绝缘局部缺陷，考验其绝缘承受过电压的能力。工频耐压试验的电压、波形、频率和被试电子式电流互感器绝缘内电压分布，与变电站实际运行状况相吻合，因而能有效地发现绝缘缺陷。工频耐压试验时间为 60s，一方面是因为固体绝缘发生热击穿需要一定的时间，使有绝缘缺陷的电子式电流互感器能及时暴露；另一方面，又避免由于时间过长而引起不应有的绝缘伤害。

电子式电流互感器应承受一次端的工频耐压试验和一次端的重复工频耐压试验。其中一次端的重复工频耐压试验以规定试验电压值的 80%进行。试验电压施加在一次端子与地之间。短路的二次端子、座架和箱壳（如果有）均接地。除非另有规定，试验电压依据设备最高电压取表 2-3 的相应值，持续时间为 60s。

2.17.2 试验方法

一次端的工频耐压试验接线如图 2-42 所示。

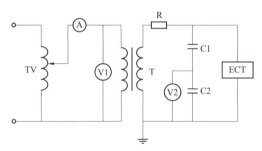

图 2-42 一次端的工频耐压试验接线

TV—调压器；A—电流表；V1—方均根值电压表；T—试验变压器；V2—峰值电压表

（峰值/$\sqrt{2}$）；R—保护电阻；C1、C2—电容分压器；ECT—被试电子式电流互感器

在确定设备线路及电源波形无误后，对被试电子式电流互感器施加电压。

加压时，应由机械零位开始缓慢升高电压，观测仪表升压数值。在升至 75%试验电压时，以每秒 2%试验电压的速率升压至短时工频耐压的试验值，维持 60s 或规定的时间，然后降到 30%试验电压以下后再切断电源。对于额定输出为数字信号的电子式电流互感器，在试验过程中试品应处于完全正常运行状态，使用网络分析仪与故障录波仪监视其输出信号，不应出现通信中断、丢包、采样无效、输出波形异常等故障。

2.17.3 试验判据

如果未发生试验电压突然下降（无击穿或闪络），数字量输出的电子式电流互感器未出现通信中断、丢包、采样无效、输出波形异常等现象，则认为电子式电流互感器通过试验。

2.18 局 部 放 电 测 量

2.18.1 试验要求

电气绝缘设备内部常存在一些弱点，如浇注内部出现气体间隙。空气的击穿场强和介电常数都比固体介质小，因此此在外施电压作用下这些气体间隙或气泡会首先发生放电，就是电气设备的局部放电。局部放电的能量很微弱，不影响电气设备的短时绝缘强度，但日积月累将引起绝缘老化，最后可能导致整个绝缘在工作电压下发生击穿。当绝缘介质内部发生局部放电时，随之将发生电脉冲、介质损耗的增大和电磁波发射现象，因此，一般采用脉冲电流法测量放电时的电脉冲。

对于设备最高电压为 7.2kV 及以上的电子式电流互感器，其局部放电水平应不超过表 2-25 的规定数值。

电子式电流互感器局部放电测量仪器测量以皮库（pC）表示的视在电荷量 q，其校准在图 2-44 所示的试验电路上进行。宽频带仪器的带宽至少为 100kHz，其上限截止频率不超过 1.2MHz。窄频带仪器的谐振频率为 0.15～2MHz，优先值为 0.5～2MHz，测量应在灵敏度最高的频率下进行。局部放电测量仪器的灵敏度应能检测出 5pC 的局部放电水平，试验时外部噪声应远低于灵敏度，为了抑制外部噪声，适宜采用平衡试验电路［见图 2-43（c）］。

表 2-25 允许的局部放电水平

系统中性点接地方式	局部放电测量电压 （方均根值） （kV）	局部放电最大允许水平 （pC）	
		绝缘类型	
		液体浸渍或气体	固体
中性点有效接地系统 （接地故障因数不大于 1.4）	U_m	10	50
	$1.2U_m/\sqrt{3}$	5	20
中性点绝缘系统或非有效接地系统 （接地故障因数大于 1.4）	$1.2U_m$	10	50
	$1.2U_m/\sqrt{3}$	5	20

注 1：如果系统中性点的接地方式未指明，则局部放电水平可按中性点绝缘或非有效接地系统考虑。

注 2：局部放电最大允许水平对于非额定频率也是适用的。

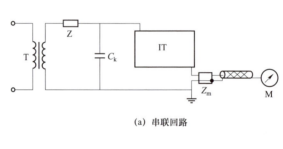

(a) 串联回路

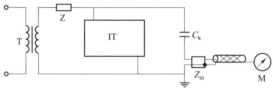

(b) 并联回路

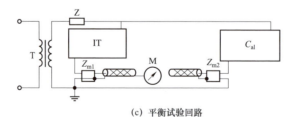

(c) 平衡试验回路

图 2-43 局部放电测量的试验电路示例接线图

T—试验变压器；IT—被试互感器；C_k—耦合电容器；M—局部放电测量仪器；

Z_m—测量阻抗；Z—滤波器（如果 C_k 是试验变压器的电容，则不需要）；

C_{al}—无局部放电的辅助试品；Z_{m1}、Z_{m2}—测量阻抗

2.18.2 试验方法

局部放电测量的校准电路示例如图 2-43 所示。

在进行电子式电流互感器的一次端工频耐压试验的同时进行局部放电测量。如图 2-44 所示，按照程序 A 或程序 B 施加预加电压之后，将电压降到表 2-25 规定的局部放电测量电压，在 30s 内测量相应的局部放电水平。为避免干扰，测量过程中，采集电路部分可断电并接地。

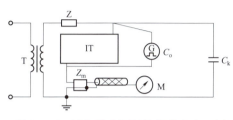

图 2-44　局部放电测量的校准电路示例
G—电容量为 C_0 的脉冲发生器

程序 A：局部放电测量电压是在工频耐压试验后的降压过程中达到的。

程序 B：局部放电试验在工频耐压试验结束之后进行。施加电压上升至额定工频耐受电压的 80%，至少保持 60s，然后不间断地降低到规定的局部放电测量电压。

2.18.3 试验判据

若测得的电子式电流互感器局部放电水平不超过表 2-25 规定的限值，则认为电子式电流互感器通过试验。

2.19 密 封 性 能 试 验

2.19.1 试验要求

2.19.1.1 气体绝缘电子式电流互感器

密封性能试验适用于所有采用气体作为绝缘介质的电子式电流互感器，但使用大气压的空气除外。试验在完整的电子式电流互感器上和环境温度为 20±10℃下进行。电子式电流互感器充以运行时所用的同一种混合气体，达到环境温度为 20℃时的额定充气压强。泄漏测量的灵敏度随气体检漏仪的灵敏度、所测量的容积和两次浓度测量的间隔时间而变化，泄漏测量的灵敏度应能检测出相当于约每年 0.25% 的泄漏率。

2.19.1.2 油浸式电子式电流互感器

油浸式电子式电流互感器环境温度下密封性能试验的目的是验证没有渗漏。电子式电流互感器按使用条件装有其全部附件及其规定的液体，安装应尽可能接近运行状态。

2.19.2 试验方法

2.19.2.1 气体绝缘电子式电流互感器

电子式电流互感器气体封闭压力系统上每一个开口以原有的密封手段密封。在试验期间内，从任何缺陷处泄漏出的气体聚集在密封罩内，然后测量采集到的气体并计算出漏气率。试验程序如下：

（1）电子式电流互感器充以运行时所用的同种气体，达到环境温度为 20℃ 时的额定充气压强。

（2）电子式电流互感器放置 6h 后，用密封罩将整个试品（或它表面的一部分）罩住。

（3）扣罩 24h 后，用灵敏度不低于 10^{-6}、经检验合格的气体检漏仪测定罩内特征气体的浓度（视电子式电流互感器的大小选择 2～6 个点，通常是罩的上、下、左、右、前、后共 6 个点），根据密封罩内泄漏气体的浓度、密封罩的容积、试品的体积及试验场地的绝对压力，推算出漏气率 R 为

$$R = 10^{-6} \times \frac{V_{\mathrm{m}}(C_1 - C_0)P_{\mathrm{e}}}{t_1 - t_0} \qquad (2-39)$$

式中：R 为漏气率，Pa•m³/s；V_{m} 为测量体积，m³；$C_1 - C_0$ 为示踪气体浓度，cm³/m³；$t_1 - t_0$ 为时间间隔，s；P_{e} 为试品外表面压力，为 10^5Pa。

相对年漏气率 F_{p}（%/年）为

$$F_{\mathrm{p}} = \frac{R \times 31.5 \times 10^6}{V(P_{\mathrm{r}} + P_{\mathrm{e}})} \times 100\% \qquad (2-40)$$

式中：V 为试品气体密封系统容积，m³；P_{r} 为试品额定充气压力，Pa。

当所测量的特征气体仅为试品中混合气体的一种气体时，测出的漏气率应乘以一个校正因子，即内部总压强与特征气体分压强之比。

2.19.2.2　油浸式电子式电流互感器

密封性能试验应在清洁的电子式电流互感器上进行，试验场地无明显油污。

安装充气或注油装置，通过单向阀对不带膨胀器的油浸式电子式电流互感器注入一定压力的干燥空气（氮气）或油，施加压力和维持时间不应低于表2-26的规定值。

表2-26　　　　油浸式电子式电流互感器密封性能试验要求

设备最高电压 U_m（方均根值，kV）	施加压力（MPa）	维持压力时间（h）	充气加压的最小剩余压力（MPa）	说明
≥40.5	0.05	6	0.03	不带膨胀器电子式电流互感器
	0.1	6	0.07	带膨胀器电子式电流互感器不带膨胀器试验
<40.5	0.04	3	0.025	同时适用于户外组合互感器

按表2-26规定的压力和时间试验后，观察电子式电流互感器有无渗、漏油现象。对于带膨胀器的油浸式电子式电流互感器，应在未装膨胀器之前，对互感器按上述方法进行密封性能试验。试验后，将装好膨胀器的电子式电流互感器，按规定时间（一般不少于12h）静放，外观检查是否有渗、漏油现象。带防爆片的电子式电流互感器应采取措施，以满足表2-26中的试验压力。

2.19.3　试验判据

对于气体绝缘电子式电流互感器，如果经过试验测得的相对泄漏率不超过每年0.5%（适用于SF_6和SF_6混合气体），则认为电子式电流互感器通过试验。

对于油浸式电子式电流互感器，如果试验过程中试品无渗、漏油现象，且维持压力时间后剩余压力满足表2-26的要求，则认为电子式电流互感器通过试验。

2.20　电容量和介质损耗因数测量

2.20.1　试验要求

电容量和介质损耗因数测量的主要目的是检查电子式电流互感器的一致

性，在额定频率和 $10kV \sim U_m/\sqrt{3}$ 范围内某一电压下测量。

试验在一次端的工频耐压试验后进行。试验电压施加在短路的一次端子与地之间。通常，短路的二次绕组端子、地屏和绝缘的金属壳均应接入测量装置。如果电子式电流互感器具有专供此测量用的端子，则其他低压端子应短路，并与金属壳连在一起接地或接测量装置的屏蔽。

试验在环境温度下进行，温度应做记录。试验方法应经制造方与用户协商同意，但优先选用电桥法。介质损耗因数试验不适用于气体绝缘电子式电流互感器，非电容型绝缘结构的电子式电流互感器不需要考核电容量。

各种油浸式电子式电流互感器的介质损耗因数允许值见表 2-27。

表 2-27   各种油浸式电子式电流互感器的介质损耗因数允许值

绝缘结构	设备最高电压 U_m（方均根值，kV）	测量电压（kV）	介质损耗因数允许值（$\tan\delta$）
电容型绝缘	550	$U_m/\sqrt{3}$	≤0.004
	≤363	$U_m/\sqrt{3}$	≤0.005
非电容型绝缘	>40.5	10	≤0.015
	40.5	10	≤0.02

注：对于采用电容型绝缘结构的电子式电流互感器，制造方应提供测量电压为 10kV 下的介质损耗因数值。

2.20.2 试验方法

（1）非电容型电子式电流互感器。试验电压施加在短接的一次绕组端子与地之间，短接的二次绕组端子和绝缘的金属箱壳均接入测量电桥。如果电子式电流互感器具有一个专供此测量用的装置（端子），则其他低压端子短接，并与金属箱壳等一起接地或接测量电桥的屏蔽，如图 2-45 所示。若采用其他的测量方法（如金属底座或箱壳接地）进行测量，则其结果不宜与上述方法的测量结果进行比对。

（2）电容型电子式电流互感器。试验电压施加在短接的一次绕组端子与地之间，短接的二次绕组端子和绝缘的金属箱壳均接地，一次绕组电容屏的地屏接入电桥（正接法），如图 2-46 所示。也可将一次绕组端子直接接入电桥（反接法）。反接法只能在 10kV 的测量电压下测量，且测得的电容量通常大于正接法所测得的电容量。

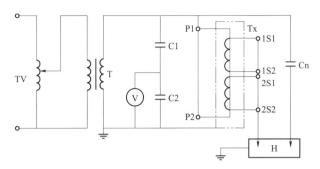

图 2-45　非电容型电子式电流互感器介质损耗因数测量

TV—调压器；T—试验变压器；V—峰值电压表（峰值/$\sqrt{2}$）；C1、C2—电容分压器；

H—电桥；Cn—标准电容器；Tx—被试互感器；P1、P2—一次绕组端子；

1S1、1S2、2S1、2S2—二次绕组端子

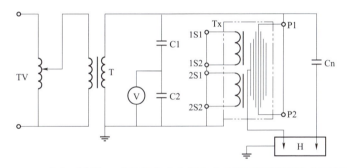

图 2-46　电容型电流互感器部分电容量和介质损耗因数测量（正接法）

TV—调压器；T—试验变压器；V—峰值电压表（峰值/$\sqrt{2}$）；C1、C2—电容分压器；

H—电桥；Cn—标准电容器；Tx—被试互感器；P1、P2—一次绕组端子；

1S1、1S2、2S1、2S2—二次绕组端子

　　对于某种结构的倒立油浸式电子式电流互感器的电容量和介质损耗因数测量，应按整体和部分分别进行。整体电容量和介质损耗因数测量时，试验电压应施加在短接的一次绕组端子与地之间，主绝缘电容屏的地屏、短接的二次绕组端子和绝缘的金属箱壳均应接入电桥，如图 2-47 所示。部分电容量和介质损耗因数测量时，试验电压应施加在短接的一次绕组端子与地之间，短接的二次绕组端子和绝缘的金属箱壳均应接地，主绝缘电容屏的地屏接入电桥（正接法），如图 2-46 所示。

　　对电容型电流互感器的地屏介质损耗因数进行测量时，试验电压应施加在地屏上，短接的一次绕组端子不得与地连接，短接的二次绕组端子及金属箱壳接入电桥，如图 2-48 所示。

119

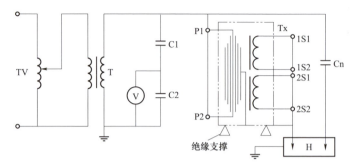

图 2-47　电容型电流互感器整体电容量和介质损耗因数测量

TV—调压器；T—试验变压器；V—峰值电压表（峰值/$\sqrt{2}$）；C1、C2—电容分压器；

H—电桥；Cn—标准电容器；Tx—被试互感器；P1、P2——次绕组端子；

1S1、1S2、2S1、2S2—二次绕组端子

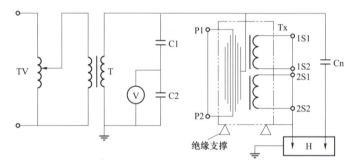

图 2-48　电容型电流互感器的地屏（末屏）介质损耗因数测量

TV—调压器；T—试验变压器；V—峰值电压表（峰值/$\sqrt{2}$）；C1、C2—电容分压器；

H—电桥；Cn—标准电容器；Tx—被试互感器；P1、P2——次绕组端子；

1S1、1S2、2S1、2S2—二次绕组端子

在确认试验线路无误后，对试品施加电压。维持电压在测量电压，调节电桥平衡，得到所测试品的电容量及介质损耗因数值。

2.20.3　试验判据

如果测得的介质损耗因数值满足表 2-27 的规定，则认为电子式电流互感器通过试验。

对于 $U_\mathrm{m} \geqslant 252\mathrm{kV}$ 的油浸式电子式电流互感器，在 $0.5U_\mathrm{m}/\sqrt{3} \sim U_\mathrm{m}/\sqrt{3}$ 的测量电压下，介质损耗因数（$\tan\delta$）测量值的增值不应大于 0.001。

对于正立式电容型绝缘结构油浸式电子式电流互感器的地屏（末屏），在测量电压为 3kV 下的介质损耗因数（$\tan\delta$）允许值不应大于 0.02。

2.21 数字量输出的补充例行试验

对于光纤传输的电子式电流互感器，采用光功率计测量传输功率，试验结果应满足表 2-22 的要求。

对于铜线传输的电子式电流互感器，测量线路驱动器输出信号的幅值，试验结果应满足 2.15.1.2 的要求。

2.22 模拟量输出的补充例行试验

测量二次直流偏移电压，试验一般与准确度试验同时进行。

对于由线路电流供给电源的电子式电流互感器，测量保证电子式电流互感器正常性能所需最小一次电流。

2.23 截断雷电冲击试验

2.23.1 试验要求

试验电压施加在一次端子（连接在一起）与地之间，座架、箱壳（如果有）、铁芯（如需接地）和所有二次端子皆应接地。

2.23.2 试验方法

试验仅以负极性进行，并按下述方式与负极性额定雷电冲击试验结合进行。电压是标准雷电冲击波在 2～5μs 处截断。截断冲击电路的布置应使所记录冲击波的反冲值限值约为峰值的 30%。施加冲击的顺序如下：

（1）$U_m<300kV$ 的电子式电流互感器。

1）1 次额定雷电冲击；

2）2 次截断雷电冲击；

121

3）14 次额定雷电冲击。

（2）$U_m \geqslant 300kV$ 的电子式电流互感器。

1）1 次额定雷电冲击；

2）2 次截断雷电冲击；

3）2 次额定雷电冲击。

2.23.3　试验判据

如果电子式电流互感器耐受规定的截断雷电冲击电压，并无闪络和击穿，且截断雷电冲击前后所施加额定雷电冲击波形无明显变异，则认为电子式电流互感器通过试验。截断雷电冲击沿自恢复外绝缘上的闪络，应不纳入对绝缘性能的评价之中。

2.24　一次端的多次截断冲击试验

2.24.1　试验要求

如有附加规定，则 $U_m \geqslant 300kV$ 的油浸式电子式电流互感器一次端应承受多次截断冲击。试验涉及承载高频暂态电流的内部电屏及其连接的性能，该电流主要起因于开关切分操作。试验也可用于额定值低于此电压水平的情况。

2.24.2　试验方法

试验以靠近峰值处截断的负极性冲击波施加多次进行。试验电压施加在短接的一次端子与地之间。座架、箱壳（如果有）、铁芯（如需接地）和所有二次绕组端子皆应接地。

规定的试验电压峰值为额定雷电冲击耐受电压的 70%。试验电压的波形应是 1.2/50μs 的波前段。按 GB/T 16927.1—2011《高电压试验技术　第 1 部分：一般定义及试验要求》测量的电压有效截断时间不应超过 0.5μs，电路的布置应使反冲值约为规定电压峰值的 30%。应施加 600 次连续冲击，其速率约为每分钟冲击 1 次。经制造方与用户协商同意，冲击次数可降低到 100 次。在试验开始和结束以及至少每 100 次冲击后，应记录波形。

2.24.3　试验判据

试验结果的评价标准应依据下列要求：

（1）比较试验开始和结束以及每 100 次冲击后所记录的各次冲击电压波，不应出现有任何改变的迹象，这些改变可能是由于内部放电。

（2）测得的局部放电水平应不超过表 2−25 的规定值。

（3）除去由于所用试验方法和可能影响结果的微小因素（例如绝缘材料的温度）所造成的不确定度外，在试验前和试验结束至少 24h 后测量的电容量和介质损耗因数，其结果应相同。

（4）在试验结束 72h 后测得的油中溶解气体增量应不超过下列值：

1）氢（H_2）：20μL/L（最小检测水平 3μL/L）；

2）甲烷（CH_4）：5μL/L（最小检测水平 0.1μL/L）；

3）乙炔（C_2H_2）：1μL/L（最小检测水平 0.1μL/L）。

当所列要求的任何一项不满足时，则认为电子式电流互感器未通过试验。

2.25　机 械 强 度 试 验

2.25.1　试验要求

此试验适用于 $U_m \geqslant 72.5$kV 的电子式电流互感器。电子式电流互感器应能承受的静态试验载荷列于表 2−28。这些数值包含风力和覆冰引起的载荷。规定的静态试验载荷可施加于一次端子的任意方向。在正常运行条件下，作用载荷的总和不应超过规定承受静态试验载荷的 50%。在某些应用情况下，电子式电流互感器具有通过电流的端子应能承受罕见的强烈动态载荷（例如短路），其值不超过静态试验载荷的 1.4 倍。在某些应用情况中，一次端子可能需要具有防转动的能力，试验时施加的力矩由制造方与用户商定。如果电子式电流互感器组装在其他设备（例如组合电器）内，相应设备的静态试验载荷不能因组装过程而降低。

表2-28

表2-28　　　　　　　　　电子式电流互感器承受的静态试验载荷

设备最高电压 U_m（方均根值，kV）	静态试验载荷 F_R（N）		
	电压端子	通过电流的端子	
		Ⅰ类载荷	Ⅱ类载荷
72.5	500	1250	2500
126	1000	2000	3000
252～363	1250	2500	4000
≥550	1500	4000	5000

2.25.2　试验方法

机械强度试验接线如图2-49所示。

电子式电流互感器应装配完整，垂直安装且座架牢固固定。油浸式电子式电流互感器应装有规定的绝缘介质，并达到工作压力。气体绝缘的独立式电子式电流互感器应充以额定充气压力的规定气体或混合气体。

按照表2-29所示的各种情况，试验载荷应在30～90s内平稳上升到表2-28所列

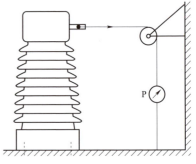

图2-49　机械强度试验接线
P—拉力计或标准砝码

试验载荷值，并在此载荷值下至少保持60s。在此期间应测量挠度。然后平稳解除试验载荷，并应记录残留挠度。试验载荷应施加于端子的中心位置。

表2-29　　　　　　　　　一次端子上试验载荷的施加方式

互感器端子类型	施加方式	
电压端子	水平方向	
	垂直方向	

续表

互感器端子类型	施加方式	
通过电流的端子	水平方向	F_R
		F_R
	垂直方向	F_R

2.25.3 试验判据

如果电子式电流互感器不出现损坏的迹象（如明显变形、破裂或泄漏），则认为电子式电流互感器通过试验。

2.26 谐波准确度试验

2.26.1 试验要求

2.26.1.1 信噪比测量

电子式电流互感器的输出可能包含某些扰动，加在所有电气系统共有的白噪声上。这种扰动可以在很宽的频带内，而且在无任何一次信号的情况下由电子式电流互感器产生。这些扰动源可能是转换器的时钟信号、多路转换器的换向噪声、直流/直流的转换器、频率变换装置。

对噪声（和带宽）的要求取决于用途，因而没有适用于所有电子式电流互感器的通用要求。电子式电流互感器的供应商提供噪声频谱资料。噪声的特性规范可以有多种方式，推荐的规范方式是噪声频谱密度方程或图形（噪声随频率的分布）。

2.26.1.2　正常抗混叠性能试验

数字和离散时间数据处理限制了带宽为数字采样频率 f_s 的一半。如果沿信号处理路径使用不同的采样速率，则其最低速率是限制因素。对于数字量输出的电子式电流互感器，最低频率通常是输出采样频率。高于 $f_s/2$ 的频率与低于 $f_s/2$ 的频率互为镜像。就准确度而言，最关键的频率是映射到电力系统频率 f_r 的那些频率。第一个映射到 f_r 的频率是 f_s-f_r。

图 2−50 是一个数字数据获取系统的实例。

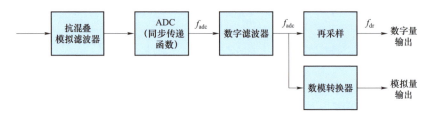

图 2−50　数字数据获取系统示例

f_{adc}—ADC（模拟转换器）采样频率；f_{dr}—输出采样频率

如果 f_{adc} 大于 f_{dr}，则信号带宽等于 $f_{dr}/2$，否则信号带宽等于 $f_{adc}/2$。

因此，应采用抗混叠滤波器。抗混叠滤波器的最低衰减要求，其规定值随电子式电流互感器的准确度等级而变化，列于表 2−30。

表 2−30　　　　　　　　　　抗 混 叠 滤 波 器

准确度等级	抗混叠滤波器衰减（$f{\geqslant}f_s-f_r$）	准确度等级	抗混叠滤波器衰减（$f{\geqslant}f_s-f_r$）
0.1	$\geqslant$34dB	1	$\geqslant$20dB
0.2	$\geqslant$28dB	所有的保护级	$\geqslant$20dB
0.5	$\geqslant$20dB		

衰减的单位是分贝（dB），计算公式为

$$衰减\ W=20\lg\frac{I_p I_{sr}}{I_s I_{pr}} \tag{2−41}$$

式中：I_p 为频率 f 的一次电流方均根值，$f{\geqslant}f_s-f_r$；I_s 为镜像频率的二次输出方均根值，即频率为 f_s-f_r；I_{pr} 为额定一次电流；I_{sr} 为额定二次输出电流。

2.26.1.3 谐波和低频的准确度要求

由于使用特殊设备（非线性负荷、柔性交流输电系统、轨道交通），电网上会出现谐波。谐波量与电网和电压水平关系密切。谐波对计量、品质测量和继电保护皆有影响。图 2-51 表示测量准确度 1 级的谐波和抗混叠频率响应幅值要求。

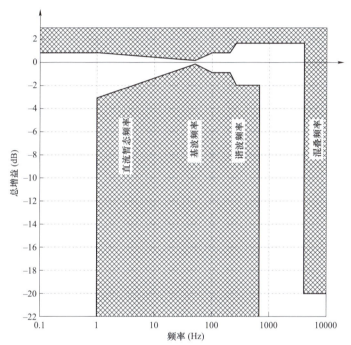

图 2-51　测量准确度 1 级的频率响应图谱（f_r=50Hz，f_s=4000Hz）

╳╳╳╳╳—— 响应禁止区

（1）测量准确度等级。表 2-31 列出测量准确度等级的误差限值。

表 2-31　　　　　　　　　测量准确度等级的误差限值

准确度等级（在 f_r 下）	在下列低频下的比值差（%）		在下列谐波下的比值差（%）					在下列低频下的相位差（°）	在下列谐波下的相位差（°）			
	0Hz	1Hz	2~4 次	5~6 次	7~9 次	10~13 次	13 次以上	1Hz	2~4 次	5~6 次	7~9 次	10~13 次
0.1	+1 −100	+1 −30	±1	±2	±4	±8	+8 −100	±45	±1	±2	±4	±8

续表

准确度等级（在 f_r 下）	在下列低频下的比值差（%）		在下列谐波下的比值差（%）					在下列低频下的相位差（°）	在下列谐波下的相位差（°）			
	0Hz	1Hz	2~4次	5~6次	7~9次	10~13次	13次以上	1Hz	2~4次	5~6次	7~9次	10~13次
0.2、0.2S	+2 −100	+2 −30	±2	±4	±8	±16	16 −100	±45	±2	±4	±8	±16
0.5、0.5S	+5 −100	+5 −30	±5	±10	±20	±20	20 −100	±45	±5	±10	±20	±20
1	+10 −100	+10 −30	±10	±20	±20	±20	20 −100	±45	±10	±20	±20	±20
3、5	—	—	—	—	—	—	—	—	—	—	—	—

注：第一列中的 0Hz 表示直流耦合是允许的，但不是必须的。

在双对数坐标图上表示时，表 2−31 中规定的各点之间以直线过渡。

（2）品质测量和低带宽直流用途的扩展准确度等级。在某些用途中，测量的谐波高达 40 次（某些情况甚至达 50 次）。这些扩展可应用到所有的准确度等级，以表示在高频率下更好的性能。品质测量和低带宽直流用途的扩展准确度等级误差限值见表 2−32。

表 2−32　品质测量和低带宽直流用途的扩展准确度等级误差限值

准确度等级	在下列频率下的比值差（%）			在下列频率下的相位误差（°）		
	0.1kHz≤f< 1kHz	1kHz≤f< 1.5kHz	1.5kHz≤f< 3kHz	0.1kHz≤f< 1kHz	1kHz≤f< 1.5kHz	1.5kHz≤f< 3kHz
0.1	±1	±2	±5	±1	±2	±5
0.2、0.2S	±2	±4	±5	±2	±4	±5
0.5、0.5S	±5	±10	±10	±5	±10	±20
1	±10	±20	±20	±10	±20	±20

注：对直流应用相位差不适用。

高带宽直流用途的扩展准确度等级误差限值见表 2−33。

（3）保护准确度等级。表 2−34 适用于所有保护准确度等级，表中 16.7Hz 或 20Hz 涵盖了铁道工频（对 50Hz 或 60Hz 工频的电网）引起的可能影响。

表 2-33 高带宽直流用途的扩展准确度等级误差限值

准确度等级	在下列频率下的比值差 （%）			在下列频率下的相位差 （°）		
	0.1kHz≤f< 5kHz	5kHz≤f< 10kHz	10kHz≤f< 20kHz	0.1kHz≤f< 5kHz	5kHz≤f< 10kHz	10kHz≤f< 20kHz
0.1	±1	±2	±5	±1	±2	±5
0.2、0.2S	±2	±4	±5	±2	±4	±5
0.5、0.5S	±5	±10	±10	±5	±10	±20
1	±10	±20	±20	±10	±20	±20

注：对直流应用相位误差不适用。

表 2-34 保护准确度等级误差限值

准确度等级	在下列频率下的比值差 （%）		在下列频率下的相位误差 （°）	
	1/3 次谐波（16.7Hz 或 20Hz）	2～5 次谐波	1/3 次谐波（16.7Hz 或 20Hz）	2～5 次谐波
所有保护级	10	10	10	10

（4）高带宽保护专用准确度等级。某些用途，例如行波继电器，需用频率高达 500kHz。采用基于行波分析原理的继电器，是用于精确故障定位的解决方案。例如，按此原理的新装置，其定位精度远高于传统的电抗式故障定位器。这一领域仍处于研究发展之中，但适用于这些继电器的电子式电流互感器应具有很宽的频率范围，其扩展范围高达 500kHz。表 2-35 可以提供参考。

表 2-35 高带宽保护专用准确度等级误差限值

准确度等级	在下列频率下的最大峰值瞬时误差	
高带宽保护专用	f_r～50kHz	500kHz
	10%	30%（3dB）

行波继电器是专为此用途而设计的且很特殊（非常宽的带宽等）。虽然传统电流互感器通常具有足够的带宽，但制造方仍习惯于供给继电器/故障定位器同时附带电流/电压传感器及其相关电子设备。实际上，许多这类装置的运作如同故障录波器，先存储故障时的数据和进行某些后处理，再作故障点定位。由于是高带宽，因此该准确度等级不适合于标准化的数字量输出。

2.26.2　试验方法

2.26.2.1　信噪比测量

无一次信号时，用频谱分析仪测量电子式电流互感器的输出，由此得到互感器自身的噪声映像。

其他的扰动可能来自基波的畸变（产生本身的谐波），或来自基波的谐波调制（在二次转换器的输出上产生谐间波）。制造方应向用户提供这些扰动源的一些指标。能得到有用指标的一种简单测量方法是：在额定频率和幅值的"纯"正弦波一次信号下，用频谱分析仪测量电子式电流互感器的输出，由此可得到互感器自身谐波畸变的映像。

2.26.2.2　正常抗混叠性能试验

施加频率为 $f_s - f_r$ 的一次信号，测量输出信号的频率，用以检查此输入频率是否确实为 f_r 的镜像。检验计算的衰减值是否符合限值。经用户和制造方协商同意，信号可以在二次转换器注入。一次信号的大小应至少为额定一次信号的1%。

由于混叠的发生，输入信号和输出信号不是相同的频率，因而试验布置不能采用桥式电路。进行试验最简易的方法是对输入和输出的方均根值，使用数字系统分别计算，或使用简单的模拟量万用表分别测量。

2.26.2.3　谐波和低频的准确度要求

在理想情况下，对谐波的试验应在额定频率的额定一次输入信号上叠加要求的各谐波频率分量，该分量为额定一次输入信号的某百分数。这样一次输入信号能提供电子式电流互感器的动态真实映像，从而使互感器中可能发生的某些非线性现象得到良好的反映。

但是，难以获得产生这种一次输入信号的试验电路。因此从实际考虑，谐波准确度试验的每次测量可以仅在一次侧施加单一谐波频率下进行。

基于罗哥夫斯基线圈的装置，其输出的幅值随频率而增大。为避免测量电路削波，高于标称系统频率的试验，应在幅值与试验频率 f_{text} 成正比减少的试验信号下进行，即

$$I_{text} = I_N \cdot \frac{f_r}{f_{text}} \tag{2-42}$$

式中：I_{text} 为试验电流；I_N 为额定电流。

基于光学电子的装置，一般对试验信号频率不敏感。不同频率下的试验信号水平主要由实验室的各种能力确定，见表 2-36。

表 2-36　　　　　　　　　普通准确度等级的试验电流

谐波电流幅值（I_{pr} 的百分数）（%）	
2~5 次谐波	6 次及以上的谐波
10	5

专用准确度等级试验的电流幅值见表 2-37。

表 2-37　　　　　　　　　专用准确度等级试验的电流幅值

准确度等级	暂态条件下准确度试验的电流幅值（I_{pr} 的百分数）（%）			
	0Hz，直流	直流~0.99f_r	1.01f_r~5 次谐波	5 次谐波~250kHz
宽频带保护专用	—	20	10	5

2.26.3　试验判据

（1）信噪比测量：电子式电流互感器测得的噪声满足相应的应用需求，则认为电子式电流互感器通过试验。

（2）正常抗混叠性能试验：计算的衰减值满足表 2-30 的要求，则认为电子式电流互感器通过试验。

（3）谐波和低频的准确度要求：不同频率下的误差在相应准确度等级的限值以内，则电子式电流互感器通过试验。

3 电子式电压互感器标准试验

3.1 标准试验分类

根据 GB/T 20840.7—2007《互感器　第 7 部分：电子式电压互感器》规定，电子式电压互感器标准试验分为型式试验、例行试验和特殊试验三种。

3.1.1 型式试验

同电子式电流互感器一样，型式试验可以从同一型式的电子式电压互感器中选取具有代表性的产品作为试品，并应在生产的批量中抽取。型式试验至少每 5 年进行一次。电子式电压互感器型式试验项目如下：

（1）额定雷电冲击试验。

（2）操作冲击试验。

（3）户外型电子式电压互感器的湿试验。

（4）准确度试验。

（5）异常条件耐受能力试验。

（6）无线电干扰电压（RIV）试验。

（7）传递过电压试验。

（8）电磁兼容试验：发射。

（9）电磁兼容试验：抗扰度。

（10）低压器件的冲击耐压试验。

（11）暂态性能试验：

1）一次短路试验；

2）线路带滞留电荷的重合闸试验。

除非另有规定，所有的绝缘型式试验应在同一台电子式电压互感器上进行。

3.1.2　例行试验

例行试验是每台电子式电压互感器都应承受的试验，试验项目如下：

（1）端子标志检验；

（2）一次电压端的工频耐压试验；

（3）局部放电测量；

（4）低压器件的工频耐压试验；

（5）准确度试验；

（6）密封性能试验；

（7）电容量和介质损耗因数测量。

试验的顺序未标准化，但准确度试验应在其他试验后进行。一次端的重复性工频耐压试验应在规定试验电压值的 80% 下进行。

3.1.3　特殊试验

特殊试验是一种既不同于例行试验，也不同于型式试验的试验。它是由制造厂同用户协商确定的。下列特殊试验按制造方与用户之间的协议进行：

（1）一次电压端的截断雷电冲击试验；

（2）机械强度试验。

3.2　额定雷电冲击试验

3.2.1　试验要求

雷电冲击试验是冲击电压发生器模拟雷电产生脉冲波来考核电子式互感器在遭受雷击过电压时的绝缘性能的试验。雷电冲击试验属于破坏性绝缘试验，用较高的试验电压来考验电子式电压互感器的绝缘水平，以发现设备的集中性缺陷，但破坏性绝缘试验有可能给被试品造成一定损伤，所以需要安排在非破坏性试验合格之后进行，以免使绝缘性能无辜损伤甚至击穿。

根据实测，雷电波是一种非周期性脉冲，它的参数具有统计性。波前时间为 0.5～10μs，半峰值时间为 20～90μs，累积频率为 50% 的波前和半峰值时间分别为 1.0～1.5μs 和 40～50μs。为保证多次试验结果的重复性和各实验室之间试验结果的可比性，国际电工委员会和我国国家标准规定了标准雷电冲击电压全波及截波的波形和标准操作冲击电压波形。如图 2−7 所示，O 为原点，但是实际操作过程中，因为冲击电压发生器的内电感大，所以波形的原点不容易确定。电压波的峰值点，由于较平坦，在时间上也不易确定。IEC 采用了视在原点 O_1，再从 O_1 计算波前时间 T_1 和半峰值时间 T_2。视在波前时间 T_1 定义为试验电压曲线峰值的 30% 和 90% 之间时间间隔 T（图 2−7 中点 A 和点 B）的 1/0.6 倍，即 $T/0.6$；半峰值时间 T_2 定义为从视在原点 O_1 到试验电压曲线下降到试验电压值一半时刻之间的时间间隔。

若雷电冲击电压在波前峰值附近含有振荡或过冲波，则应通过适当方法，提取出雷电冲击电压的试验电压波形，如图 3−1 所示，其中，记录曲线定义为冲击电压试验数据的图形或数字化的表示，基准曲线定义为没有叠加振荡的雷电冲击全波电压的估计曲线，剩余曲线定义为记录曲线和基准曲线之间的差。

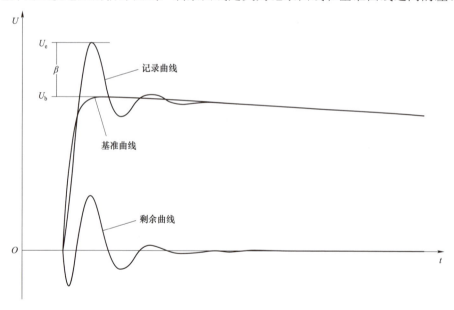

图 3−1　表示过冲和剩余曲线的记录和基准曲线

根据 IEC 60060−1：2010 *High-voltage test techniques-Part 1: General definitions and test requirements* 和 GB/T 16927.1—2011《高电压试验技术　第 1 部分：一般定义及试验要求》的规定把记录曲线转化成试验电压波形，具体步骤为：

（1）求取基准曲线。舍弃记录曲线头尾一小部分后，用双指数波形拟合来获得基准曲线，如图 3-2 所示。

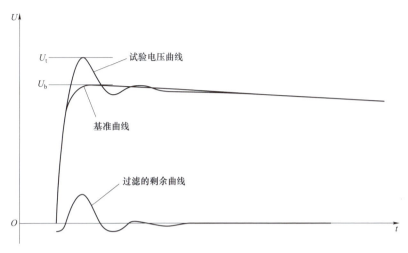

图 3-2　试验电压曲线（增加了基准曲线和过滤的剩余曲线）

（2）求取剩余曲线。以记录曲线与基准曲线的差值构成剩余曲线。

（3）求取过滤后的剩余曲线。引入试验电压函数

$$k(f) = \frac{1}{1 + 2.2f^2} \qquad (3-1)$$

式中：f 为过冲的振荡频率，MHz。

$k(f)$ 是一个幅频函数，是对多类不同的绝缘，施加不同高频过冲的冲击电压波，研究得出的与绝缘电气强度相关的幅频关系。以试验电压函数 $k(f)$ 的转移函数 $H(f)$ 创建滤波器，对剩余曲线进行过滤，可以获得过滤后的剩余曲线，如图 3-3 所示。

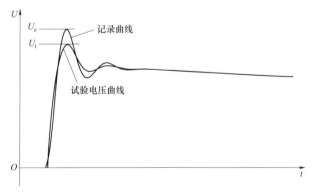

图 3-3　记录曲线和试验电压曲线

（4）求取试验电压波形。将基准曲线和滤波后的剩余曲线叠加，得到试验电压波形，如图 3−4 所示。由基准曲线的最大值 U_b 和记录曲线的最大值 U_e，求得试验电压波形的幅值为

$$U_t = U_b + k(f)(U_e - U_b) \tag{3-2}$$

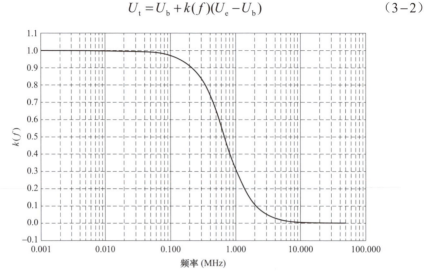

图 3−4　试验电压函数

GB/T 16927.1—2011《高电压试验技术　第 1 部分：一般定义及试验要求》规定由试验电压波形求得波前时间 T_1 和半峰值时间 T_2，还规定相对过冲幅值，即过冲幅值和极限值 U_e 的比率（通常用百分数表示）不得超过 10%。

标准雷电冲击电压是指波前时间 T_1 为 1.2μs，半波峰值时间 T_2 为 50μs 的光滑的雷电冲击全波，表示为 1.2/50μs 冲击。标准雷电冲击规定值与实际施加值之间的允许偏差：峰值±3%，波前时间±30%，半峰值时间±20%。过冲和峰值附近的振荡是容许的，允许相对过冲最大幅值不超过 10%。对于某些试验回路和试品，不易实现规定的标准波形时，可适当延长波前时间 T_1 来避免超出允许的过冲幅值。

额定雷电冲击试验的试验电压按设备最高电压和规定的绝缘水平，取表 3−1 的相应值。对于暴露安装的电子式电压互感器，推荐选择最高的绝缘水平。对于斜线下的数值，额定短时工频耐受电压为设备外绝缘干状态下的耐受电压值，额定雷电冲击耐受电压为设备内绝缘的耐受电压值。对于 GIS 型电子式电压互感器，其额定工频耐受电压水平应依据 GB/T 7674—2020《额定电压 72.5kV 及以上气体绝缘金属封闭开关设备》。

表 3-1   电子式电压互感器一次端子的额定绝缘水平和耐受电压   单位：kV

设备最高电压 U_m（方均根值）	额定短时工频耐受电压（方均根值）	额定雷电冲击耐受电压（峰值）	额定操作冲击耐受电压（峰值）	截断雷电冲击（内绝缘）耐受电压（峰值）
7.2	23/30	60	—	65
12	30/42	75	—	85
17.5（18）	40/55	105	—	115
24	50/65	125	—	140
40.5	80/95	185/200	—	220
72.5	140	325	—	360
	160	350	—	385
126	185/200	450/480	—	530
		550	—	530
252	360	850	—	950
	395	950	—	1050
	460	1050	—	1175
363	460	1050	850	1175
	510	1175	950	1300
550	630	1425	1050	1550
	680	1550	1175	1675
	740	1675	1300	1925
800	880	1950	1425	2245
	975	2100	1550	2415
1100	1100	2250	1800	2400
	1100	2400	1800	2560

3.2.2   试验方法

试验电压由冲击电压发生器产生，冲击电压发生器通常采用 Marx 充放电回路，利用电容器直流电源并联充电，再串联对包含电压互感器试品在内的回路放电。额定雷电冲击试验接线如图 3-5 所示。试验期间需要测量试验电压峰值、各时间参量和振荡或过冲，测量系统需经过 GB/T 16927.2—2013《高电压试验技术   第 2 部分：测量系统》规定程序认可。在试品接入回路后，对每个试品都要进行校核冲击波形。试验过程中需要测量流过电压互感器试品的电流特性时，需要准确测量电流的波形，对电流绝对值的测量不作要求。

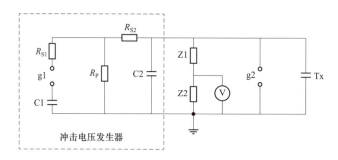

图 3-5　额定雷电冲击试验接线图

R_{S1}、R_{S2}—波头电阻；R_p—波尾电阻；g1—放电球隙；g2—截波球隙；
C1—波头电容器；C2—波尾电容器；Z1、Z2—分压器；Tx—试品

试验时电子式电压互感器一次部分和二次部分同时带电模拟正常运行状态。对于 $U_m < 300\text{kV}$ 的电子式电压互感器，按表 3-1 的雷电冲击电压值，在正和负两种极性下，对试品施加 15 次规定波形和极性的耐受电压，应作大气条件校正。对于不接地电压互感器，应依次对每一个线端施加约一半次数的冲击，此时其余线端接地。对于 $U_m \geqslant 300\text{kV}$ 的电子式互感器，试验应在正和负两种极性下进行，应对每一极性连续冲击 3 次，不作大气条件校正。

3.2.3　试验判据

对于 $U_m < 300\text{kV}$ 的电子式电压互感器，如果满足下列条件，则认为互感器通过试验：

1）每一组试验（正极性和负极性）至少冲击 15 次。

2）非自恢复绝缘不发生破坏性放电。如果不能证实，可通过在最后一次破坏性放电后连续施加 3 次雷电冲击耐受来确认。

3）如果在第 13 次至第 15 次冲击中发生一次破坏性放电，可以再加 3 次冲击（最多 18 次）。如果没有再发生破坏性放电，则认为电压互感器通过试验。

4）每一极性下试验的自恢复绝缘破坏性放电次数不超过 2 次。

5）未发现绝缘损坏的证据，例如，作为验证试验的例行试验的各记录量波形的变异。

6）如果试验时发生破坏性放电，而无证据显示破坏性放电发生在自恢复绝缘上，则电压互感器应在绝缘试验完成后拆开检查。如发现非自恢复绝缘损坏，应认为电压互感器未通过试验。

7）对于输出为数字信号的电子式电压互感器，试验过程中电压互感器应

处于完全正常运行状态，用网络分析仪与故障录波仪监视其输出信号，不应出现通信中断、丢包、采样无效、输出异常信号等故障。

对于 $U_m \geqslant 300kV$ 的电子式电压互感器，如果满足下列条件，则认为电压互感器通过试验：

1）每一组试验（正极性和负极性）冲击 3 次；

2）不发生破坏性放电；

3）未发现绝缘损伤的证据，例如，作为验证试验的例行试验的各记录量波形的变异；

4）对于输出为数字信号的电子式电压互感器，试验过程中电压互感器应处于完全正常运行状态，用网络分析仪与故障录波仪监视其输出信号，不应出现通信中断、丢包、采样无效、输出异常信号等故障。

3.3 操 作 冲 击 试 验

3.3.1 试验要求

电力系统中运行的电子式电压互感器除长时间受工频电压和短时过电压的作用外，还经常受到操作过电压作用，主要是由于线路重合闸、故障、开断容性电流等线路操作引起的。随着超高压、特高压输电的出现，用操作冲击电压试验电气设备的绝缘性能显得越来越重要。目前产生操作冲击电压的方法有用变压器来产生或用冲击电压发生器来产生两种途径。一般使用冲击电压发生器来产生，与产生雷电冲击电压的原理一样，只是操作冲击电压的波前和波尾都比雷电冲击电压长得多，在选择回路参数时，要求调波电容和冲击电容都较大。同时要求波前电阻和放电电阻也较大。冲击电压用电容分压器来测量。

GB/T 16927.1—2011《高电压试验技术　第 1 部分：一般定义及试验要求》中规定的操作冲击波波形如图 2-9 所示。半峰值时间 T_2 是从实际原点和电压第一次衰减到半峰值瞬间的时间间隔；90%峰值以上的时间 T_d 是冲击电压超过最大值的 90%的时间间隔；波前时间（到峰值时间）T_p 是从实际原点到操作冲击电压的最大值时刻的时间间隔。

由于波幅处较平坦，峰值点不容易准确的确定，所以用下列算式来确定波前时间，即

$$T_p = KT_{AB} \qquad\qquad (3-3)$$

式（3-3）中，K 为无量纲参数，表达式为

$$K = 2.42 - 3.08 \times 10^{-3} T_{AB} + 1.51 \times 10^{-4} T_2 \qquad (3-4)$$

式（3-4）中，T_{AB} 和 T_2 的单位为μs，且 $T_{AB} = t_{90} - t_{30}$。

在 GB/T 16927.3—2010《高电压试验技术　第 3 部分：现场试验的定义及要求》中，标准操作冲击电压的 $T_p = 2.4 T_{AB}$。

GB/T 16927.1—2011《高电压试验技术　第 1 部分：一般定义及试验要求》规定了标准操作冲击是波前时间 T_p 为 250μs，半峰值时间 T_2 为 2500μs 的冲击电压，表示为 250/2500μs 冲击。试验容差，即规定值和实测值之间允许的偏差：峰值±3%，波前时间±20%，半峰值时间±60%。

3.3.2　试验方法

$U_m \geqslant 363kV$ 的电子式电压互感器需要进行操作冲击试验，试验接线与雷电冲击试验接线一致，但要求调波电容和冲击电容调节到约为雷电冲击参数的 10 倍。注意选择合适的对墙和对其他物体的安全距离，要采用屏蔽罩等措施来提高空气间隙的击穿场强。施加试验电压取决于设备最高电压和规定的绝缘水平，按表 3-1 选取适当值。试验电压应施加在一次电压传感器的各线端与地之间。一次电压传感器的接地端子或电子式不接地电压互感器的非被试端子、框架和箱壳（如果有）应连在一起接地。在接地连接中可接入适当的电流记录装置。低压端子可连在一起接地，或者非接地二次端子可以悬空或连接高阻抗装置记录试验时出现在二次电压端子上的电压波形。试验应在正和负两种极性下进行，每一极性下连续冲击 15 次，应作大气条件校正。户外型电子式电压互感器应仅承受湿试验，不要求进行干试验。

3.3.3　试验判据

如果试验结果情况如下，则电子式电压互感器通过试验：

（1）非自恢复内绝缘未发生击穿；

（2）非自恢复外绝缘未出现闪络；

（3）每一极性下自恢复外绝缘出现闪络不超过 2 次；

（4）未发现绝缘损坏的其他证据（例如，所记录各种波形的变异）；

（5）对于输出为数字信号的电子式电压互感器，试验过程中电压互感器应处于完全正常运行状态，用网络分析仪与故障录波仪监视其输出信号，不应出现通信中断、丢包、采样无效、输出异常信号等故障。

3.4 户外型电子式电压互感器的湿试验

3.4.1 试验要求

为了检验外绝缘的性能，户外型电子式电压互感器应承受淋雨试验。对于一次电压端子 U_m<300kV 的电子式电压互感器，试验应按工频电压进行，须作大气校正。对于一次电压端子 U_m≥300kV 的电子式电压互感器，试验应按操作冲击电压进行。用满足规定电导率和温度的水（见表 2-4）喷射电压互感器。落在电压互感器上的水应呈滴状（避免雾状），并控制喷射角度，以使其按垂直和水平方向的分布量大致相等。用量雨器测量水量，量雨器具有两个隔开的开口均为 100～750cm^2 的容器，一个开口测水平分布量，一个开口测垂直分布量，垂直的开口面对淋雨方向。应在所收集的即将喷到电压互感器的水样品中测量其温度和电导率。

试验设备包括工频试验变压器、冲击电压发生器、电压测量装置和淋雨装置。设备的选取应按照电子式电压互感器的试验参数及外观尺寸来进行。电压测量系统应满足 GB/T 16927.1—2011《高电压试验技术 第 1 部分：一般定义及试验要求》和 GB/T 16927.2—2013《高电压试验技术 第 2 部分：测量系统》的要求。淋雨装置应能调整，以便在试品上产生表 2-4 规定的在允许容差内的淋雨条件。只要满足表 2-4 规定的淋雨条件，任何形式的喷嘴均可采用。

3.4.2 试验方法

对于 U_m<300kV 的电子式电压互感器，依据设备最高电压取表 3-1 的相应电压值，需作大气条件校正。对于 U_m≥300kV 的电子式电压互感器，依据设备最高电压和规定的绝缘水平取表 3-1 的相应电压值。

通常情况下，湿试验结果与其他高压放电或耐受试验相比，其重复性差。为减少分散性，应采用下述方法：

（1）对于高度小于 1m 的电压互感器，量雨器要位于靠近电压互感器的地方，但要避免电压互感器上溅出的雨滴。测量时，应缓慢地在足够大的区域移动并求其雨量的平均值。为避免个别喷嘴喷射不均匀的影响，测量的宽度应等于电压互感器宽度，最大宽度为 1m。

（2）对于高度在 1～3m 之间的电压互感器，应在顶部、中部和底部分别进行测量，每一测量区域仅涵盖电压互感器高度的 1/3。

（3）对于高度超过 3m 的电压互感器，测量段的数目应增加至覆盖电压互感器的整个高度，但不应重叠。

（4）对于高度超过 8m 的电压互感器，测量段数不应少于 5 段。

（5）对于水平尺寸大的电压互感器，采用类似方法。

（6）电压互感器表面用活性洗涤剂洗净会减少试验的分散性。洗涤剂在开始淋雨之前应擦净。

（7）试验的结果可能受局部反常（偏大或偏小）淋雨量的影响。如果需要，宜采用局部测量进行检验，以改进喷射的均匀性。

电压互感器应按规定条件在规定的容差范围内至少不间断预淋 15min，预淋时间不包括调整喷水所需的时间。开始时也可以用自来水预淋 15min，然后在试验开始前需用规定的水连续预淋至少 2min。淋雨条件应在试验开始前进行测量。湿试验的试验程序和规定的相应干试验的试验程序相同，交流电压湿试验的持续时间为 60s。

3.4.3　试验判据

对于 $U_m < 300kV$ 的电子式电压互感器，在进行湿耐受试验时，允许闪络一次，但在重复试验时不应再发生闪络，满足上述要求则认为电压互感器通过试验。对于 $U_m \geqslant 300kV$ 的电子式电压互感器，试验判据同操作冲击耐压试验。

3.5　准　确　度　试　验

3.5.1　基本准确度试验

3.5.1.1　试验要求

电子式电压互感器是提供正比于一次电压的二次电压，并且相位差在联结方向正确时接近于零的电力测量装备。准确度试验是对电子式电压互感器的基本性能要求。

在标准所规定的试验条件下，测量准确度等级的频率标准参考范围应为额定频率的 99%～101%，保护准确度等级则为 96%～102%。辅助电源电压的标准参考范围应为额定辅助电源电压的 80%～110%（适用于交流辅助电源）或

80%～120%（适用于直流辅助电源）。负荷的标准参考范围应为25%～100%额定负荷，其功率因数在额定输出大于或等于 5VA 时为 0.8 滞后。额定负荷小于 5VA 时，电子式电压互感器的误差应在任意阻抗角的额定负荷下皆不超过其准确度等级的限值。

测量用电子式电压互感器的准确度等级以该准确度等级在额定电压及标准参考范围负荷下所规定最大允许电压误差的百分数来标称。测量用电子式电压互感器的标准准确度等级有 0.1、0.2、0.5、1、3。在 80%～120%的额定电压及功率因数 0.8（滞后）的 25%～100%的额定负荷下，测量用电子式电压互感器在额定频率时的电压误差和相位误差，应不超过表 3−2 规定的限值。

表 3−2　　　　测量用电子式电压互感器的电压误差和相位误差限值

准确度等级	电压（比值）误差 ε_u（%）	相位误差 φ_e	
		(′)	crad
0.1	±0.1	±5	±0.15
0.2	±0.2	±10	±0.3
0.5	±0.5	±20	±0.6
1.0	±1.0	±40	±1.2
3.0	±3.0	不规定	

保护用电子式电压互感器的准确度等级以该准确度等级在 5%额定电压至额定电压因数相对应的电压及标准参考范围负荷下所规定最大允许电压误差的百分数来标称，其后标以字母"P"。保护用电子式电压互感器的标准准确度等级为 3P 和 6P。在 5%额定电压和额定电压因数相对应的电压下，两者的电压误差和相位差的限值相同。2%额定电压下的误差限值为 5%额定电压下对应值的 2 倍。若电子式电压互感器在 5%额定电压下和在上限电压（即额定电压因数 1.2 或 1.5 或 1.9 相对应的电压）下误差限值不同，则可由制造方和用户协商规定。保护用电子式电压互感器的误差限值见表 3−3。

表 3−3　　　　　　保护用电子式电压互感器的误差限值

准确度等级	在下列额定电压 U_p/U_{pn}（%）下								
	2			5			x^a		
	ε_u（%）	φ_e（′）	φ_e（crad）	ε_u（%）	φ_e（′）	φ_e（crad）	ε_u（%）	φ_e（′）	φ_e（crad）
3P	±6	±240	±7	±3	±120	±3.5	±3	±120	±3.5
6P	±12	±480	±14	±6	±240	±7	±6	±240	±7

[a] x 为额定电压因数乘以 100。

3.5.1.2　试验方法

按照 JJG 314—2010《测量用电压互感器》规定，在额定频率和被检电子式电压互感器被测量程范围内，标准器应比被检电子式电压互感器高两个准确度等级，其实际误差应不大于被检电子式电压互感器误差限值的 1/5。当标准器不具备上述条件时，可以选用比被检电子式电压互感器高一个等级的标准器作为标准，但被检电子式电压互感器的误差应进行标准器的误差修正。标准器的变差应不大于标准器误差限值的 1/5。标准器必须具有法定计量检定机构的有效检定证书。标准信号转换装置将标准器的二次输出转换成电子式互感器校验仪的标准输入信号。它可以是电子式互感器校验仪的一部分。由标准信号转换装置所引起的测量误差，应不大于被检电子式电压互感器误差限值的 1/10。由电子式互感器校验仪所引起的测量误差，应不大于被检电子式电压互感器误差限值的 1/10。电源及调节设备应具备足够的容量和调节精度，电源的频率应满足电子式电压互感器的标准频率范围，波形畸变系数应不超过 5%。

模拟量输出的电子式电压互感器试验方法一般采用间接比较法，校验回路如图 3-6 所示。将升压器、电子式电压互感器和标准器的低压端子和外壳接地，连接升压器、电子式电压互感器一次端子、标准器一次端子。电子式电压互感器的二次输出和经过标准信号转换装置转换的标准器二次输出接至电子式互感器校验仪，校验仪测量标准器和待测电子式电压互感器的差值。调节调压器，使测量覆盖标准要求的每个测量点。

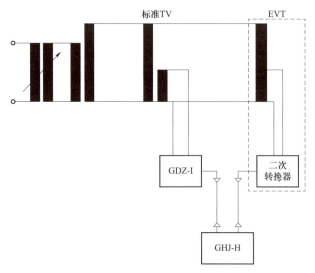

图 3-6　EVT 模拟量输出校验回路

数字量输出的电子式电压互感器试验方法只能采用直接测量法，校验回路如图 3-7 所示。将升压器、电子式电压互感器和标准器的低压端子和外壳接地，连接升压器、电子式电压互感器一次端子、标准器一次端子。同步脉冲发生器发出信号至电子式电流互感器和参考 A/D 转换器，保障两路信号的同步采样。将电子式电压互感器的二次输出和经过参考 A/D 转换器转换的标准器二次输出接至计算机。调节调压器，使测量覆盖标准要求的每个测量点。数字信号校验系统软件对采样数据进行误差计算。

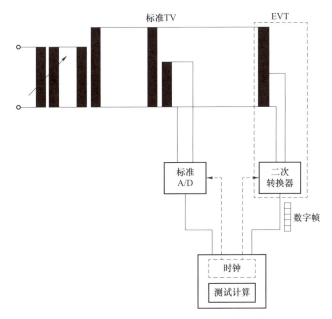

图 3-7　EVT 数字量输出校验回路

试验应按照表 3-2 和表 3-3 规定的各电压值，在额定频率、25%和 100%额定负荷、正常环境温度下进行。

3.5.1.3　试验判据

准确度测量结果应满足对应准确度等级的限值要求。

3.5.2　准确度与温度关系的试验

3.5.2.1　试验要求

温度特性是电子式电压互感器的重要指标之一。有源电子式电压互感器含有电阻、电容分压器件，其电容值和电阻值容易受温度影响，从而影响电子式电压互感器的准确度。无源电子式电压互感器含有光纤等大量光学器件，光学器件对温度变化尤为敏感，通常需要额外的温度补偿措施。另外采集器、合并单元等数字化单元中含有大量的功率放大器和取样电阻，均为温度敏感器件。各环节综合作用下，电子式电压互感器的测量准确度在温度变化时难以保障，为故障高发环节。

电子式电压互感器正常使用的环境气温条件分为三种类别，见表 3-4。安装地点的环境温度可能明显超出表 3-4 的正常使用条件范围，最低和最高温度的优选值应为：特别寒冷的气候地区为 $-50℃$ 和 $40℃$；特别炎热的气候地区为 $-5℃$ 和 $50℃$。

表 3-4　　　　　　　　温　度　类　别

类别	最低温度（℃）	最高温度（℃）
-5/40	-5	40
-25/40	-25	40
-40/40	-40	40

3.5.2.2　试验方法

温度循环准确度测试需要在额定频率，连续施加额定电压条件下进行，测试过程中被试电子式电压互感器一直处于正常工作状态。户内和户外的元器件处在其规定的最高和最低环境气温。温度循环准确度测试严格按照图 3-8 进行。

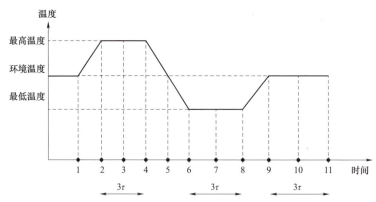

图 3-8　温度循环准确度测试

温度的最低变化速率为 5K/h，热时间常数 τ 由制造方提供。根据电子式电压互感器的尺寸和结构及原理，估算电子式电压互感器内部达到温度稳定所需的时间。对于部分为户内和部分为户外的电子式电压互感器，试验应为户内和户外两部分各自在其有关温度范围的两个极限值下进行，但两部分皆处于环境气温，户外部分处于其最高温度时户内部分也处于其最高温度，户外部分处于其最低温度时户内部分也处于其最低温度。

3.5.2.3 试验判据

各测量点测得的误差应在相应准确度等级的限值以内。

3.5.3 准确度与频率关系的试验

3.5.3.1 试验要求

电子式电压互感器应在标准频率范围内满足其准确度等级要求。标准频率范围，测量用电子式电压互感器准确度等级应为额定频率（f_r）的 99%～101%，保护用电子式电压互感器准确度等级应为额定频率的 96%～102%。

3.5.3.2 试验方法

试验在参考频率范围的两个极限值、额定电压和试验区恒定室温及 100%额定负荷下进行。试验电路与基本准确度测试一致，不同频率下的测量用同一个试验电路进行。试验所用的准确度测量系统，可以在额定频率下进行校验。

3.5.3.3 试验判据

各测量点测得的误差应在相应准确度等级的限值以内。

3.5.4 器件更换的准确度试验

电子式电压互感器在更换某些器件后仍能满足其准确度等级的工作能力，应通过在室温、额定频率、额定电压和 100%额定负荷下的准确度试验进行验证。具体见电子式电流互感器元器件更换的准确度试验。

3.5.5 谐波准确度试验

3.5.5.1 试验要求

对于电子式电压互感器的谐波测量准确度等级，按照其用途分为计量、品质测量和继电保护，并分别进行要求，其中对准确度要求最高的是用于功率计量时。根据 GB/T 20840.6—2017《互感器　第 6 部分：低功率互感器的补充通用技术要求》中谐波准确度要求的规定，测量准确度等级、品质测量用途的扩展准确度等级、保护准确度等级和高带宽保护专用准确度等级的谐波误差限值见表 2–31、表 2–32、表 2–34 和表 2–35。

直流保护专用型电子式电压互感器，需要对交流线路上的直流电压给出适当指示，对此专用用途的直流耦合的低功率电子式电压互感器专用准确度等级误差限值见表 3–5。

表 3–5　直流耦合的低功率电子式电压互感器专用准确度等级误差限值

准确度等级	在下列频率下的最大峰值瞬时误差
直流保护专用电子式电压互感器	0Hz（直流）～f_R
	$\pm10\%$

直流耦合的电子式电压互感器专用准确度等级的电压幅值见表 3–6。在 20%额定电压下进行。

表 3–6　直流耦合的电子式电压互感器专用准确度等级电压幅值

准确度等级	暂态下准确度试验的电压幅值（U_{pr}的百分数）	
	直流～f_R 每 10Hz 测量 1 点	f_R～5 次谐波 每次谐波测量 1 点
直流专用	$\pm20\%$	$\pm20\%$

3.5.5.2 试验方法

具体试验方法在相关标准中没有规定，推荐使用电子式电压互感器谐波准确度整体校验法。电子式电压互感器谐波准确度整体校验原理如图 3–9 所示。采用电容分压系统将高电压降低，接入高压跟随器将电压信号隔离接入高精度万用表或采集卡，将电压信号转化成计算机能处理的数字信号，与被试电子式电压互感器的输出共同接入到数字式校验仪中，用同一个外部触发信号同时触发被试电子式电压互感器和谐波误差测量标准系统，从而在同一时间取得一次电压的两种样本。将标准系统和被试电压互感器的时间相关数组和电压值离散数组，进行傅里叶变换计算出比值差和相位差。

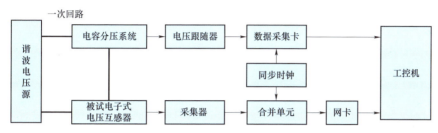

图 3-9 电子式电压互感器谐波准确度整体校验原理

3.5.5.3 试验判据

不同频率下的误差在相应准确度等级的限值以内。

3.6 异常条件耐受能力试验

3.6.1 短路能力试验

3.6.1.1 试验要求

短路承受能力通常仅适用于二次转换器。电子式电压互感器的设计和制造，在额定电压下，应能承受二次电压端子间外部短路历时 1min 的机械效应和热效应而无损伤。制造方应指明所限定的输出电流类型，例如，输出电流是交流方波，其幅值为最大交流输出电流峰值的 1.2 倍。制造方应指明，短路消除后二次输出电压恢复（达到准确度等级限值内）所需的时间。

3.6.1.2 试验方法

电子式电压互感器的起始温度应为 10～30℃，电子式电压互感器应在一次侧供电，对二次电压端子之间施加短路 1 次，历时 1min，短路时二次转换器的输入条件，应等效于一次电压方均根值不低于额定电压。

3.6.1.3　试验判据

试验后冷却到室温，电子式电压互感器无可见损伤，且误差与试验前记录值的差异，应不超过其准确度等级误差限值的一半。

3.6.2　过热承受能力试验

3.6.2.1　试验要求

过热承受能力通常仅适用于二次转换器。电子式电压互感器的设计和制造，应能承受一定条件的热效应，各器件温升不超过规定限值且无损伤，同时，其他部位的温升由所接触或靠近的绝缘材料等级限定。各绝缘等级的最高温升见表 3−7。

表 3−7　　　　　　　　电子式电压互感器绝缘等级的最高温升　　　　　　　　单位：K

绝缘等级	最高温升
浸于油中的所有等级	60
浸于油中且全密封的所有等级	65
充填沥青胶的所有等级	50
不浸油或不充沥青胶的各等级	—
Y	45
A	60
E	75
B	85
F	110
H	135

3.6.2.2　试验方法

二次转换器的输入条件，应等效于施加所规定一次电压时一次转换器的输出。试验开始时应在规定的最高环境温度、额定频率、1.2 倍额定一次电压及辅助电源电压和二次负荷综合作用，使二次转换器具有最大的内部功耗时进行，待温度达到稳定后，电压因数和时间按表 3−8 进行。

表 3-8 额定电压因数标准值（k_u）

额定电压因数	额定时间	一次端子连接方式和系统接线方式
1.2	连续	任一电网的相间 任一电网中的变压器中性点与地之间
1.2 1.5	连续 30s	中性点有效接地系统的相与地之间
1.2 1.9	连续 30s	带有接地故障自动切除的中性点非有效接地系统的相与地之间
1.2 1.9	连续 8h	无接地故障自动切除的中性点绝缘系统或无接地故障自动切除的共振接地系统的相与地之间

温升测量可以用温度计、热电偶或其他适当装置。试验中，当温度变化值每小时不超过 1K 时，即认为电子式电压互感器已达到稳定温度。

3.6.2.3 试验判据

试验后冷却到室温，电子式电压互感器无可见损伤，且误差与试验前记录值的差异，应不超过其准确度等级误差限值的一半。

3.7 无线电干扰电压（RIV）试验

3.7.1 试验要求

高压电线路随着电压等级的提高，导线表面发生电晕及其放电的概率越来越大。在电晕放电的同时，线路会伴随产生无线电干扰或无线电噪声，无线电干扰的实质是电晕过程中产生的一种有害的、频带相当宽的电磁波，会干扰正常的无线电通信，危害环境。

无线电干扰电压试验的目的是检验电子式电压互感器上电晕放电的发射。电晕放电的主要原因是高压零部件和瓷箱的表面局部放电。此试验适合于 $U_\mathrm{m} \geqslant$ 126kV 的电子式电压互感器。

3.7.2 试验方法

电子式电压互感器的无线电干扰电压（RIV）试验方法和电子式电流互感

器相同。

　　测试时，可略微改变测试频率，以避开广播电台广播信号的干扰。测试回路布置之后，首次测试或更换不同类型不同等值电容的电压互感器之前，都应测定回路的衰减系数。测量回路校正布置如图 3-10 所示，测量回路的校正步骤为，切断高压试验变压器的电源，将内阻大于 20kΩ 的高频信号发生器并联到电压互感器两端，高频信号发生器在测试频率上送出 1V 左右的信号，记下测量仪器的读数 B_1（dB），按测量回路校正布置接线，保持高频信号发生器输出电平不变，记下测量仪器的读数 B_2（dB），两次测量仪器的读数之差即为回路衰减系数 B_c，即 $B_c = B_2 - B_1$（dB），校正过程中可用恒定频谱的脉冲信号发生器代替正弦信号发生器来测定测试回路衰减系数。电阻网络衰减系数以电压互感器在 300Ω 负载上的干扰电平来表示，300Ω 的电阻由 R_1、R_2 和 R_m 组成，电阻网络衰减系数 $B_R = 20\lg\dfrac{300}{R_1/2}$。最终电压互感器的无线电干扰电平 B（dB）为仪器仪表的读数 B_m、回路衰减系统 B_c 及电阻网络衰减系数 B_R 之和，即 $B = B_m + B_c + B_R$。

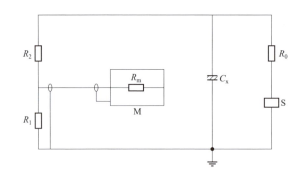

图 3-10　测量回路校正布置图

S—高频信号发生器；R_0—低电感金属膜电阻，大于 20kΩ；C_x—试品；
R_2—串联电阻；R_1—匹配电阻；M—测量仪器；R_m—测量仪器的输入阻抗

　　应施加预加电压 $1.5U_m/\sqrt{3}$ 并保持 30s。然后，在约 10s 时间将电压降低至 $1.1U_m/\sqrt{3}$，保持此电压 30s 后测量无线电干扰电压。

3.7.3　试验判据

　　如果在电压 $1.1U_m/\sqrt{3}$ 下的无线电干扰水平不超过 2500μV，则认为电子式电压互感器通过试验。

3.8 传递过电压试验

.

3.8.1 试验要求

传输过电压试验的目的是检验电子式电压互感器从一次传递到二次端子的过电压值。过电压产生的主要原因是高压设备的操作。该试验仅针对 $U_m \geqslant$ 72.5kV 的电子式电压互感器。对于数字信号输出的电子式电压互感器，不需进行该试验。

3.8.2 试验方法

电子式电压互感器的传递过电压试验方法和电子式电流互感器相同。

3.8.3 试验判据

以规定的过电压（U_p）施加到一次端子，所传递到二次端子输出的过电压（U_s）应不超过表 2−5 所列值。

3.9 电磁兼容试验

3.9.1 电磁兼容试验：发射

3.9.1.1 试验要求

电子、电气产品的电磁骚扰电磁兼容（EMC）是一种性能，表示一台设备或一个系统在其电磁环境下能满意地运行，且不对该环境中的任何物件产生过量的电磁骚扰。为了评定电子式电压互感器在此特定电磁环境中的特性，需要确定发射的适当限值。除了无线电干扰电压试验（RIV 试验）和传递过电压试验所包含的发射要求外，还应进行电磁兼容发射试验。试验限值的规定值为组

1、A 级。

3.9.1.2 试验方法

试验优先在组装完整的条件下进行，但为了试验简便，如果有的部件不包含电子器件，则可以只对其余的部件进行试验。该试验要求在抗扰度试验之后进行。

（1）电源端子骚扰电压试验。试验在电波暗室进行，测量频率为 0.15～0.5MHz，准峰值限值为 79dBμV，平均值限值为 66dBμV；测量频率为 0.5～30MHz，准峰值限值为 73dBμV/m，平均值限值为 60dBμV。受试设备置于 0.4m 高的木桌上，电压互感器电源端口经人工电源网络与供电电源相连。试验时受试设备处于正常工作状态。

（2）电磁辐射骚扰试验。试验在电波暗室进行，测量频率为 30～230MHz，准峰值限值为 50dBμV/m；测量频率为 230～1000MHz，准峰值限值为 57dBμV/m。受试设备正常运行，与天线距离 3m。天线移动高度为 1～4m，有水平和垂直两种极化方式；转台 360°旋转，以检测出最大辐射骚扰值。

3.9.1.3 试验判据

满足规定值为组 1、A 级的试验限值。

3.9.2 电磁兼容试验：抗扰度

3.9.2.1 试验要求

表 3-9 列出适用于电子式电压互感器的各项型式试验及其严酷等级和评价准则。评价准则 A 表示满足准确度规范限值以内的正常性能，评价准则 B 表示允许与保护无关的测量性能暂时下降或能够自动恢复的自诊断运作，不允许复位或重新启动。不允许输出过电压超过 500V，对于保护用电子式互感器，不允许性能下降致使继电保护装置误动。该要求同电子式电流互感器。

表 3-9 电子式电压互感器的各项型式试验及其严酷等级和评价准则

试验	参考标准	严酷等级	评价准则
谐波和谐间波抗扰度试验[a]	GB/T 17626.13	2	A
电压慢电压变化抗扰度试验[a]	GB/T 17626.11	＋10%～－20%	A

试验	参考标准	严酷等级	评价准则
电压慢电压变化抗扰度试验 b	GB/T 17626.29	+20%~−20%	A
电压暂降和短时中断抗扰度试验 a	GB/T 17626.11	30%暂降，0.1s 中断×0.02s	A
电压暂降和短时中断抗扰度试验 b	GB/T 17626.29	50%暂降，0.1s 中断 0.05s	A
浪涌（冲击）抗扰度试验	GB/T 17626.5	4	B
电快速瞬变脉冲群抗扰度试验	GB/T 17626.4	4	B
振荡波抗扰度试验	GB/T 17626.12	3	B
静电放电抗扰度试验	GB/T 17626.2	2	B
工频磁场抗扰度试验	GB/T 17626.8	5	A
脉冲磁场抗扰度试验	GB/T 17626.9	5	B
阻尼磁场抗扰度试验	GB/T 17626.10	5	B
射频电磁场辐射抗扰度试验	GB/T 17626.3	3	A

a 试验仅适用于交流辅助电源的电子式电压互感器。

b 试验仅适用于直流辅助电源的电子式电压互感器。

3.9.2.2　试验方法

13 项电磁兼容抗扰度试验与电子式电流互感器试验方法完全一致。试验时，一般试验场地无法满足高电压要求，电子式电压互感器处于正常运行状态即可。

3.9.2.3　试验判据

若电子式电压互感器电磁兼容抗扰度满足表 3-9 中严酷等级和评价准则的要求，则认为电子式电压互感器通过试验。

3.10　低压器件的冲击试验

3.10.1　试验要求

低压器件如合并单元和二次转换器，通常包含彼此电气绝缘的多个独立电路。其绝缘应能满足冲击电压耐受能力 5kV。

3.10.2　试验方法

冲击电压施加在设备外部方便操作的适当联结点上，其他电路和外露导电零件皆接地。试验时，装置不能有输入或辅助能源接入。除非显而易见，各独立电路皆由制造方说明，例如，二次转换器或合并单元可以是独立电路。每根试验引线长度不超过 2m。

冲击耐压试验采用 GB/T 16927.1—2011《高电压试验技术　第 1 部分：一般定义及试验要求》规定的标准雷电冲击波参数，即：波前时间 $1.2\times(1\pm30\%)$ μs，半波峰时间 $50\times(1\pm20\%)$ μs，电源阻抗 $500\times(1\pm10\%)$ Ω，电源能量 $0.5\times(1\pm10\%)$ J。试验电压水平是电子式电压互感器未接入电路端子时的试验电路输出电压，试验电压偏差为 $-10\%\sim0$。施加 3 次正极性和 3 次负极性冲击，其间隔时间不小于 5s。

3.10.3　试验判据

如果电子式电压互感器的低压器件未发生闪络，试验后的电子式电压互感器仍满足基本准确度试验要求，则认为通过试验。

3.11　暂 态 性 能 试 验

3.11.1　一次短路试验

3.11.1.1　试验要求

在高压设备设计时，必须考虑正常使用条件以外的许多电网暂态现象，其中有些直接影响设备绝缘性能，另一些可能影响信号响应等性能要求。电网的典型暂态现象有：

（1）电网连续过电压。过电压幅值取决于电网线段与强电源的距离，可能连续高于额定值。过电压的表示方法是用一个系数乘以额定电压。连续过电压系数通常为 1.2。

（2）中性点不接地三相电网的对地短路。电网的一相接地故障导致两个非故障相出现过电压。理论上，该相过电压系数是 $\sqrt{3}$。但此系数与电网观测点对接地故障点的距离有关。接地故障可能持续数小时甚至数日。试验中过电压系数通常为 1.9，持续 8h。

（3）高压架空线上的大气放电。雷电产生的过电压使高压设备遭受强烈的作用。此过电压可达兆伏级。但是时间往往限于几微秒，对设备作用的能量有限。然而，波前上升时间约 1μs，以致作用频率达几兆赫兹，因杂散电容的存在而危及所有的绝缘。此现象最不利的作用出现在特性阻抗不连续的区域，例如，架空线转移到电力变压器，线路的特性阻抗比变压器小得多。这种情况下，行波经反射能升高到初始值的两倍。这种过电压又常使限压装置的放电间隙发生弧闪，造成电网短时遮断。保护系统往往把弧闪当成是对地短路而切开断路器。这样通常是电弧熄灭和断路器重合闸。

（4）开关操作。高压电网的开关操作能引起寄生振荡暂态过电压，其频率与额定工频不同。频率主要由电网的实际配置确定，达千赫兹级甚至兆赫兹级（在 GIS 中）。断路器的电弧也会引起暂态过电压。接通和开断小感性电流皆能激发过电压，其原因是非线性元件与电容的谐振。

对于由过电压和开关操作引起的暂态条件，电网有多种过电压限制装置用于对抗这些过电压，例如放电间隙和非线性电阻。一方面，这些是保护电网及其元件所需的；另一方面，它们又将对电网产生其他的暂态条件。这就要求准确传送信号的电子式电压互感器务必作相应的设计，要求电压测量装置具有高达几千赫兹的良好频率响应。

针对电网的这些暂态条件以及电子式电压互感器的功能需求，GB/T 20840.7—2007《互感器　第 7 部分：电子式电压互感器》规定了两项暂态性能试验，分别是一次短路试验和线路带滞留电荷的重合闸试验。

理论上，电网发生暂态时可以用下述公式表示：
一次电压为

$$u_p(t) = U_p \cdot \sqrt{2} \sin(2\pi ft + \varphi_p) + U_{p,dc} + u_{p,res}(t) \qquad (3-5)$$

二次电压为

$$u_s(t) = U_s \cdot \sqrt{2} \sin(2\pi ft + \varphi_s) + U_{s,dc} + u_{s,res}(t) \qquad (3-6)$$

对于由被测相本身短路或其他一相接地故障造成的一次电压突变的暂态条件，电子式电压互感器必须能够在几毫秒的规定时间内重现这些变化，满足这个时间的准确度要求。

其中一个或多个参数突然变化时便产生暂态。比较 $u_p(t)$ 和 $u_s(t)$，可以得出电子式电压互感器在暂态下的特性量，一次短路时电子式电压互感器的暂态特征量见表 3－10。

表 3－10　　　　　　　一次短路时电子式电压互感器的暂态特征量

参数	$t<t_0$	$t=t_0$	$t\geq t_0+(1/f_R)$
$|u_p(t)|$	见式（3－7）	0	0
U_p	$k_u U_{pr}$	0	0
$|u_s(t)|$	见式（3－8）	$|u_s(t_0)|$	$\leq 0.1|u_s(t<t_0)|$

注：t_0 是短路发生的确切时间。

3.11.1.2　试验方法

电子式电压互感器暂态情况下的瞬时电压误差计算公式为

$$\varepsilon_u(t)\% = \frac{K_r \cdot u_s(t) - u_p(t)}{\sqrt{2}U_p} \times 100 \tag{3-7}$$

式（3－7）能改写为

$$\varepsilon_u(t)\% = \left[u_s(t) - \frac{1}{K_r}u_p(t)\right]\frac{K_r}{\sqrt{2}U_p} \times 100 \tag{3-8}$$

利用稳态误差定义

$$\varepsilon_u\% = \frac{K_r \cdot U_s - U_p}{U_p} \times 100 \tag{3-9}$$

可将 U_p 表示为 U_s 的函数

$$U_p = \frac{K_r U_s}{1 + \varepsilon_u/100} \tag{3-10}$$

以式（3－10）替换式（3－8）中的 U_p，得

$$\varepsilon_u(t)\% = \left[u_s(t) - \frac{1}{K_r}u_p(t)\right]\frac{1}{\sqrt{2}U_s}(1 + \varepsilon_u/100) \times 100 \tag{3-11}$$

考虑到 $\varepsilon_u/100 \ll 1$，故可简化试验程序

$$\varepsilon_u(t)\% = \left[u_s(t) - \frac{1}{K_r}u_p(t)\right]\frac{1}{\sqrt{2}U_s} \times 100 \tag{3-12}$$

试验应在完整的电子式电压互感器上进行，当电子式电压互感器在额定一次电压和 25%及 100%额定负荷下工作时，将其高压端子与接地的低压端子短

路，负荷对电子式电压互感器的暂态响应和稳定性有很大影响。试验时应采用串联负荷和串并联负荷两类负荷。

感性负荷的电路图和阻抗值如图 3-11 和表 3-11 所示。表 3-11 中 S_r 为伏安值表示的额定输出。U_r 为伏特值表示的额定二次电压，所以 $|Z_r| = U_r^2/S_r$，$|Z_r|$ 为欧姆值。

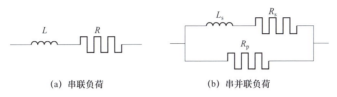

(a) 串联负荷　　　　　　　　　(b) 串并联负荷

图 3-11　暂态响应试验用感性负荷的电路图

表 3-11　　　　暂态响应试验用纯串联和串并联负荷的阻抗值

输出	串联负荷		串并联负荷		
	R	$L \cdot \omega$	R_p	R_s	$L_s \cdot \omega$
100%S_r	0.8$|Z_r|$	0.6$|Z_r|$	2.2$|Z_r|$	0.72$|Z_r|$	1.25$|Z_r|$
25%S_r	3.2$|Z_r|$	2.4$|Z_r|$	8.8$|Z_r|$	2.88$|Z_r|$	5$|Z_r|$

注 1：上列值所得的总负荷的功率因数为 0.8。

注 2：电抗应是线性的，例如空心式。串联电阻包括电抗的等效串联电阻（绕组电阻加上铁损的等效串联电阻）和单独的电阻。

注 3：负荷的偏差应为：Z_r 不超过 ±5%，功率因数不超过 ±0.03。

容性负荷的电路图和元件的相应值如图 3-12 和表 3-12 所示。表 3-12 中，S_r 为伏安值表示的额定输出。U_r 为伏特值表示的额定二次电压，所以 $R_r = U_r^2/S_r$，R_r 为欧姆值。

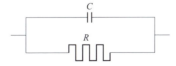

图 3-12　暂态响应试验用容性负荷的电路图

表 3-12　　　　暂态响应试验用容性负荷的阻抗值

输出	暂态试验用容性负荷	
	R	C
100%S_r	R_r	C_r
25%S_r	4R_r	C_r

注：C_r 由用户规定。

如果一次短路和滞留电荷重合闸的发生时刻是多种的，则能够包含真实电网的所有情况，才可以认为暂态性能试验是完全的。额定延迟时间的作用，必须考虑两种情况：① 电子式电压互感器的额定延迟时间与电流互感器无关。试验时可不作延时时间 t_d 的外部补偿。② 电子式电压互感器与所配用电流互感器的额定延迟时间相同。试验时采用纯延时装置插入标准电压互感器与差放大器之间。此装置的延迟时间应设置为 $t_d = \varphi_{or}/2\pi f_r$，$\varphi_{or}$ 和 f_r 为铭牌标示值。

一次短路试验时，有 $t>0$ 时 $u_p(t)=0$，则式（3-12）改变为

$$\varepsilon_u\%(t) = u_s(t)\frac{1}{\sqrt{2}U_s}\times100\% \qquad (3-13)$$

这就是计算一次短路试验参数所要求的数学表达式。$U_s\sqrt{2}$ 是 $t<0$ 时（短路发生之前）电子式电压互感器二次输出电压的峰值。此简化公式使得一次短路试验不需要校准的一次电压基准，只需时间基准以确定短路发生的精确瞬间。

试验应是任意时刻短路 10 次，或者是在一次电压峰值时短路 2 次和一次电压过零点时短路 2 次。在后一种情况下，一次电压峰值及过零点的相位角偏差应不超过 $\pm20°$。

3.11.1.3 试验判据

一次短路试验要求在高压端子与接地低压端子之间的电源短路之后，电子式电压互感器的二次输出电压应在额定频率的一个周期内下降到短路前峰值的 10% 以下。

3.11.2 线路带滞留电荷的重合闸试验

3.11.2.1 试验要求

对于用纯电容分压器作为高压传感器的电子式电压互感器，最严重的暂态问题是由滞留电荷现象引起的。当一条线路或电缆被断开时，其上可能有电荷滞留。如线路未有意接地或通过接低阻抗装置放电，此电荷会保持多日，如图 3-13 所示。

电荷量取决于断开时电压的相位。最坏的情况发生在电压为其峰值 U_p 的瞬间，这时分压器高压电容器 C_a 保持充电状态，储存电荷 $q_1=C_aU_p$，而低压电容器 C_b 经所接设备的并联电阻 R_2 放电。

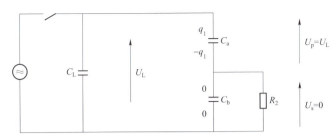

图 3-13　解释滞留电荷现象的简图

C_L一线路电容

当线路重新接入时，线路经电网的低直流阻抗立即放电，迫使 C_a 的电荷转到 C_b。这样，C_b 将充电为

$$U_s = -q_1/(C_a+C_b) = -U_p C_a/(C_a+C_b) \tag{3-14}$$

近似于

$$U_s = -U_p(C_a/C_b) \tag{3-15}$$

此电压随时间常数 $R_2 C_b$ 作指数衰减，叠加在正弦波信号上，造成很大的误差（见图 3-14）。此非周期分量的最严重后果是使电子式电压互感器自身的或所接保护继电器中的变压器饱和。

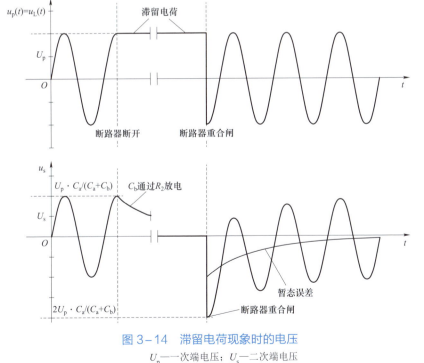

图 3-14　滞留电荷现象时的电压

U_p一次端电压；U_s一二次端电压

161

对于用纯电容分压器作为高压传感器的电子式电压互感器，若在一次电压为峰值 $u_p(t)=k_u \cdot \sqrt{2} \, U_p$ 的瞬时切断电路（其他相对地短路），再在 $u_p(t)=\sqrt{2} \, U_p$ 的瞬时（其符号与滞留电荷相反）重合闸，其暂态条件用以下参数描述：

$t \leq 0$ 时

$$U_p = 0 \text{ 和 } U_{p,dc} = \pm k_u \cdot \sqrt{2} \, U_{pr} \tag{3-16}$$

$t > 0$ 时

$$U_p = U_{pr} \text{ 和 } U_{p,dc} = 0 \tag{3-17}$$

电子式电压互感器的暂态特征量见表 3-13。

表 3-13　　　　　　　电子式电压互感器的暂态特征量

参数	$t < t_0$	$t = t_0$	$t_0 < t < t_1$	$t \geq t_1$
U_p	$k_u U_{pr}$	0	0	$k_u U_{pr}$
$U_{p,dc}$	0	$\pm k_u U_{pr} \cdot \sqrt{2}$	$\pm k_u U_{pr} \cdot \sqrt{2}$	0
$\lvert u_s(t) \rvert$	见式（3-8）	$\lvert u_s(t_0) \rvert$	$\lvert U_{s,dc}(t) \rvert$	*

注：1. 本表所列值对应于在 t_0 断开，在 t_1 重合闸且 U_p 为反极性的这种最恶劣的情况。

　　　2. t_0 是断路器断开的确切时间。t_1 是断路器重合闸的确切时间。

*限值：见表 3-14 的要求。

表 3-14 中的瞬时误差限值适用于模拟量输出超过 ±15V 峰值的交流耦合电子式电压互感器。低电压模拟量输出的交流耦合低功率传感器和数字量输出传感器遵守频率响应特性，而可能不会满足表 3-14 的需求。这种情况下，应按要求对二次设备的下行数据进行额外的滤波。截止频率约为 15Hz。

表 3-14　　有滞留电荷重合情况时保护电子式电压互感器的瞬时电压误差限值

注释	f/f_n	U_p/U_{pr}	$\dfrac{U_{p,dc}/\sqrt{2} \, U_{pr}}{\text{当 } t \leq 0}$	φ_p	ε_u %	
					$2 < ft \leq 3$	$3 < ft \leq 4.5$
线路每单位带电荷 F_v，重合于电荷每单位为 1 时的反极性	1	1	F_v	$-\pi/2$	10[a]	5[a]
线路每单位带电荷 F_v，重合于电荷每单位为 1 时的反极性	1	1	$-F_v$	$+\pi/2$	10[a]	5[a]

[a] 经制造商和用户商定，可采用其他的值。

3.11.2.2　试验方法

当 $t < 0$ 时

$$u_{\mathrm{p}}(t)=u_{\mathrm{p,dc}}(t)+u_{\mathrm{p,res}}(t) \qquad (3-18)$$

$$u_{\mathrm{s}}(t)=u_{\mathrm{s,dc}}(t)+u_{\mathrm{s,res}}(t) \qquad (3-19)$$

$t \geqslant 0$ 时

$$u_{\mathrm{p}}(t)=\sqrt{2}\,U_{\mathrm{p}}\sin(2\pi ft+\varphi_{\mathrm{p}})+u_{\mathrm{p,res}}(t) \qquad (3-20)$$

$$u_{\mathrm{s}}(t)=\sqrt{2}\,U_{\mathrm{s}}\sin(2\pi ft+\varphi_{\mathrm{s}})+u_{\mathrm{s,dc}}(t)+u_{\mathrm{s,res}}(t) \qquad (3-21)$$

则 $t \geqslant 0$ 时

$$\varepsilon_{\mathrm{u}}(t)\%=\left[u_{\mathrm{s}}(t)-\frac{1}{K_{\mathrm{n}}}u_{\mathrm{p}}(t)\right]\frac{1}{\sqrt{2}U_{\mathrm{s}}}\times100\% \qquad (3-22)$$

代入 $u_{\mathrm{p}}(t)$ 和 $u_{\mathrm{s}}(t)$ 的表达式，得

$$\varepsilon_{\mathrm{u}}\%(t)=\varepsilon_{\mathrm{u,ac}}\%(t)+\varepsilon_{\mathrm{u,tr}}\%(t) \qquad (3-23)$$

和

$$\varepsilon_{\mathrm{u,ac}}\%(t)=\frac{U_{\mathrm{s}}\sin(2\pi ft+\varphi_{\mathrm{s}})-(U_{\mathrm{p}}/K_{\mathrm{n}})\sin(2\pi ft+\varphi_{\mathrm{p}})}{U_{\mathrm{s}}}\times100 \qquad (3-24)$$

$$\varepsilon_{\mathrm{u,tr}}\%(t)=\frac{u_{\mathrm{sdc}}(t)+u_{\mathrm{s,res}}(t)-(u_{\mathrm{p,res}}(t)/K_{\mathrm{n}})}{\sqrt{2}U_{\mathrm{s}}}\times100 \qquad (3-25)$$

第一项 $\varepsilon_{\mathrm{u,ac}}(t)$ 仅包含正弦分量，是电子式电压互感器的稳态误差。如果电子式电压互感器调整得恰当，则第二项 $\varepsilon_{\mathrm{u,tr}}(t)$，即误差的暂态分量可以忽略。最坏的情况是 $u_{\mathrm{p,dc}}(0)=k_{\mathrm{u}}\cdot\sqrt{2}U_{\mathrm{s}}$。电子式电压互感器 $u_{\mathrm{s,dc}}(t)$ 分量的时间常数直接影响试验程序的选择。将其区分为长时间常数和短时间常数两种情况。

线路带滞留电荷的重合闸试验中，选取最恶劣的情况，在一次电压 $u_{\mathrm{p}}(t)=k_{\mathrm{u}}\cdot\sqrt{2}U_{\mathrm{p}}$ 为峰值瞬时切断线路（其他相对地短路），再在 $u_{\mathrm{p}}(t)=\sqrt{2}U_{\mathrm{p}}$ 瞬时重合闸，其暂态条件用以下参数描述：

——$t \leqslant 0$ 时

$$U_{\mathrm{p}}=0 \text{ 和 } U_{\mathrm{p,dc}}=\pm k_{\mathrm{u}}\cdot\sqrt{2}U_{\mathrm{pn}}$$

——$t > 0$ 时

$$U_{\mathrm{p}}=U_{\mathrm{pn}} \text{ 和 } U_{\mathrm{p,dc}}=0$$

在以上条件下的额定频率电压误差应不超过表 3-14 的规定值，其中 ft 是频率 f 和时间 t 的乘积，表示满足准确度的周期数。

如果 $u_{\mathrm{s,dc}}(t)$ 的衰减时间常数小于 100ms，可进行如图 3-15 所示的实际试验布置。

设 $e_1(t)$ 为额定频率下的电压，$e_2(t)$ 等于额定峰值的直流电压，乘以过电压系数 F_{V}，可得

$$e_1 = \sqrt{2}\, U_{\text{pr}}\sin(2\pi f t) \tag{3-26}$$

$$e_2 = k \cdot \sqrt{2}\, U_{\text{pr}} \tag{3-27}$$

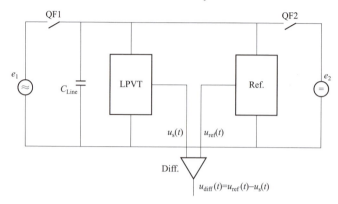

图 3-15　短时间常数的试验布置

Ref.—基准高压分压器，其电压比与低功率电压互感器相同；Diff.—校准的差分放大器，
其低通带宽特性由用户和制造方协商确定

取 $C_{\text{Line}} \geqslant 1000\text{pF}$，这是为了在滞留电荷状态下（QF1 和 QF2 皆断开），确
保低功率电压互感器一次电压衰减比二次电压衰减至少慢 10 倍。

操作顺序：

（1）QF1 断开、QF2 闭合，高压电容器（C_{Line}、低功率电压互感器等）充
电至指定值 $F_v \cdot \sqrt{2}\, U_{\text{pr}}$；

（2）QF1 断开、QF2 断开，高压直流电源 e_2 与交流电源 e_1 隔离；

（3）QF1 闭合、QF2 断开，带滞留电荷重新接入额定值为 U_{pn} 的交流分量。

如果 $u_{\text{s,dc}}(t)$ 的衰减时间常数大于 100ms，可进行如图 3-16 所示的实际试
验布置。

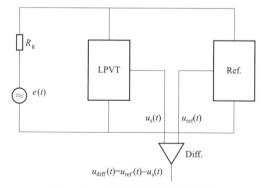

图 3-16　长时间常数的试验布置

Ref.—基准高压分压器，其电压比与低功率电压互感器相同；Diff.—校准的差分放大器，
其低通带宽特性由用户和制造方协商确定

$e(t)$的波形如图 3−17 所示。

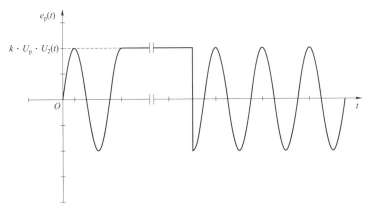

图 3−17　试验时 $e(t)$的典型波形

试验负荷应是 25%额定负荷。

3.11.3　试验判据

在线路带滞留电荷的重合闸试验中，电压互感器在额定频率时的电压误差应不超过表 3−14 规定值。

3.12　端 子 标 志 检 验

3.12.1　试验要求

电子式电压互感器的铭牌至少应标有以下内容：

（1）制造单位名及其所在的地名或者国名（出口产品），以及其他容易识别制造单位的标志、生产序号和日期；

（2）互感器型号及名称、采用标准的代号；

（3）额定频率；

（4）准确度等级；

（5）设备最高电压和额定绝缘水平；

（6）设备种类：户内或者户外、温度类别（非正常使用环境温度），如果互感器允许使用在海拔高于 1000m 的地区，还应标出其允许使用的最高海拔；

（7）总质量；

（8）机械强度要求的类别（适用于 $U_m \geqslant 72.5\text{kV}$）。

此外，最好还标出以下内容：

（1）额定电压因数和相应的允许时间；

（2）A 级以外的绝缘耐热等级，如果使用几种不同等级的绝缘材料，还应标出限制电子式电压互感器温升的那一种；

（3）气体绝缘的电子式电压互感器还需标出额定充气压力及最低工作压力。

电子式电压互感器的端子标志用字母表示，大写字母 A、B、C 和 N 表示一次电压端子，小写字母 a、b、c 和 n 表示相应的二次电压端子。字母 A、B、C 表示全绝缘端子，字母 N 表示接地端子，其绝缘低于其他端子。复合字母 da 和 dn 表示提供剩余电压的端子。电子式电压互感器具有多个二次转换器时，其端子应标为 1a–1n、2a–2n、3a–3n 等，标有同一字母大写和小写的端子在同一瞬间具有同一极性。

一次传感器、一次转换器和二次转换器的接地端子应标有"地"符号。所有电缆及其端头应有清晰的识别标志；光纤两端应标出识别的编码或颜色，任何光纤端子盒应清楚地标明为"光纤端子盒"，光缆应清楚地标出"光缆"字样，以便与电缆相区别。端子标志应清晰和牢固地标在其表面或近旁处。

3.12.2　试验方法

采用目测方式，按照试验要求，逐项检查电子式电压互感器端子铭牌内容。

3.12.3　试验判据

若铭牌、标志、接地栓、接地符号、出线端子满足试验要求，则认为电子式电压互感器通过试验。

3.13　一次端的工频耐压试验

3.13.1　试验要求

为了更有效地查出电子式电压互感器的绝缘局部缺陷，考验其绝缘承受过电压能力,必须对电子式电压互感器进行工频耐压试验。工频耐压试验的电压、波形、频率和被试品绝缘内电压分布,与变电站实际运行状况相吻合,因而能有效地发现绝缘缺陷。工频耐压试验应在非破坏性试验均合格后才进行。绝缘击穿电压值与试验电压的幅值和加压的持续时间有关。试验电压越高,发现绝缘缺陷的有效性越高,但被试品被击穿的可能性也越大。GB/T 16927.1—2011《高电压试验技术 第 1 部分:一般定义及试验要求》中规定了不同电压等级的试验电压值,试验时间 1min,一方面是因为固体绝缘发生热击穿需要一定的时间,使有绝缘缺陷的试品及时暴露;另一方面,又避免由于时间过长而引起不应有的绝缘伤害。

试验电压一般用升压试验变压器产生,也可用串联谐振或并联谐振回路产生。试验变压器与电力变压器相比,电压较高,变比较大,工作在电容性负荷下。针对较高的试验电压,单台试验变压器无法满足要求时,常采用几个试验变压器串接的办法来提高试验电压。在试验大电容被试品时试验变压器容量不够,可采用补偿的方法来减小流经变压器绕组的电流,以满足试验对变压器容量大的要求。目前常使用串联谐振装置(电感与被试品串联)来满足大容量被试品的试验要求。试验电压为工频试验电压,应是频率为 45~65Hz 的交流电压。试验电压的波形应为近似正弦波,且正半波峰值与负半波峰值的幅值差应小于 2%。若正弦波的峰值与有效值之比在 $\sqrt{2}$ ±5%以内,则认为高压试验结果不受波形畸变的影响。特别是当被试品具有非线性特性,可能会使正弦波产生严重畸变时,允许试验回路有更大的偏差。可用总谐波失真度来表征波形畸变,即

$$THD = \frac{\sqrt{\sum_{2}^{m} U_n^2}}{U_1} \qquad (3-28)$$

式中:U_1 是基波有效值;U_n 是 n 次谐波有效值;m 为考虑的最高次谐波,实际情况下认为 $m=7$ 就足够了。

交流耐压试验时,试验电压的准确测量是一项非常重要的环节。当被试品电容量较小时,试验电压可在低压侧测量,而当被试品电容量较大及对电压幅值和波形要求较高时,试验电压必须在高压侧测量。试验电压值、方均根(有效)值和瞬态电压降的测量应采用经 GB/T 16927.2—2013《高电压试验技术 第 2 部分:测量系统》规定程序认可的测量系统。通常使用接在电压互感器地线上的传统电流互感器测量电压互感器电流,也可在电压互感器高压引线上来测取。应使用修正的测量系统进行电流测量,假定并联电容器的容性电流可以忽略,试验电流还可在升压变压器或谐振电抗器的地线上测取。

3.13.2 试验方法

电子式电压互感器交流耐压试验，不同于电磁式传统电压互感器，不能采用感应耐压试验的方法，只能采用直接加压的方式，即给被试品施加工频电压，以检验被试品对工频电压升高的绝缘承受能力。试验接线如图3-18所示。对试品施加电压时，应当从足够低的数值开始，以防止操作瞬变过程引起的过电压的影响。然后应缓慢地升高电压，以便能在仪表上准确读数。但也不能升得太慢，以免造成在接近试验电压 U 时耐压时间过长。若试验电压值从达到 $75\%U$ 时以 $2\%U/\text{s}$ 的速率上升，一般可满足上述要求。试验电压应保持规定时间，然后迅速降压，但不得突然切断，以免可能出现瞬变过程而导致故障或造成不正确的试验结果。

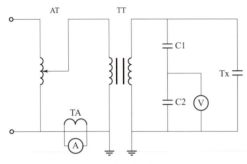

图 3-18　工频耐压试验接线图

AT—调压器；TT—试验变压器；TA—电流互感器；
A—电流表；V—电压表；C1、C2—电容分压器；
Tx—被试互感器

试验电压施加时间为60s，频率为45～65Hz。在整个试验过程中试验电压的测量值应保持在规定电压值的±1%以内。

电子式电压互感器和电磁式电压互感器一样，一次电压端子的试验电压选取按设备最高电压，选取表3-15的相应值。对于同一 U_m 值有两种绝缘水平的选择，按制造方和用户要求选取。对于不接地电压互感器，试验电压应施加在连在一起的所有一次电压端子与地之间。对于接地电压互感器（接地端子与箱壳、底座绝缘），表3-15中规定值的试验电压必须施加在一次电压传感器的各线端与地之间。并且一次电压传感器接地端子与地之间，还要进行接地端子的工频耐受试验，短时工频耐受电压3kV，如果 $U_\text{m} \geqslant 40.5\text{kV}$，则应承受短时工频耐受电压5kV。框架、箱壳和所有的低压端子应连在一起接地。

表 3-15　　　　　　　　　互感器一次绕组的额定绝缘水平　　　　　　　　　单位：kV

设备最高电压 U_m（方均根值）	额定工频耐受电压（方均根值）	额定雷电冲击耐受电压（峰值）	额定操作冲击耐受电压（峰值）
（$U_\text{n} \leqslant 0.66$）	3	—	—
3.6	18/25	40	—
7.2	23/30	60	—

设备最高电压 U_{m}（方均根值）	额定工频耐受电压（方均根值）	额定雷电冲击耐受电压（峰值）	额定操作冲击耐受电压（峰值）
12	30/42	75	—
17.5	40/55	105	—
24	50/65	125	—
40.5	80/95	185/200	—
72.5	140	325	—
	160	350	—
126	185/200	450/480	—
		550	—
252	360	850	—
	395	950	—
	460	1050	—
363	460	1050	850
	510	1175	950
550	630	1425	1050
	680	1550	1175
	740	1675	1300
800	880	1950	1425
	975	2100	1550

3.13.3　试验判据

　　试验时电子式互感器一次部分和二次部分同时带电模拟正常运行状态。试验过程中若电子式电压互感无闪络、无击穿，无通信中断、丢包、品质改变，无波形输出异常，则试验通过。

3.14　局部放电测量试验

3.14.1　试验要求

　　电气绝缘设备内部常存在一些弱点，如浇注内部出现气体间隙。空气的击穿场强和介电常数都比固体介质小，因此在外施电压作用下这些气体间隙或气泡会首先发生放电，就是电气设备的局部放电。局部放电的能量很微弱，不影响电气设备的短时绝缘强度，但日积月累将引起绝缘老化，最后可能导致整个绝缘在工作电压下发生击穿。当绝缘介质内部发生局部放电时，随之将发生电脉冲、介质损耗的增大和电磁波发射现象，长期以来采用脉冲电流法测量其放电时的电脉冲。在电子式电压互感器的一次端进行工频耐压试验，同时进行局部放电测试试验。

3.14.2　试验方法

电子式电压互感器的局部放电测试试验与电磁式电压互感器一致。试验电路和仪器应按 GB/T 7354—2018《高电压试验技术 局部放电测量》的规定。局部放电测量系统可以分为耦合装置、传输系统和测量仪器几个部分。一台测量仪器只能与特定的耦合装置相配。耦合装置通常是一个有源或无源的二端口网络，把输入电流转换成输出电压信号。耦合装置的频率响应输出电压与输入电流之比定义，需要有效防止试验电压及谐波频率进入一起。局部放电试验电路图如图 2−43 所示，所用测量仪器应能测量用皮库（pC）表示的视在放电量 q，其校准应在如图 2−44 试验电路上进行。

宽频带仪器的频带宽度至少为 100kHz，其上限截止频率不超过 1.2MHz。窄频带仪器的共振频率范围为 0.15～2MHz。最好是在 0.5～2MHz 范围内，测量尽量在灵敏度最高的频率下进行。仪器灵敏度能识别 5pC 以上局部放电水平，试验时噪声应远低于灵敏度。由外部干扰引起的脉冲可以忽略不计。为消除外部噪声的影响，宜采用平衡试验电路［见图 2−43（c）］。但采用耦合电容器的平衡电路，不适合于消除外部干扰。

按照下述的程序 A 或 B 作预加电压后，再达到表 3−16 规定的局部放电测量电压，在 30s 时间内测量对应的局部放电量。

程序 A：局部放电测量电压在一次电压端子工频耐压试验后的降压过程中达到。

程序 B：局部放电试验是在一次电压端子工频耐压试验之后进行。施加电压升至 80%感应耐受电压，维持时间不小于 60s，然后不间断地降到规定的局部放电测量电压。

程序的选择由制造方自行决定，电子式不接地电压互感器的试验电路与电子式接地电压互感器相同，但应进行两次试验，轮流对每一个高压端子施加电压，而另一个高压端子与低压端子、座架和箱壳相连接。

3.14.3　试验判据

测得的局部放电水平不超过表 3－16 规定的限值，则认为此试验合格。

表 3－16　　　　　　　　　　允许的局部放电水平

系统中性点接地方式	互感器类型	局部放电测量电压（方均根值，kV）	不同绝缘类型局部放电最大允许水平（pC）	
			液体浸渍或气体	固体
中性点有效接地系统（接地故障因数 ≤1.4）	接地互感器	U_m	10	50
		$1.2U_m/\sqrt{3}$	5	20
	不接地互感器	$1.2U_m$	5	20
中性点绝缘系统或非有效接地系统（接地故障因数 >1.4）	接地互感器	$1.2U_m$	10	50
		$1.2U_m/\sqrt{3}$	5	20
	不接地互感器	$1.2U_m$	5	20

注：1. 如果系统中性点的接地方式未指明，则局部放电水平可按中性点绝缘或非有效接地系统考虑。

　　2. 局部放电最大允许水平对于非额定频率也是适用的。

3.15　低压器件的工频耐压试验

3.15.1　试验要求

低压器件如合并单元和二次转换器，通常包含彼此电气绝缘的多个独立电路。其绝缘应能满足表 3－17 的要求。试验时电子式电压互感器为干燥状态且器件无自身发热。对于具有绝缘外壳的装置，外露的各导电件以覆盖整个外壳的金属箔来模拟，但在各端子周围留有适当的间隙以避免对端子闪络。试验时的大气条件为：环境温度 5～40℃，相对湿度 45%～75%，大气压强 86～106kPa。

表 3-17   低 电 压 耐 受 能 力

被试端口		电压耐受能力
电源输入		交流电源输入：交流 2.0kV，1min 直流电源输入：直流 2.8kV，1min
传输系统	电缆长度小于 10m	820V
	电缆长度不小于 10m	3kV
光接插件		不适用

3.15.2　试验方法

　　试验电压施加在电子式电压互感器的各连接点上。每一独立电路的试验，在规定的试验电压下进行，和它相关的其他所有电路连接在一起并接地，对于给定电路与所有其他电路之间的试验，单个电路的所有连接点皆连在一起。对于所有的试验，接地的各电路均作同样的连接。除非显而易见，各独立电路皆由制造方说明，例如，二次转换器或合并单元可以是独立电路。

3.15.3　试验判据

　　如果电子式电压互感器的低压器件未发生击穿或闪络，则认为通过试验。

3.16　电容量和介质损耗因数测量

3.16.1　试验要求

　　电子式电压互感器与电流互感器及其他高电压电气设备一样，其绝缘结构均由各种绝缘介质所构成，介质的电导、极性介质中偶极子转动时的摩擦及介质中的气体间隙放电，使处在高电压下的介质或整个绝缘结构产生能量损耗，这种损耗称为介质损耗，它是电气设备绝缘性能的重要指标。从测量角度来说，介质损耗是通过测量电介质内流过的电流相量和电压相量之间的夹角（功率因数角 φ 的余角 δ）得到的介质损耗因数。测量介质损耗的同时，也能得到电压互感器的电容量。如果多个电容器中的一个或几个发生短路、断路，电容量就有明显的变化，电容量也是一个重要参数。

电子式电压互感器的介质损耗试验适用于 $U_m \geqslant 40.5\text{kV}$ 的油浸式电子式电压互感器，GIS 气体结构的电子式电压互感器不需要进行该项试验。试验在一次电压端子的工频耐压试验后进行。电容量和介质损耗因数（$\tan\delta$）应在额定频率和 $10\text{kV} \sim U_m/\sqrt{3}$ 范围内某一电压下测量，一般选取在 10kV、$0.5U_m/\sqrt{3}$ 和 $U_m/\sqrt{3}$ 电压下，测量电子式电压互感器的整体介质损耗因数和电容值。试验电路由制造方和用户协商确定，电桥法优先。介质损耗因数不仅取决于绝缘结构和电压，还与温度因数有关。因此，试验应在环境温度下进行，并记录试验温度。

3.16.2　试验方法

该试验应在一次电压端的工频耐压试验后进行。试验电压应施加在一次端子与地之间，二次端子和绝缘的金属箱壳通过高压西林电桥接地，如图 $3-19$ 所示。

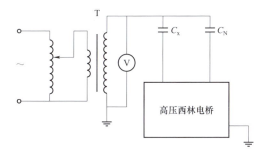

图 3-19　电子式电压互感器介质损耗因数测量

T—试验变压器；C_x—被测电容；C_N—标准电容

在确认试验线路无误后，对电压互感器施加电压。维持电压在测量电压，调节电桥平衡，得到所测电压互感器的电容量及介质损耗因数值。

3.16.3　试验判据

在电压为 $U_m/\sqrt{3}$ 及正常环境温度下，介质损耗因数通常应不大于 0.005。其在 10kV 测量电压和正常环境温度下的介质损耗因数（$\tan\delta$）的允许值通常应不大于 0.02。除此之外，还应考虑环境湿度对介质损耗因数的影响。

3.17　一次电压端的截断雷电冲击试验

3.17.1　试验要求

每个不接地的一次电压端子均应施加截断雷电冲击,座架、箱壳(如果有)、铁芯(如需接地)和所有二次端子皆应接地。试验时,如果有二次转换器,则需与一次电压传感器连接,并按制造方和用户共同确定的方案通电。

3.17.2　试验方法

试验仅在负极性下进行,且与负极性额定雷电冲击试验结合进行。一次电压端应能承受截断雷电冲击电压,其峰值为额定雷电冲击电压的 115%。电压应是 GB/T 16927.1—2011《高电压试验技术　第 1 部分:一般定义及试验要求》规定的标准冲击波在 2～5μs 处截断。截断电路的布置应使所记录冲击波的反极性峰值限值约为峰值的 30%。

冲击波施加的顺序如下:

(1) U_m<300kV 的电子式电压互感器。

1) 1 次额定雷电冲击;

2) 2 次截断雷电冲击;

3) 14 次额定雷电冲击。

(2) U_m≥300kV 的电子式电压互感器。

1) 1 次额定雷电冲击;

2) 2 次截断雷电冲击;

3) 2 次额定雷电冲击。

对于电子式不接地电压互感器,对每个一次电压端子施加 2 次截断雷电冲击和约半数的额定雷电冲击。以截断雷电冲击前后所施加额定雷电冲击的波形变异作为内部损伤的指示。

3.17.3　试验判据

如果电子式电压互感器耐受规定的截断雷电冲击电压,并无闪络和击穿,且截断雷电冲击前后所施加额定雷电冲击波形无明显变异，则认为电子式电压互感器通过试验。截断雷电冲击在自恢复外绝缘上的闪络，应不纳入对绝缘性能的评价之中。

3.18　机械强度试验

3.18.1　试验要求

此试验适用于 $U_m \geqslant 72.5\text{kV}$ 的电子式电压互感器。电子式电压互感器应能承受的静态试验载荷控制值列于表 2–28。这些数值包含风力和覆冰引起的载荷。规定的静态试验载荷可施加于一次端子的任意方向。在正常运行条件下，作用载荷的总和不应超过规定承受静态试验载荷的 50%。在某些应用情况下，电子式电压互感器通过电流的端子应能承受罕见的急剧动态载荷（例如短路），其值不超过静态试验载荷的 1.4 倍。在某些应用情况中，一次端子可能需要具有抗扭转的能力，试验时施加的扭矩由制造方与用户商定。

3.18.2　试验方法

机械强度试验接线如图 2–49 所示。

电子式电压互感器应装配完整，按正常运行状态安装，用座架牢固固定。油浸式电子式电压互感器应充满绝缘介质，并达到工作压强。照表 2–29 所示的各种情况，试验载荷应在 30～90s 内平稳上升到表 2–28 所列试验载荷值，并在此载荷值下保持 60s。在此期间应测量挠度。然后平稳解除试验载荷，并应记录残留挠度。试验载荷应施加于端子的中心位置。

3.18.3　试验判据

如果电子式电压互感器不出现损坏的迹象（如明显变形、破裂或泄漏），则认为电子式电压互感器通过试验。

4 电子式互感器性能提升试验

4.1 性能提升试验的目的与意义

从前期电子式互感器的运行情况来看，电子式互感器的可靠性和稳定性较差，运行故障率较高。电子式电流互感器运行过程中的主要故障类型为采集器故障、光纤故障、传感器故障、光源故障等，电子式电压互感器运行过程中的主要故障类型为绝缘问题、采集器故障、电磁干扰影响、合并单元故障等。为促进电子式互感器关键技术的研究，提升电子式互感器的质量和性能，提高电子式互感器运行的可靠性、稳定性和精确度，进一步完善产品技术标准，对不同制造企业不同结构原理的 41 台电子式互感器开展性能提升试验。性能提升试验内容包括国家标准要求的部分例行试验、型式试验和特殊试验，依据的标准在稳定性、可靠性和抗电磁干扰性能等方面提出了高于现行国家标准的要求。

性能提升试验包括的项目如下：

（1）基本准确度测试；

（2）温度循环准确度测试；

（3）绝缘性能测试；

（4）短时电流和复合误差测试；

（5）电磁兼容测试；

（6）一次部件的振动测试；

（7）隔离开关分合容性小电流条件下的抗扰度测试；

（8）可靠性评估。

性能提升试验过程中发现电子式互感器的主要故障类型和实际运行故障

基本一致，部分电子式互感器的可靠性、稳定性和精确度有待进一步提高，电子式互感器的质量与供应商的研发能力、质量控制能力基本一致。电子式互感器性能提升试验结果可为电子式互感器的应用提供重要参考。通过开展性能提升试验，共同分析解决电子式互感器在检测试验、现场运行中出现的问题，有利于引导制造企业改进产品设计、完善生产流程、提高产品标准、提升产品质量，推动电子式互感器的健康发展。

4.2 基本准确度测试

4.2.1 电子式电流互感器

电子式电流互感器二次输出应满足 GB/T 20840.8—2007《互感器　第 8 部分：电子式电流互感器》规定的相应准确度等级要求，每一个电流误差测量点，以每一秒钟前 10 个周期作为 1 组误差数据，测量 20 组误差数据，每一组误差数据均不能超过误差限值，输出直流偏量不允许超过额定输出的 5%。

部分产品的准确度易受外界磁场或导线位置影响，测试过程中需要考核周围磁场环境对电子式电流互感器准确度的影响。准确度测试在互感器横卧状态下进行，测试过程中，在距离一次测量导线 0.5m 处施加一同相额定电流，记录误差数据，要求不超出误差限值。准确度抗干扰试验示意图如图 4-1 所示。

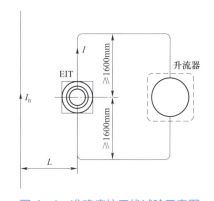

图 4-1　准确度抗干扰试验示意图

部分产品因本身原理限制或二次算法选取不恰当，导致误差数据不稳定，准确度测试过程中，在 100%额定电流测量点，以每一秒钟前 10 个周期作为 1 组误差数据，记录误差数据在 10min 内的波动范围，要求其误差波动不超过误差限值的 1/2。

部分产品对温度或振动的补偿非线性，准确度测试过程中，除 GB/T 20840.8—2007《互感器　第 8 部分：电子式电流互感器》规定的 5%、20%、100%和120%额定电流测量点外，随机增加 2 个电流测量点，记录误差数据。

所有其他性能提升试验项目完成后，应进行基本准确度测试复测，电子式电流互感器二次输出应满足规定的相应准确度等级要求，且与基本准确度测试初测数据差异不超过其准确度误差限值的一半。

4.2.2 电子式电压互感器

电子式电压互感器二次输出应满足 GB/T 20840.7—2007《互感器　第 7 部分：电子式电压互感器》规定的相应准确度等级要求，每一个电压误差测量点，以每一秒钟前 10 个周期作为 1 组误差数据，测量 20 组误差数据，每一组误差数据均不能超过误差限值。输出直流偏量不允许超过额定输出的 5%。

部分产品的准确度易受周围影响，测试过程中需要考核周围环境对电子式电压互感器准确度的影响，因此需要记录试品置于高低温箱内外误差数据的变化，杂散电容的影响引起的误差变化不超过误差限值。

部分产品因本身原理限制或二次算法选取不恰当，导致误差数据不稳定，准确度测试过程中，在 100% 额定电压测量点，以每一秒钟前 10 个周期作为 1 组误差数据，记录误差数据在 10min 内的波动范围，要求其误差波动不超过误差限值的 1/2。

部分产品对温度或振动的补偿非线性，准确度测试过程中，除 GB/T 20840.7—2007《互感器　第 7 部分：电子式电压互感器》规定的 2%、5%、80%、100%、120% 和 150% 额定电压测量点外，随机增加 2 个电压测量点，记录误差数据。

所有其他性能提升试验项目完成后，应进行基本准确度测试复测，电子式电压互感器二次输出应满足规定的相应准确度等级要求，且与基本准确度测试初测数据差异不超过其准确度误差限值的一半。

4.3　温度循环准确度测试

4.3.1　测试方法

温度循环准确度测试按照图 4-2 进行。测试过程中 15 个温度测量点的误差数据都应在准确度限值内，其中第 3 测量点、第 9 测量点和第 13 测量点分别为升温、降温和恢复环境温度过程中温度达到设定值时刻的测量点，在满足温度变化速率条件下，这三点的数据也应满足标准要求。

在每个环境温度升温和降温过程中增加一个测量点，即在 1、3 测量点之间，5、7 测量点之间，7、9 测量点之间，11、13 测量点之间分别增加一个测量点，以便动态检测电子式互感器准确度随温度变化量。

温度的变化速率规定为 20K/h，热时间常数规定为 2h。

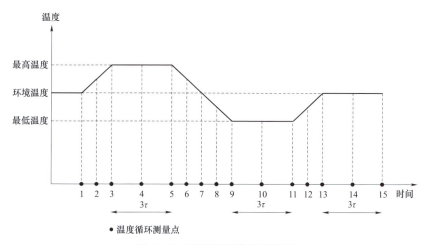

图 4-2　温度循环准确度测试

户内和户外的元器件处在其规定的最高和最低环境气温。户内部分环境温度范围为 -10～+55℃，户外部分环境温度范围为 -40～+70℃。除带有激光器的合并单元为户内温度范围外，其他部分均要求为户外温度范围。

每一个误差测量点，以每一秒钟前 10 个周期作为 1 组误差数据，连续测量 20 组误差数据，试验结果应满足式（4-1）的要求。

$$|平均值|+3×(平均值的实验标准差)≤最大允许误差 \quad (4-1)$$

温度循环准确度测试过程中，输出直流偏量变化量不允许超过额定输出的 5%。

4.3.2　典型测试数据

4.3.2.1　电子式电流互感器

220kV 电压等级有源电子式电流互感器和无源电子式电流互感器温度特性测试结果见表 4-1，温度特性曲线如图 4-3 所示。

表 4－1　　　220kV 电压等级电子式电流互感器温度特性测试结果

温度测量点（℃）	有源电子式电流互感器		无源电子式电流互感器（DCB 集成）		无源电子式电流互感器（GIS 集成Ⅰ）		无源电子式电流互感器（GIS 集成Ⅱ）	
	比差均值（%）	角差均值（′）	比差均值（%）	角差均值（′）	比差均值（%）	角差均值（′）	比差均值（%）	角差均值（′）
20	−0.09	4.8	−0.02	−0.2	0.01	2.6	0.01	0.2
50	0.07	2.8	−0.03	1.1	0.12	2.6	0.01	3.2
70	0.12	1.9	−0.03	1.8	0.12	1.1	0.01	4.1
70	0.13	1.2	−0.01	2.1	0	1.1	−0.01	6.1
70	0.01	1.2	−0.02	2.3	−0.04	0.2	−0.01	5.6
50	−0.02	1.5	−0.01	2.3	−0.03	1.7	0.02	3.8
20	−0.02	1.2	−0.07	0.6	−0.03	2.9	−0.02	5.3
−20	−0.02	1.9	−0.02	1.3	−0.05	1.6	−0.01	4.6
−40	−0.04	1.3	0.01	2.5	−0.16	1.1	−0.01	3.7
−40	−0.09	0.8	0.02	2.0	0.16	3.2	−0.01	4.9
−40	0.13	1.8	0.06	1.3	0.12	2.6	−0.02	5.1
−20	0.07	2.9	−0.01	1.8	0.09	0.3	−0.02	2.2
20	0.08	0.0	−0.05	1.7	0.04	2.2	0.01	2.6
20	0.05	2.0	−0.09	2.1	0.02	1.6	0.02	3.1
20	0.02	0.9	−0.02	2.1	−0.10	5.7	0.01	1.1

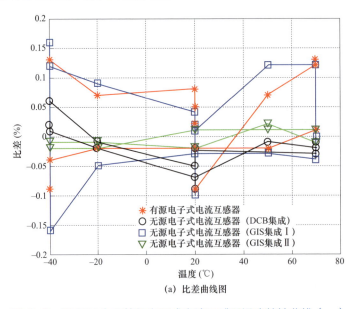

(a) 比差曲线图

图 4－3　220kV 电压等级电子式电流互感器温度特性曲线（一）

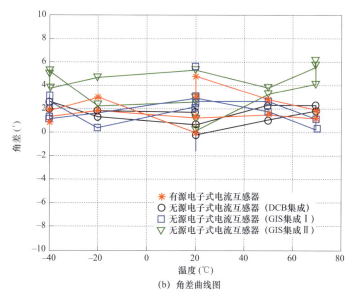

（b）角差曲线图

图 4−3　220kV 电压等级电子式电流互感器温度特性曲线（二）

4.3.2.2　电子式电压互感器

220kV 电压等级有源电子式电压互感器和无源电子式电压互感器温度特性测试结果见表 4−2。温度特性曲线如图 4−4 所示。

表 4−2　220kV 电压等级电子式电压互感器温度特性测试结果

温度测量点（℃）	有源电子式电压互感器		无源电子式电压互感器	
	比差均值（%）	角差均值（′）	比差均值（%）	角差均值（′）
20	− 0.01	1.1	− 0.01	2.3
50	− 0.02	0.6	− 0.01	2.9
70	0.01	1.5	0.01	1.8
70	0.02	1.3	0.03	1.6
70	0.03	1.4	0.02	2.8
50	0.02	1.0	0.07	1.7
20	0.02	0.5	0.01	2.6
− 20	0.04	1.2	0.08	2.6
− 40	0.02	1.1	0.09	1.8
− 40	− 0.07	2.3	− 0.02	1.4
− 40	− 0.09	2.1	− 0.01	1.1
− 20	− 0.11	2.5	0.06	2.3

温度测量点（℃）	有源电子式电压互感器		无源电子式电压互感器	
	比差均值（%）	角差均值（'）	比差均值（%）	角差均值（'）
20	− 0.01	1.5	0.03	2.7
20	0.01	1.7	0.01	2.8
20	0.01	1.6	− 0.02	2.5

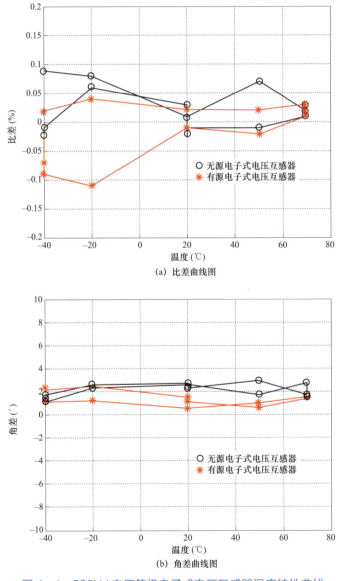

图 4−4　220kV 电压等级电子式电压互感器温度特性曲线

4.4　绝 缘 性 能 测 试

绝缘性能测试包括一次端的工频耐压测试、额定雷电冲击和截断雷电冲击测试，测试要求与型式试验要求一致。

4.5　短时电流和复合误差测试

4.5.1　短时电流测试

为考核电子式电流互感器一次导体的截面积、通流能力和电动力是否满足要求，进行短时电流测试，测试期间电子式互感器一次部分和二次部分同时带电，因此测试同时考核了电子式互感器一次部分的抗振能力和一次采集部分的大电流冗余设计。测试要求与型式试验要求一致。

4.5.2　复合误差测试

电子式电流互感器复合误差测试要求与型式试验要求一致。复合误差测试在短时电流测试之后进行，除复合误差满足要求外，不允许出现采样无效、丢包等。

4.6　电 磁 兼 容 测 试

4.6.1　电磁兼容测试：发射

测试要求与型式试验要求一致。

4.6.2　电磁兼容测试：抗扰度

由于电子式互感器现场运行过程中电磁环境较为复杂，导致运行故障率较高，因此电磁兼容测试对电子式互感器的合并单元和采集单元都要进行。测试要求高于型式试验的要求，其中浪涌（冲击）抗扰度测试、电快速瞬变脉冲群抗扰度试验、振荡波抗扰度试验、静电放电抗扰度试验、脉冲磁场抗扰度试验、阻尼振荡磁场抗扰度试验评价准则从 B 级提高为 A 级，静电放电抗扰度试验严酷等级从 2 级提高为 4 级。

4.7 一次部件的振动测试

4.7.1 振动测试要求

无源电子式电流互感器光纤、调制器等光学组件对外界振动和应力敏感。外界振动将导致光学电子式互感器的寄生调制，从而影响光学电子式互感器在振动过程中的噪声特性和准确度。此外，在振动过程中可能导致光路的机械损伤，从而影响光学电子式互感器的可靠性。

有源电子式电流互感器主要包括低功率铁芯线圈和空心线圈互感器，从原理上分析受振动影响小，只有振动产生的位移导致的偏心等可能导致其性能发生下降。

为了考核电子式电流互感器的振动性能，应进行短时电流期间的一次部件振动试验和一次部件与断路器机械耦联振动试验。

短时电流期间的一次部件振动试验要求为：在短时电流电磁力造成母线振动时，确定受振动的电子式电流互感器是否能正确运行。该试验可与短时电流测试或复合误差测试结合进行，要求在断路器最后一次分闸经 5ms 后，在额定频率一个周期计算出的电子式电流互感器二次输出信号方均根值，理论上应该是"0"，实际上应不超过额定二次输出的 3%。为体现最恶劣的振动情况，电子式电流互感器与断路器刚性连接。

一次部件与断路器机械耦联振动试验要求为：确定电子式电流互感器在断路器操作造成的振动下是否能正确运行。断路器应作无电流操作一个工作循环（分－合－分），在断路器最后一次分闸经 5ms 后，在额定频率一个周期计算出的电子式电流互感器二次输出信号方均根值，理论上应该是"0"，实际上应不超过额定二次输出的 3%。为体现最恶劣的振动情况，断路器应通过软导体连接。

4.7.2 振动测试方法

4.7.2.1 短时电流期间一次部件振动测试

在短时电流期间一次部件振动试验中，需要在断路器最后一次分闸经 5ms 后，计算电子式电流互感器在额定频率一个周期的二次输出信号方均根值。测试系统需完成对断路器开合状态与电子式电流互感器合并单元输出的同步采集，将断路器状态信息与合并单元数据进行时间关联。短时电流期间一次部件振动试验波形示意图如图 4-5 所示。

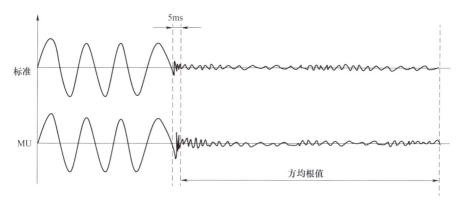

图 4-5　短时电流期间一次部件振动试验波形示意图

在大电流条件下，需准确获取断路器断开后电流过零的时刻。传统的电磁式电流传感器动态范围小，难以保证大范围电流测量时的精度要求，且二次侧存在开路高压危险，因此不适合用在此处测量短时大电流。光学电流传感器测量精度高、动态范围大，但由于磁光玻璃和光纤的自身特点，其对温度、振动等环境因素的变化非常敏感，也不适合在此处用作标准大电流传感器。空心线圈电流传感器测量精度高、动态范围大、线性度好、频带宽、响应快、无磁饱和问题，但是其对线圈制作要求高。而基于 PCB 技术制作的平板型空心线圈设计和加工精度高，绕线密集均匀，对导线位置、导线形状、外界磁场干扰等因素的敏感度较低，适合作标准大电流传感器。

采用空心线圈电流传感器来判断过零点，通过标准空心线圈电流传感器采集到的电信号来判断断路器的开断时刻。电子式电流互感器短时电流期间一次部件振动试验原理图如图 4-6 所示，其中硬件包括大电流发生装置、一次电流传感器（PCB 空心线圈）、同步脉冲（PPS）、工控机（含 NI5922 采集卡）、待采

185

測電子式電流互感器（ECT）与合并单元（MU）。

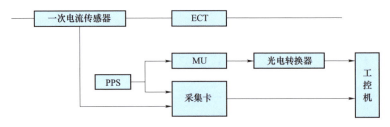

图4-6　电子式电流互感器短时电流期间一次部件振动试验原理图

在短时大电流期间，空心线圈完成对大电流的采集，其输出信号经调理电路进入采集卡。工控机完成空心线圈输出信号和电子式电流互感器合并单元输出的同步采集，由外部 PPS 提供同步触发信号，同时记录、计算并显示两路信号波形，判断断开点，计算 5ms 后 10 个周期的均方根值。

4.7.2.2　一次部件与断路器机械耦联振动测试

断路器的主要作用是控制和保护，当电力设备或者线路发生故障时快速动作，将故障部分从电网中切除，以保证其余无故障部分正常运行。实质上它是一种具备规定电气性能的机械设备，其依靠机械部件的正确、快速动作来完成其控制和保护职能。任何机械设备在动态下都会产生振动，断路器作为一种瞬动式机械，其分、合闸操作将操动机构提供的能量在极短的时间内，通过一系列机械部件的依次运动，快速进行能量的传递。过程中各机械部件的运动、撞击和摩擦都会产生振动，并且整个过程具有高强度冲击、高速运行的特点。其动作的驱动力可达几万牛以上，在几毫秒的时间内，动触头系统能从静止状态加速到每秒几米，加速度达到几十倍重力加速度的数量级。

目前，常用的断路器主要有弹簧式与液压式两种，通过对两种结构的断路器在操作过程中产生的加速度进行对比发现，弹簧式断路器产生的振动强度高于液压式断路器。弹簧式断路器的振动峰值加速度超过 40 个重力加速度，液压式断路器的振动峰值加速度约为 20 个重力加速度，而振动持续的时间基本一致，约为 100ms，这主要取决于断路器的分、合闸时间。因此，试验选取弹簧式断路器作为振动源。

一次部件与断路器机械耦联振动方案中断路器部分原理如图 4-7 所示，硬件包括断路器、触点监测电路、转换电路、同步脉冲（PPS）、工控机（含 NI5922 采集卡）、待测电子式电流互感器（ECT）与合并单元（MU）。

断路器通过导体与电子式电流互感器连接，在一次机械耦联振动期间，完成对断路器开合状态与电子式电流互感器合并单元输出的同步采集。由 PPS 秒脉冲提供外部出发信号。触点监测电路和转换电路由 5V 直流电源和电阻分压器组成，直接加在断路器两端，以实时判断断路器开合状态。工控机上同时显示两个通道波形，如图 4-8 所示，判断断开点，计算 5ms 后 10 个周期的均方根值。

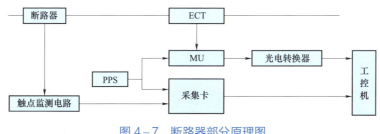

图 4-7　断路器部分原理图

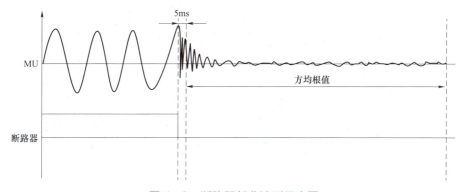

图 4-8　断路器部分波形示意图

图 4-7 各部分功能、结构与参数：

（1）断路器。通过硬导体与电子式电流互感器相连，操作期间产生振动，并可切断一次电流。

（2）触点监测电路。监测电路的设计有两种思路：① 监测继电器的常开、常闭状态，以此来间接反映断路器的状态信息。但该方法的准确性与断路器的实际开断时间有关，不同型号、新旧程度不同的断路器参数不尽相同，局限性大。② 通过外加直流电源、采样电阻与断路器直接组成串联回路，通过采集采样电阻上的电压信息量直接获取断路器的状态信息。该方法适用范围广，电路结构简单，准确性好，直流电源电压低，无触电危险。试验中采用 5V 直流电源串联 0.8kΩ+2.4kΩ 精密电阻，直接接入断路器两端，通过采集 0.8kΩ 电阻上的电压值来判断断路器开合状态。

4.7.3　测试结果及分析

4.7.3.1　短时电流期间一次部件振动测试

110kV 无源电子式电流互感器的额定一次电流为 600A,测量和保护通道各一个。进行热稳定电流试验和动稳定电流试验,典型的测试结果如图 4-9~图 4-12 所示,图中白色曲线为空心线圈输出信号进行软件积分之后的波形(即标准一次电流波形),红色曲线为电子式电流互感器输出波形。

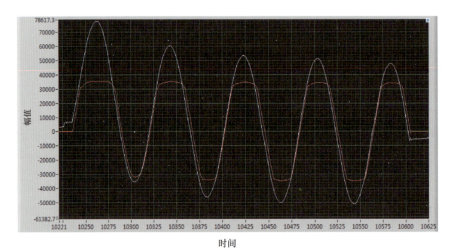

图 4-9　动稳定电流试验时电子式电流互感器保护通道输出波形

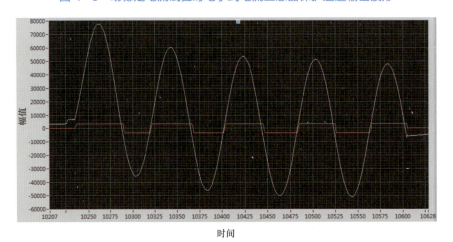

图 4-10　动稳定电流试验时电子式电流互感器测量通道输出波形

（1）动稳定电流试验测试结果。图 4-9 和图 4-10 分别为动稳定电流试验时电子式电流互感器保护和测量通道的输出波形。根据图中空心线圈波形可判断一次电流在 10604 采样点处断开，计算断开 5ms 后（10624 采样点处）2400 个采样点，每 80 个采样点为一个周期计算一次方均根值，一共 30 个周期。计算结果见表 4-3 和表 4-4，其中百分比（%）表示每个周期计算的方均根值与额定二次输出的百分比。

表 4-3　　　　　　　　　　保护通道 30 个周期方均根值

周期数	1	2	3	4	5	6	7	8	9	10
方均根值（A）	273.0	277.9	273.6	272.8	276.2	277.6	277.7	375.5	396.6	396.2
百分比（%）	45.5	46.3	45.6	45.5	46.0	46.2	46.2	62.5	66.1	66.0
周期数	11	12	13	14	15	16	17	18	19	20
方均根值（A）	397.0	396.5	396.8	199.2	3.514	163.9	187.5	151.0	138.0	85.5
百分比（%）	66.1	66.0	66.1	33.2	0.58	27.3	31.2	25.1	23.0	14.2
周期数	21	22	23	24	25	26	27	28	29	30
方均根值（A）	58.5	41.9	29.4	14.5	4.43	4.46	6.22	3.20	3.26	3.15
百分比（%）	9.76	6.99	4.90	2.42	0.73	0.74	1.03	0.53	0.54	0.52

表 4-4　　　　　　　　　　测量通道 30 个周期方均根值

周期数	1	2	3	4	5	6	7	8	9	10
方均根值（A）	10.3	10.0	10.3	10.0	9.8	9.4	9.4	9.0	9.3	9.1
百分比（%）	1.72	1.68	1.72	1.67	1.64	1.57	1.57	1.51	1.55	1.52
周期数	11	12	13	14	15	16	17	18	19	20
方均根值（A）	9.09	8.81	9.04	5.17	3.19	3.06	3.04	2.35	1.98	2.03
百分比（%）	1.51	1.46	1.50	0.86	0.53	0.51	0.50	0.39	0.33	0.34
周期数	21	22	23	24	25	26	27	28	29	30
方均根值（A）	2.05	1.13	1.05	1.11	1.16	0.93	0.99	0.95	1.00	1.06
百分比（%）	0.34	0.18	0.17	0.18	0.19	0.15	0.16	0.15	0.16	0.17

由表 4-3 和表 4-4 中数据可见，电流断开后，电子式电流互感器测量通道输出呈现逐渐减小的趋势，在 5ms 之后的 13 个周期内，输出在额定电流的

1%～2%之间；在断开点第 13 个周期以后，输出降为额定电流的 1%以下。保护通道输出变化较大，达到额定电流的 40%～70%，在断开点第 25 个周期以后输出降为额定电流的 1%以下。

（2）热稳定电流试验测试结果。图 4－11 和图 4－12 分别为热稳定电流试验时电子式电流互感器保护和测量通道的输出波形。根据图中空心线圈波形可判断一次电流在 23375 采样点处断开，计算断开 5ms 之后（23395 采样点处）2400 个采样点，每 80 个采样点为一个周期计算一次方均根值，一共 30 个周期。计算结果见表 4－5 和表 4－6，其中百分比（%）表示每个周期计算的方均根值与额定二次输出的百分比。

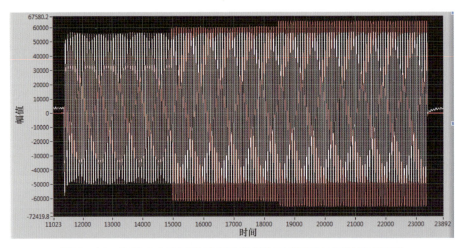

图 4－11　热稳定电流试验时电子式电流互感器保护通道输出波形

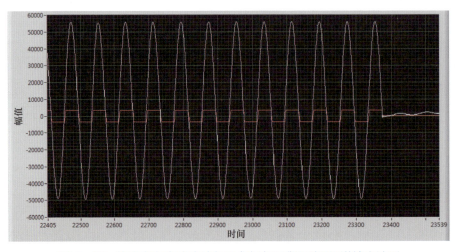

图 4－12　热稳定电流试验时电子式电流互感器测量通道输出波形

表 4-5　　　　　　　　　　保护通道 30 个周期方均根值

周期数	1	2	3	4	5	6	7	8	9	10
方均根值	317.7	333.9	338.3	338.4	340.0	340.1	240.3	4.63	3.76	1.37
百分比（%）	52.9	55.6	56.3	56.4	56.6	56.6	40.0	0.77	0.62	0.22
周期数	11	12	13	14	15	16	17	18	19	20
方均根值	11.1	13.8	17.5	20.6	26.7	31.4	45.5	56.9	61.5	64.3
百分比（%）	1.85	2.30	2.92	3.44	4.46	5.24	7.58	9.49	10.2	10.7
周期数	21	22	23	24	25	26	27	28	29	30
方均根值	57.8	45.4	38.0	27.8	22.0	10.4	8.05	2.94	3.25	3.24
百分比（%）	9.64	7.56	6.33	4.63	3.67	1.74	1.34	0.49	0.54	0.54

表 4-6　　　　　　　　　　测量通道 30 个周期方均根值

周期数	1	2	3	4	5	6	7	8	9	10
方均根值	20.4	20.4	20.2	20.2	20.3	20.4	20.1	19.8	19.4	19.3
百分比（%）	3.40	3.40	3.38	3.38	3.39	3.40	3.35	3.31	3.24	3.22
周期数	11	12	13	14	15	16	17	18	19	20
方均根值	19.3	19.3	17.8	3.40	3.45	3.30	3.40	3.49	3.67	3.65
百分比（%）	3.22	3.22	2.97	0.56	0.57	0.55	0.56	0.58	0.61	0.60
周期数	21	22	23	24	25	26	27	28	29	30
方均根值	3.61	3.49	3.48	3.50	3.59	3.48	2.98	2.15	2.11	1.95
百分比（%）	0.60	0.58	0.58	0.58	0.60	0.58	0.49	0.36	0.35	0.32

由表 4-5 和表 4-6 中数据可见，在一次电流断开 5ms 之后的 10 个周期以内，电子式电流互感器保护通道输出变化较大，第 1~10 个周期由额定电流的 52.9%降至 0.22%，第 11~20 个周期内逐渐上升到 10.7%；第 20~30 个周期内逐渐减小，第 27 个周期之后减小到额定电流的 1%以下。测量通道输出较为稳定，在额定电流的 3%~4%之间，在第 13 个周期以后降低到额定电流的 1%以下。具体原因是该电子式电流互感器没有采用合适的抗干扰措施，导致输出异常。

由测试结果可知，测试方法可以准确地完成在短时电流期间，电磁力产生振动对电子式电流互感器影响的测试。

4.7.3.2 一次部件与断路器机械耦联振动测试

一次部件与断路器机械耦联振动测试在无电流操作下进行，通过对触点监测电路信号的采集来准确判断断路器开合状态，如图 4−13 所示。

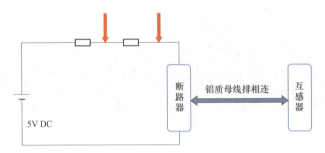

图 4−13　触点监测电路原理示意图

测试结果如图 4−14 和图 4−15 所示，图中白色曲线为断路器触点监测电路输出波形，红色曲线为电子式电流互感器输出波形。根据波形可判断断路器最后一次分闸发生在 20196 采样点处，计算分闸 5ms 之后（20216 处）800 个采样点，每 80 个采样点为一个周期计算一次方均根值，一共 10 个周期。计算结果见表 4−7 和表 4−8，其中百分比（%）表示每个周期计算的方均根值与额定二次输出的百分比。

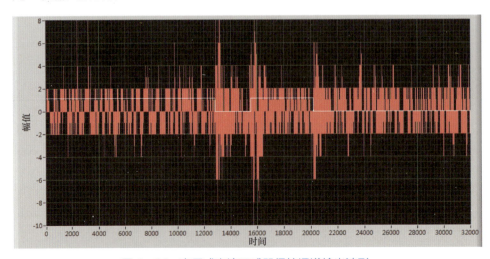

图 4−14　电子式电流互感器保护通道输出波形

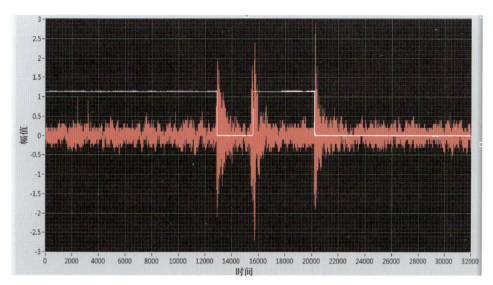

图4-15 电子式电流互感器测量通道输出波形

表4-7   保护通道周期方均根值

周期数	1	2	3	4	5	6	7	8	9	10
方均根值（A）	2.59	2.42	1.43	1.92	1.24	1.26	1.37	0.77	1.32	0.86
百分比（%）	0.43	0.40	0.23	0.32	0.20	0.21	0.22	0.12	0.22	0.14

表4-8   测量通道周期方均根值

周期数	1	2	3	4	5	6	7	8	9	10
方均根值（A）	1.03	0.80	0.55	0.38	0.31	0.33	0.27	0.20	0.23	0.14
百分比（%）	0.17	0.13	0.09	0.06	0.05	0.05	0.04	0.03	0.04	0.02

　　测试的电子式电流互感器在一次部件与断路器机械耦联振动下，会受到较明显的影响，但输出的值均非常小，远低于额定二次输出的 3%，其测量准确度可满足使用要求。断路器操作振动对电子式电流互感器的输出影响时间较短，对测量或计量影响非常小，而在继电保护中，采样值的突变可能会导致误动作。在继电保护中，保护启动阈值最小的为电流差动保护，为额定电流的 20%，因此，试验过程中可以增加对单点采样值的要求，推荐值为不超过额定二次输出的 10%，进一步提高振动可靠性的要求。

4.8 隔离开关分合容性小电流条件下的抗扰度测试

4.8.1 AIS隔离开关分合测试

4.8.1.1 试验要求

从运行情况调研来看，电子式互感器故障率较高，其中暂态强电磁干扰对电子式互感器的影响是电子式互感器高故障率最主要的原因之一。在变电站环境中，电子式互感器的大量电子元器件接近一次回路，在开关操作、系统短路的条件下，通过直接传导和电磁场耦合的方式受到干扰，供电模块通过电磁辐射或地电位抬升受到干扰。而这些干扰的强度远远超过目前国家标准中针对置于地电位二次设备规定的电磁干扰水平，大量通过型式试验中电磁兼容项目后的电子式互感器在现场运行时出现故障，导致变电站无法正常运行。其原因主要为：型式试验中电磁兼容的试验参数不能完全满足现场运行工况的要求；单一的电磁骚扰试验强度低于现场多种电磁骚扰叠加的强度；型式试验仅针对电子式互感器的器件进行，器件级试验结果不能完全反映系统级试验结果。

电子式互感器的性能提升试验采用基于AIS隔离开关分合操作的电子式互感器电磁兼容试验系统，模拟隔离开关分合时产生的暂态强电磁过程，对电子式互感器的电磁兼容性能进行系统级考核。

4.8.1.2 试验方法

基于AIS隔离开关分合操作的电子式互感器电磁兼容试验系统原理图如图4-16所示。

图4-16中设备说明：

（1）高压试验变压器，输出电流为2A；

（2）高频电流电压组合测量系统，采集隔离开关操作时一次高频电流电压信号；

（3）故障录波仪，接电子式互感器合并单元输出，用于判断隔离开关操作时电子式互感器是否发生故障；

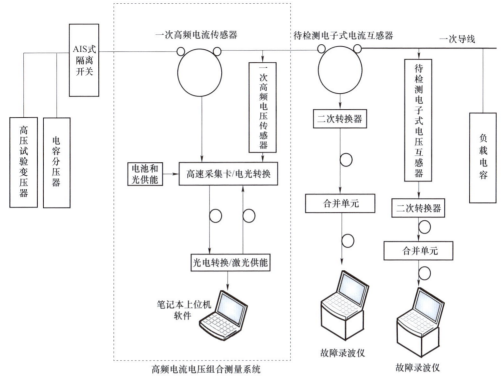

图 4-16　基于 AIS 隔离开关分合操作的电子式互感器电磁兼容试验系统原理图

（4）对于电子式电流互感器、主电容量较小或采用电感原理的电子式电压互感器，图 4-16 中应增加负载电容，模拟实际运行线路中的负载电容；

（5）电子式互感器的合并单元安放位置距 AIS 式隔离开关水平位置 5~10m。

基于 AIS 隔离开关分合操作的电子式互感器电磁兼容试验系统现场测试过程如下：

（1）按照图 4-16 准备被试电子式互感器、配套合并单元及附件。

（2）保证合并单元置于隔离开关水平位置 5~10m，合并单元正常带电运行，与故障录波仪通信正常。

（3）在隔离开关合闸状态，将高压试验变压器输出电压升至 $U_{\mathrm{m}}/\sqrt{3}$。

（4）分隔离开关，记录高频电流电压组合测量系统测试数据、二次故障录波数据。

（5）间隔 2min 后合隔离开关，记录高频电流电压组合测量系统测试数据、二次故障录波数据。

重复步骤（4）~（5）9 次，共 10 次隔离开关合分操作。

（6）试验结束。

电子式电流互感器试验要求：

（1）试品不损坏。

（2）不出现合并单元通信中断、丢包、品质改变。

（3）不允许合并单元输出异常（输出异常包括单点输出超过额定二次输出的 100%或连续两点输出超过额定二次输出的 40%）。

电子式电压互感器试验要求：

（1）试品不损坏。

（2）不出现合并单元通信中断、丢包、品质改变。

4.8.1.3 高频电流电压组合测量系统

（1）高频电流测量系统。高频电流测量系统用于测量 AIS 设备中隔离开关操作产生的高频电流，需要具有适宜的绝缘强度、良好的响应速度、足够的频率范围和有效的屏蔽措施。高频电流测量系统主要包括电流传感器和数据采集系统。

电流传感器使用的是罗氏线圈。用于 AIS 电流测量的罗氏线圈需要具有足够的绝缘强度，同时不破坏原有的 AIS 结构，更为重要的是保证线圈使用中的电磁兼容性，能够有效避开隔离关操作时现场恶劣电磁环境的骚扰。为此，设计了罗氏线圈的屏蔽结构，罗氏线圈的柔性测量部分安置在环形的金属屏蔽盒内，其积分器部分安置在屏蔽箱内，环形的金属屏蔽盒自身通过螺钉实现密封和电磁屏蔽，并通过紧固螺栓与屏蔽箱组成一个完整屏蔽体，确保整个罗氏线圈处在良好的屏蔽环境中。屏蔽箱通过紧固螺栓和 AIS 隔离开关本体布置在一起，使得整个测量系统处于测量高电位。使用时，将需要测量的 AIS 电流以引线的形式穿过环形的金属屏蔽盒，即可完成电流测量。

除由罗氏线圈组成的测量传感部分外，整个高频电流测量系统还需包括良好屏蔽的高速采样记录存储部分，并能实现远程控制。

罗氏线圈积分器输出的信号直接接入数据采集卡，以实现输出信号的实时采集、就地存储和波形显示。数据采集卡供电采用直供形式，采集卡采集到的数据就地存储在与采集卡相连并封装成套的小型计算机中。整套数据采集设备采用就地布置方式，与供电的直流电源都置于屏蔽箱中。

整套测量系统采用远端测控方式，终端远控设备可由工控机或计算机实现，测试人员在测控小室内，通过光纤传输通信控制数据采集设备。远控设备保证了测量人员的安全性，其数据传输速度由光纤和光电转换装置共同决定。

为了保证高频电流测量系统的测量准确度，需要对测量系统进行标定。图 4-17 是高频电流测量系统的标定原理。试验中使用的标准线圈是无源罗氏线圈。试验过程中，逐步升高调压器的电压，当 SF$_6$ 气体间隙两端不能承受加在其上的直流高压时，气体间隙击穿，产生一个高频的阶跃行波。通过调节电容 C 的数值或导线电感的数值，可以改变振荡波形的频率，使其在标定试验规定的频率附近。

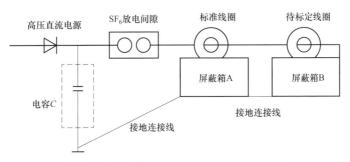

图 4-17 高频电流测量系统标定原理图

试验过程中，在不同频率下重复多次击穿操作，通过记录标准线圈和标定线圈测得的电流波形，即可完成标定。

（2）高频电压测量系统。高频电压测量系统用于 AIS 高频电压测量的宽频带电压传感器采用电容分压原理，包含基座、屏蔽罩、感应电极、绝缘薄膜和输出端口，如图 4-18 所示。感应电极和基座之间由聚四氟乙烯或聚酯薄膜绝缘形成电容 C_2，作为电容分压器的低压臂电容，该电容很大，通常可达几纳法；感应电极和大地之间的杂散电容 C_1 作为电容分压器的高压臂电容，该电容通常只有 0.0001～0.001pF，因此电压传感器的分压比通常可达 10^6 以上，在示波器的量程内可以对特高压信号进行测量，以满足实际工况的需要。传感器的屏蔽罩可以有效屏蔽空间高频电磁干扰对传感器的影响，同时也可以稳定传感器的高压臂电容，减少空间因素对传感器高压臂电容的影响。

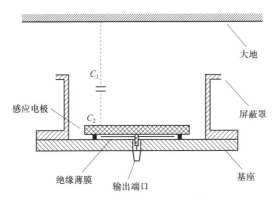

图 4-18 高频电压传感器结构图

传感器的基座与感应电极均为圆盘结构，考虑到测量信号的频率即使达到100MHz，传感器的尺寸仍远小于测量信号的波长，因此无论是在低频还是在高频状态下传感器都应该作为集中参数模型处理。

为提高测量系统的带宽，通过阻抗变换来改变传感器末端的负载阻抗。经阻抗变换装置后的电压信号通过电缆进入采集卡，其屏蔽、供电、触发、通信、控制和防电磁干扰等措施与高频电流测量系统类似。高频电压测量系统结构图如图4-19所示。

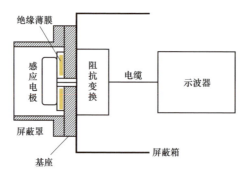

图 4-19　高频电压测量系统结构图

为了保证高频电压测量系统的测量准确度，需要对测量系统进行标定。图 4-20 所示为采用扫频法得到的暂态电压测试系统传感器的分压比-频率响应特性曲线，从扫频结果来看，传感器的低频截止频率可达到 0.1Hz，高频截止频率可达到 30MHz。

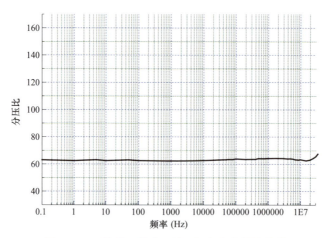

图 4-20　传感器的分压比-频率响应特性曲线

扫频所用的函数信号发生器的输出幅值很小，带负载能力较弱，不能对整套测量系统的频带特性进行标定，因此在实验室条件下模拟实际工况进行高压试验，对测量系统整体的频带特性进行进一步校验。在高压实验室建立了 SF_6 高压气体间隙击穿标定试验回路，如图 4-21 所示。

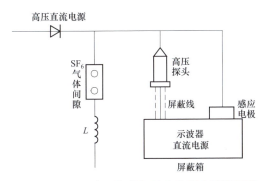

图 4-21 SF_6高压气体间隙击穿标定试验回路

SF_6 气体间隙击穿产生瞬时冲击电压，并在由 SF_6 气体间隙电容、接地电感、连接导线电感、测量系统屏蔽箱对地电容等构成的振荡回路的作用下产生高频振荡。通过调节 SF_6 气体间隙的距离，可以获得从几千伏至几十千伏的暂态电压信号。用高压探头作为标准参照，高压探头也安装在测量系统的屏蔽箱上，采用高电位测量方法，分压比为 1000:1，最大测量峰值为 40kV，测量带宽可达 75MHz。在一次击穿试验中，高压探头测得的波形与传感器得到的波形如图 4-22 所示，其相位一致，波形特征也比较接近。

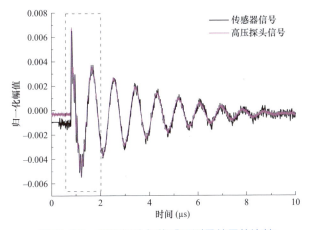

图 4-22 高压探头与传感器测量结果的比较

4.8.1.4 测试结果及分析

按照图 4-16 所示，对基于隔离开关分合操作的电子式互感器电磁兼容试验系统进行现场验证，测量分、合闸过程中产生的高频电流和高频电压，并记录电子式互感器的运行状态和输出波形。试验条件为电源侧电容和负载侧电容均为 5000pF，电源侧电压约为 198.7kV（有效值），共开展了 40 组次的分、合闸操作。

同一次隔离开关合、分闸操作中测得的暂态电流波形如图 4-23 和图 4-24 所示。

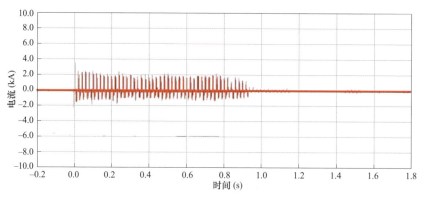

图 4-23　暂态电流波形（合闸）

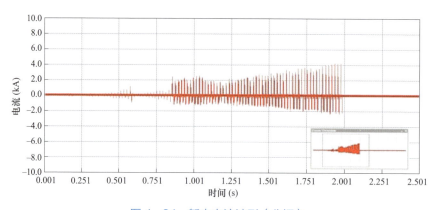

图 4-24　暂态电流波形（分闸）

进一步观察电流信号，将图 4-23 中的首个脉冲展开，如图 4-25 所示。将图 4-24 中的最后一个脉冲展开，如图 4-26 所示。

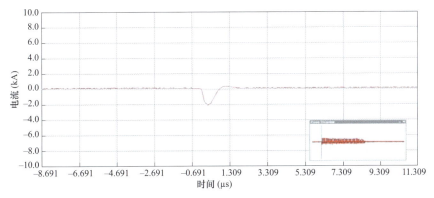

图 4-25 暂态电流波形局部展开（合闸）

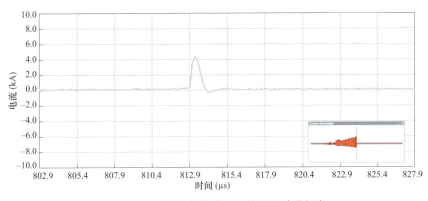

图 4-26 暂态电流波形局部展开（分闸）

展开后的负载电流波形仅含有一个主要的频率成分，即波形的主振荡频率，约为 1.09MHz，这是由于击穿产生的阶跃波在负载电容及其引线形成的 LC 回路上振荡产生的。这一频率成分不受试验电压的大小影响，而仅与负载侧的电感、电容大小有关。同时考虑回路中的引线电阻及其他衰减因素，波形主体呈现零状态响应下过阻尼振荡的典型波形形式。暂态电流波形中无过高的折返射频率信息，波形阻尼更大、衰减更快，这两方面验证了前述的分析。

各次操作测得的波形与前述的典型波形基本一致。分、合闸情况下测得的最大电流峰值（不考虑方向）分别为 2.21kA 和 1.85kA，分闸条件下的电流整体大于合闸条件下的电流。

AIS 隔离开关在某次合、分闸操作过程中测得的暂态电压波形如图 4-27 和图 4-28 所示。

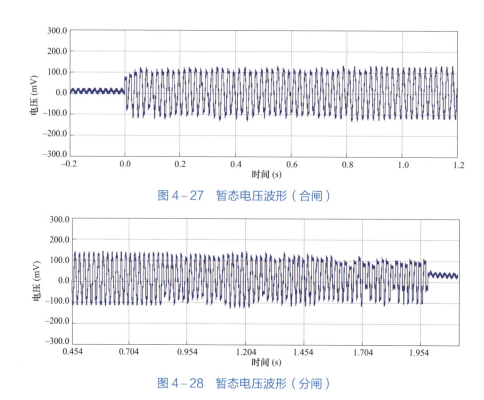

图 4-27　暂态电压波形（合闸）

图 4-28　暂态电压波形（分闸）

　　分、合闸操作时，触头间隙击穿、燃弧、熄弧、再击穿、再燃弧、再熄弧，以上过程重复发生，形成重复击穿过程。在重复击穿过程中，隔离开关处的电压在每次击穿后变为熄弧时刻的工频电源电压瞬时值，整个过程呈类似阶梯状的波形，如图 4-29 所示。图 4-29 是图 4-28 末段波形的局部展开。图中蓝

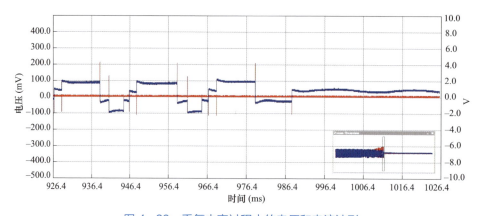

图 4-29　重复击穿过程中的电压和电流波形

色为电压信号、红色为电流信号,可以很明显地观察到电压信号的阶梯状波形。
每一次击穿,负载侧电压从上次击穿的残余电荷电压跳变到击穿时的电源电
压。击穿发生时,回路处于导通状态,回路中才能测得暂态电流,对比暂态电
流和电压波形,可以发现暂态电流中的每一次脉冲与暂态电压中的每一次击穿
一一对应。

　　进一步观察电压信号的高频成分。将图 4-27 中的首次击穿展开,得
到图 4-30。从图中可以看出,电压波形中并没有明显的振荡主频率。将
暂态电压信号局部展开后,最明显的特征是呈现出从上次击穿的残余电荷
电压(对于首次击穿,即为近似零电位)跳变到击穿时电源电压的阶跃
波形。在阶跃波的基础上叠加极微弱的高频振荡过程(可近似忽略),
这是因为负载侧为电容,没有明显的行波过程,只会发生微弱的折返射,
因此也基本不存在过电压。各次操作测得的波形与前述的典型波形基本
一致。

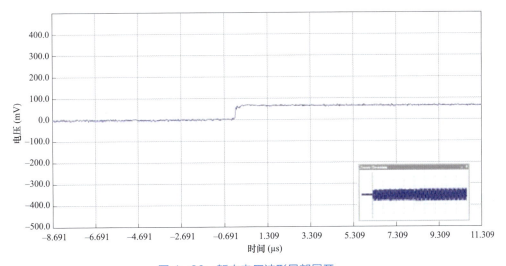

图 4-30　暂态电压波形局部展开

　　分别对 AIS 有源电子式电压互感器和 AIS 有源电子式电流互感器进行输出
波形数据采集,其中,一台电子式电流互感器供能电源模块损坏,导致电子元
器件无法工作,一台电子式电压互感器在隔离开关合闸时输出波形出现异常。
图 4-31 所示为电子式电压互感器故障输出波形。

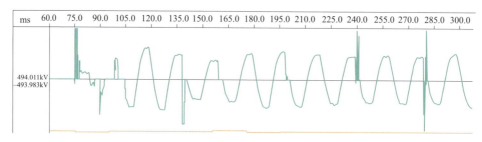

图 4-31　电子式电压互感器故障输出波形（合闸）

4.8.2　GIS 隔离开关分合测试

4.8.2.1　试验要求

气体绝缘开关设备（GIS）中，由于隔离开关、断路器和接地开关操作产生的特快速暂态过程有可能引起一次绝缘故障，特快速瞬态过电压（VFTO）、特快速瞬态过电流（VFTC）和瞬态地电位抬升（TGPR）可能造成 GIS 内、外部设备和与其连接的二次设备运行故障。GIS 用电子式互感器传感单元与 GIS 高度集成，采集单元安装于 GIS 外壳上，所处电磁环境恶劣，在隔离开关操作条件下，更容易受到暂态强电磁干扰，这些干扰可能引起电子式互感器准确度等级变化、间歇性运行故障，甚至出现永久性器件损坏失效。目前电子式互感器国家标准中规定了 13 项电磁兼容试验（见 2.10 节），由于现场电磁干扰强度远高于标准要求，虽然电子式互感器投运前已经通过了标准要求的全部试验，但是在前期智能变电站应用过程中仍然出现了电磁干扰故障。

电磁环境对电子式互感器的干扰根据耦合机制可以分为传导干扰和辐射干扰两种。传导干扰是通过电源线、信号线或接地线、公共接地阻抗等导电路径传播的干扰。辐射干扰是指干扰源与被干扰对象之间不存在直接连接，而是在空间中以电磁场的形式辐射传播，耦合至被干扰对象。

GIS 用电子式互感器主要包括一次传感器、采集单元和合并单元三部分，如图 4-32 所示。GIS 用电子式互感器分为有源电子式互感器和无源电子式互感器两大类，有源电子式互感器的一次传感器通过屏蔽线输出正比于一次电流/电压的小电压信号，无源电子式互感器的一次传感器通过保偏光纤输出携带非互易相位差信息的光信号。

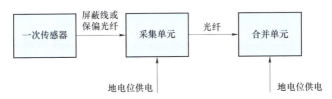

图 4-32　GIS 用电子式互感器结构图

采集单元对一次传感器输出信号进行处理，通过光纤传输至合并单元。GIS 用电子式互感器的采集单元和合并单元均采用站用电源供电。分别对以上三个部分受到的电磁干扰进行分析：

（1）一次传感器。无源电子式互感器的一次传感器为光学器件，由于采用光纤连接，实现了光电隔离，不会对传感器本身及采集单元传导电磁干扰信号。有源电子式互感器的一次传感器为电气元件，由于存在电气连接，可能对传感器和采集单元产生影响。以罗氏线圈为例，罗氏线圈具有良好的频率特性，可以将暂态的高频大电流信号，线性变换为很高的电压信号，但这种变化对空心线圈的匝间绝缘、采集单元的绝缘都是严峻的考验。同时，由于 VFTO 上升时间短、持续时间长、频率高而复杂，对传感器的绝缘部分也有很大的危害。

（2）采集单元。GIS 用电子式互感器的采集单元一般放置在 GIS 金属外壳上，处于地电位安装，可能受到电磁干扰的端口包括信号输入、输出、电源和外壳端口。采集单元受到的电磁干扰主要包括以下三个方面：

1）隔离开关操作时一次传感器通过电气连接线传导到采集单元信号输入端口的传导干扰，以及信号输入线与一次导线之间的电场耦合；

2）暂态地电位升高对电源系统的影响，以及电源线受到的空间电磁场辐射干扰；

3）隔离开关开合时的暂态强电磁场以电磁辐射的形式对外壳端口的干扰。

（3）合并单元。由于采集单元的信号输出端口与合并单元一般采用光纤连接，因此不会受电磁干扰的影响。合并单元安装在控制室内时，与常规变电站二次设备运行环境相同，一般受电磁辐射干扰的影响较小；当合并单元就地化安装时，也应重点考虑地电位抬升对合并单元电源系统的影响。

电子式互感器的性能提升试验采用了基于 GIS 隔离开关分合操作的电子式互感器电磁兼容试验系统，模拟隔离开关分合时产生的暂态强电磁过程，对电子式互感器的电磁兼容性能进行考核。

4.8.2.2　试验方法

基于 GIS 隔离开关分合操作的电子式互感器电磁兼容试验系统原理图

如图 4-33 所示。

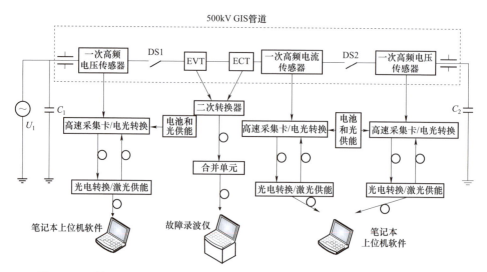

图 4-33 基于 GIS 隔离开关分合操作的电子式互感器电磁兼容试验系统原理图

图 4-33 中 DS 表示隔离开关，EVT 表示电子式电压互感器，ECT 表示电子式电流互感器。试验平台同时安装一台 EVT 和一台 ECT（或者电子式组合互感器）。在两端出线套管下部分别布置一个一次高频电压传感器，在隔离开关附近的法兰处布置一次高频电流传感器。为了兼容不同制造单位的电子式互感器样品，GIS 管道的长短是可调节的，图 4-33 中右侧底部为伸缩用滑轨，可左右滑动。当进行试验操作时，需要外加电源（图 4-33 中的 U_1）、保护电源用电容分压器（图 4-33 中的 C_1，用以降低因较高电源阻抗引起的谐振效应）、模拟负载用电容分压器（图 4-33 中的 C_2）。GIS 管道就近安装了一个汇控柜，电子式互感器的二次转换器、合并单元都置于汇控柜内。高频测量系统的高速采集卡、电池供能模块置于 GIS 管道外壁的一个屏蔽盒内。笔记本上位机和故障录波仪置于人员操作间内。

图 4-33 主要设备包括：

（1）高压试验变压器（U_1）；

（2）GIS 隔离开关；

（3）负载电容（C_2）；

（4）高频电压电流组合测量系统，采集隔离开关操作时一次高频电压电流信号；

（5）故障录波仪，接电子式互感器合并单元输出，用于判断隔离开关操作时电子式互感器是否发生故障；

（6）电子式互感器的合并单元安放位置为 GIS 管道汇控柜，汇控柜电源为直流 220V，采用直流屏供电。

基于 GIS 隔离开关分合操作的电子式互感器电磁兼容试验系统现场测试过程如下：

（1）按照图 4-33 准备被试电子式电流互感器、电子式电压互感器、配套合并单元及附件，试验条件为电源侧电容和负载侧电容均为 5000pF。

（2）保证合并单元置于汇控柜内，合并单元正常带电运行，与故障录波仪通信正常。

（3）在隔离开关合闸状态，高压试验变压器输出电压 $U_m/\sqrt{3}$。

（4）分隔离开关，记录高频电压电流组合测量系统测试数据、二次故障录波数据。

（5）间隔 2min 后合隔离开关，记录高频电压电流组合测量系统测试数据、二次故障录波数据。

重复步骤（4）、（5）9 次，共 10 次隔离开关合分操作。

（6）试验结束。

电子式电流互感器试验要求为：

（1）试品不损坏。

（2）不出现合并单元通信中断、丢包、品质改变。

（3）不允许合并单元输出异常（输出异常包括单点输出超过额定二次输出的 100%或连续两点输出超过额定二次输出的 40%）。

电子式电压互感器试验要求为：

（1）试品不损坏。

（2）不出现合并单元通信中断、丢包、品质改变。

4.8.2.3　高频电流电压组合测量系统

在 GIS 两端出线套管下部分别布置一个一次高频电压传感器，在隔离开关附近的法兰处布置一次高频电流传感器。

一次高频电流测量系统采用罗氏线圈作为传感器，从振荡频率和转换比例两方面进行了实验室标定。一次高频电压测量系统采用手孔式电容分压器作为传感器，暂态电压测量系统在实验室进行了高频特性考核试验，测量系统方波响应的上升时间不小于 3ns，对应的高频截止频率可以达到 100MHz。通过出厂标定试验、实验室标定试验和现场标定试验等不同环节，对一次暂态电压测量系统开展了标定研究，验证了系统的准确性和稳定性。

一次高频电流电压组合测量系统利用 VFTO 产生过程中的高频辐射信号，同时触发多测点 VFTO 和 VFTC 的同步采样，采用数据采集卡以实现 VFTO 和 VFTC 全过程测量数据的实时采集、就地存储和波形显示，为分析 VFTO、VFTC 和电子式互感器输出波形创造了条件。

4.8.2.4　实测结果及分析

同一次合、分闸操作中高频电流测量系统测得的暂态电流波形如图 4−34 和图 4−35 所示。

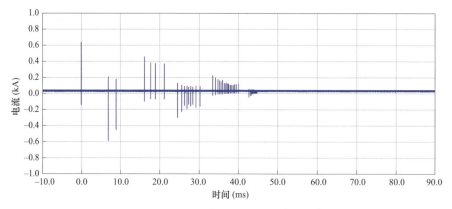

图 4−34　典型暂态电流波形（合闸）

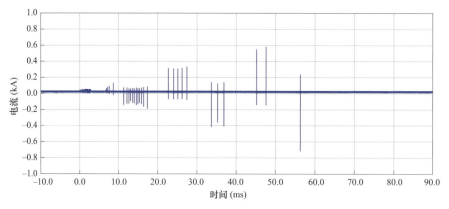

图 4−35　典型暂态电流波形（分闸）

进一步观察电流信号，将图 4−34 中的首个脉冲展开，如图 4−36 所示。将图 4−35 中的最后一个脉冲展开，如图 4−37 所示。

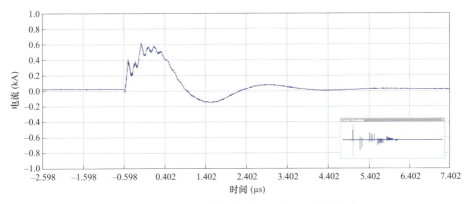

图 4-36 典型暂态电流波形局部展开（合闸）

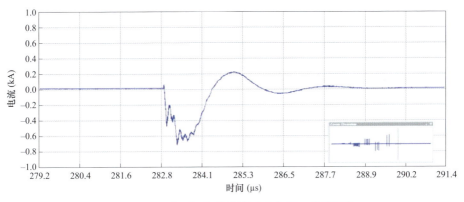

图 4-37 典型暂态电流波形局部展开（分闸）

暂态电流局部展开的波形主要包含 350kHz 和 6MHz 两个频率成分，其中 350kHz 是负载电流波形的主振荡频率，由击穿过程的阶跃波在负载电容 C_2 及其连接线形成的 LC 振荡回路上产生，考虑回路中的连接线电阻及其他衰减因素，波形主体呈现衰减振荡的典型二阶电路零状态响应的形式。这一频率成分不受试验电压大小的影响，而仅与负载侧的电感、电容大小有关。

波形中另一个约为 6MHz 的频率成分以不规则、不均匀振荡形式叠加在 350kHz 的主频率上。这一频率主要是由 GIS 管道内传播的电流行波在管道末端发生折反射形成的。这一频率成分不受试验电压和负载侧电感、电容大小影响，而与 GIS 管道的长度结构有关。

当试验电压为 200kV 时，分、合闸情况下测得的最大电流峰值（不考虑方向）分别为 826.8A 和 669.3A，最快的电流上升速率分别为 6.51kA/μs 和 4.19kA/μs，分闸条件下的电流整体大于合闸条件下的电流。

隔离开关在某次合、分闸操作过程中在负载侧测点测得的暂态电压波形如

图 4-38 和图 4-39 所示，在电源侧测点测得的暂态电压波形如图 4-40 和图 4-41 所示。

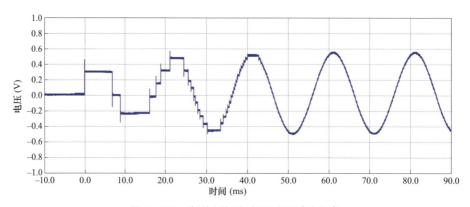

图 4-38　负载侧暂态电压波形（合闸）

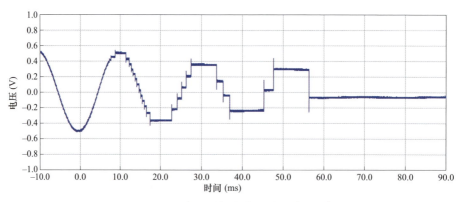

图 4-39　负载侧暂态电压波形（分闸）

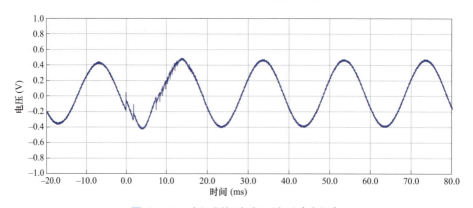

图 4-40　电源侧暂态电压波形（合闸）

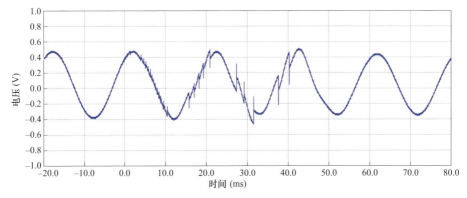

图 4-41 电源侧暂态电压波形（分闸）

图 4-38~图 4-41 即为 GIS 中的 VFTO 典型波形。在分闸操作和合闸操作的重复击穿过程中，每一次触头间隙击穿，都产生陡的行波，在 GIS 中传播、折反射和叠加，形成特快速暂态电压。在电源侧母线上，特快速暂态电压和工频电源电压叠加，形成电源侧母线上的 VFTO；在负载侧母线上，特快速暂态电压和阶梯状的残余电荷电压及工频感应电压叠加，形成负载侧母线上的 VFTO。由于特快速暂态电压由行波过程产生，在母线上的各点位置具有不同的波形，因此母线上的 VFTO 具有分布特性。但相对于隔离开关，分别处于其电源侧和负载侧的位置，在该处测得的 VFTO 波形会具有类似的波形特征（阶梯状或工频叠加高频暂态）。

进一步观察电压信号。将图 4-38 中的首次击穿展开，得到图 4-42。将暂态电压信号局部展开后，最明显的特征是呈现出从上次击穿的残余电荷电压（对于首次击穿，即为近似零电位）跳变到击穿时电源电压的阶跃波形，在阶跃波的基础上叠加高频振荡过程，这就是典型的 VFTO 波形。波形的主要频率

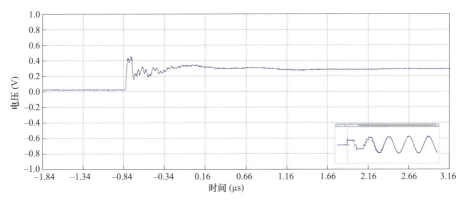

图 4-42 典型暂态电压波形局部展开

211

成分集中在几兆赫兹至几十兆赫兹，在接有负载电容的 30 余次分、合闸操作中，振荡波形的过冲系数集中在 0.52～0.81 之间，以工频电压有效值标定的传感器分压比在 518000～564000 之间，平均值为 543000，波动较小，可以认为内部暂态电压测量系统测得的结果较为准确。

当试验电压为 200kV 时，分、合闸情况下测得的最大过电压倍数（不考虑方向）分别为 1.22 和 1.06，最快的电压上升速率分别为 17.2kV/μs 和 12.4kV/μs，分闸条件下的过电压水平整体大于合闸条件下的过电压水平。

分别对 GIS 有源电子式电压互感器和 GIS 有源电子式电流互感器进行输出波形数据采集，其中，一台电子式电压互感器供能电源模块损坏，导致电子元器件无法工作，一台电子式电流互感器在隔离开关合闸时输出波形出现异常。图 4−43 所示为电子式电流互感器故障输出波形。

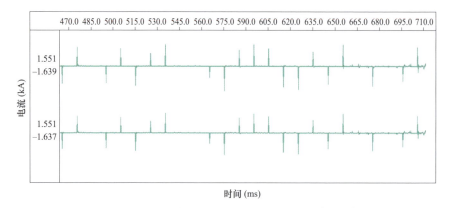

图 4−43　电子式电流互感器故障输出波形（分闸）

4.9　可 靠 性 评 估

4.9.1　故障智能自诊断功能

（1）针对光学互感器，具体方法根据产品具体结构进行，包括剪断一次侧与二次侧的连接光纤、数据处理单元之前的光纤、数据处理单元与合并单元之间的光纤等操作，检查其告警逻辑是否正确、数字状态位是否正常上传告知互感器需要检修或者置采样数据无效；

（2）针对有源互感器，具体方法根据产品具体结构进行，包括插拔通信光纤和供能光纤、合并单元直流电源掉电操作，检查其告警逻辑是否正确、数字状态位是否正常上传告知互感器需要检修或者置采样数据无效。

4.9.2 电源供电可靠性

检验电子式互感器本体中采集器双路电源的无缝切换性能和供电稳定性。该测试适用于需要供电电源切换的有源电子式互感器。一次电流切换值为厂家提供。

双路电源的无缝切换性能要求：一次电流在切换值附近往复波动时，采集器双路电源应能无缝切换，采集器应正常工作。

双路电源的供电稳定性要求：一次电流在切换值附近频繁切换时，双路电源应稳定工作，采集器应正常工作。

测试方法为：

（1）先断开激光电源，一次通流，从零升高，当合并单元正常工作时，记录此时的一次电流，以此电流作为电子式电流互感器的一次电流切换值，与厂家提供的切换值误差应小于 5%。

（2）后接通激光电源，一次电流在切换值附近快速往复 5 次（往复 1 次：一次电流从切换值下 20%处升高到切换值上 20%处，再从切换值上 20%处降低到切换值下 20%处）。记录双路电源及采集器的工作状态及切换时的采样值、通信的影响。

4.9.3 低温状态下的投切性能

在温度循环误差测试进行过程中，互感器处于−40℃时，对电子式互感器进行投切操作，记录其是否能正常启动和工作。投切要求电源重新上电后，在启动过程中不允许异常输出，在 5min 内能正常工作，满足保护应用要求，15min 内满足测量应用要求。

4.9.4 MU 发送 SV 报文检验

（1）SV 报文丢帧率测试：检验 SV 报文的丢帧率，应在 30min 内不丢帧。

（2）SV 报文完整性测试：检验 SV 报文中序号的连续性，SV 报文的序号应从 0 连续增加到 $50N-1$（N 为每个周期的采样点数），再恢复到 0，任意相邻两帧 SV 报文的序号应连续。

（3）SV 报文发送频率测试：80 点采样时，SV 报文应每一个采样点一帧报文，SV 报文的发送频率应与采样点频率一致，即 1 个 APDU 包含 1 个 ASDU。

（4）SV 报文发送间隔离散度检查：检验 SV 报文发送间隔离散度是否等于理论值（20/N ms，N 为每个周期的采样点数）。测出的间隔抖动应在 ±10μs 之内。

（5）SV 报文品质位检查：在电子式互感器工作正常时，SV 报文品质位应无置位。在电子式互感器工作异常时，SV 报文品质位应不附加任何延时正确置位。

4.10　性能提升试验结果与分析

4.10.1　有源电子式电流互感器

有源电子式电流互感器产品传感器主要采用 Rowgowski 线圈或 LPCT 线圈原理。性能提升试验过程中出现的问题主要有电磁兼容测试导致产品故障、温度循环测试导致产品故障、短时电流测试导致采集器故障、隔离开关分合测试导致产品故障、振动测试导致一次故障、绝缘击穿、传感器工作不稳定、雷电冲击测试导致产品故障、复合误差测试产品超差等，故障按类型分类如图 4-44 所示。

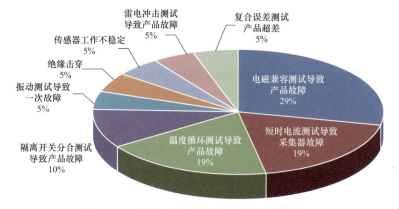

图 4-44　有源电子式电流互感器故障分类图

（1）电磁兼容测试导致产品故障。电磁兼容测试导致产品故障的故障率最高，占比高达 29%，主要问题包括：设备受空间电磁辐射干扰影响较大，机箱屏蔽设计不合理；设备电源端子骚扰电压超标，电源端口设计不合理；设备在浪涌抗扰度测试过程中出现通信中断、系统复位、输出波形畸变或者电源损坏，设备电源口在浪涌抑制方面未采取合理措施，或者在电路设计方面未解决浪涌信号所产生的高频传导或辐射干扰对电路的影响。

图 4-45 为电磁兼容测试过程中，故障录波仪记录的产品合并单元输出的故障波形图，图中两条波形分别代表合并单元输出的测量通道和保护通道信号。图 4-45（a）为施加电磁干扰时，输出波形出现异常尖峰脉冲；图 4-45（b）为施加电磁干扰时，输出信号出现丢包，导致波形畸变；图 4-45（c）为施加电磁干扰时，输出信号出现直流漂移；图 4-45（d）为施加电磁干扰时，输出信号中断，部分产品在干扰源消失后可以恢复正常，部分产品不能恢复正常，需要人工干预或重启；图 4-45（e）为施加电磁干扰时，输出信号出现周期性改变导致波形畸变。

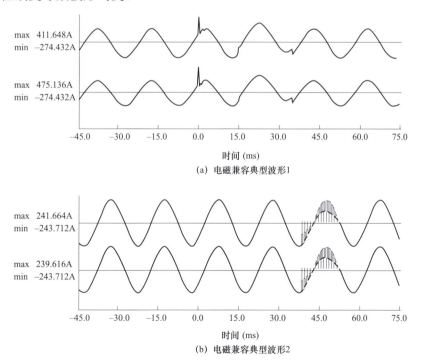

(a) 电磁兼容典型波形1

(b) 电磁兼容典型波形2

图 4-45　电磁兼容故障波形（一）

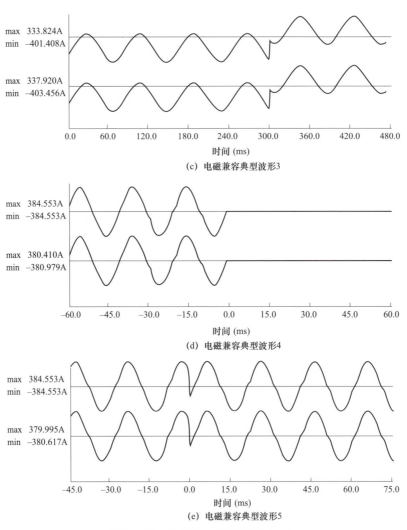

max 333.824A
min −401.408A

max 337.920A
min −403.456A

(c) 电磁兼容典型波形3

max 384.553A
min −384.553A

max 380.410A
min −380.979A

(d) 电磁兼容典型波形4

max 384.553A
min −384.553A

max 379.995A
min −380.617A

(e) 电磁兼容典型波形5

图 4-45　电磁兼容故障波形（二）

　　针对电磁兼容测试导致的产品故障，建议的改进措施为：提高机箱屏蔽性能，特别注意电源、信号外接端口在设计过程中采取滤波接入设计；针对电源口增加滤波器，吸收浪涌过程中相应回路产生的高频干扰信号；改变电路结构，减少敏感回路在传导和辐射方面的高频影响；针对敏感回路采取屏蔽，避免高频辐射干扰；检查或改变接地方式设计可以克服地电位压差和高频信号干扰；采用抑制浪涌的元器件来防范浪涌（冲击）骚扰所产生的电磁干扰，抑制浪涌骚扰的元器件主要有避雷管、压敏电阻和瞬态抑制二极管。

（2）温度循环测试导致产品故障。温度循环测试导致产品故障的故障率占比 19%，主要问题包括：采用 SF_6 绝缘的产品密封被破坏，气体泄漏；高温时采集器激光供能不正常，采集器无法正常工作；由于低功率铁芯线圈取样电阻高低温性能不稳定，导致产品误差超出标准要求或者输出异常。

建议改进的措施为：更换能耐受 −40℃ 低温的密封圈和适当提高密封圈的设计压缩率；采取措施增加产品激光功能模块的散热功能；选择耐高低温的电子元器件。

（3）短时电流测试导致采集器故障。短时电流测试导致采集器故障的发生率占比 19%，主要问题包括：线圈磁路饱和倍数过高，短时电流时输出电压超过 AD 量程限值，导致采集器某一通道损坏；采集器电源部分保护设计不当，导致测试后采集器故障，无数据输出；传感器取样电阻容量选择不合理，导致大电流时电阻被击穿，数据量突变。

建议的改进措施为：改进磁路设计和电路保护设计，选取适当的电子元器件。

（4）隔离开关分合测试导致产品故障。隔离开关分合测试导致产品故障的发生率占比 10%，隔离开关分合测试出现的问题主要分为两类：一类是隔离开关分合过程中产品采集器或合并单元损坏，无法正常工作；另一类是隔离开关分合过程中，故障录波仪记录的合并单元输出波形出现异常尖峰脉冲，可能导致保护装置误动作，如图 4–46 所示。

建议的改进措施与电磁兼容测试一致。

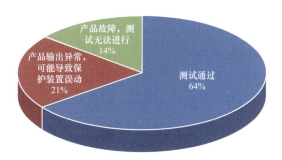

图 4–46　有源电子式电流互感器隔离开关分合测试结果分类图

4.10.2 有源电子式电压互感器

有源电子式电压互感器产品采用电容分压和电感分压原理。性能提升试验过程中出现的问题主要有电磁兼容测试导致产品故障、隔离开关分合测试导致产品故障、温度循环测试导致产品故障、雷电冲击测试导致采集器故障、绝缘击穿等，如图 4-47 所示。

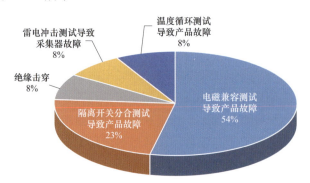

图 4-47　有源电子式电压互感器故障分类图

（1）电磁兼容测试导致产品故障。有源电子式电压互感器电磁兼容测试导致产品故障的故障率最高，占比达 54%，有源电子式电压互感器电磁兼容故障现象和故障原因与有源电子式电流互感器基本一致。图 4-48 为电磁兼容测试过程中，故障录波仪记录的有源电子式电压互感器典型故障输出波形。图 4-48（a）为有源电子式电压互感器脉冲群试验采集器采样芯片损坏时的故障波形。图 4-48（b）为有源电子式电压互感器浪涌试验合并单元电源模块防浪涌措施不够引起合并单元控制板重启发生的故障波形，这种故障波形较为普遍，与一次传感没有关联。图 4-48（c）为有源电子式电压互感器脉冲群干扰试验合并单元发送掉点的故障波形。图 4-48 只是大量故障波形中的一部分代表，除了掉点、波形畸形、电路板重启以外，还有部分产品是在浪涌试验中电源模块损坏，试验无法继续进行的情况。

（2）隔离开关分合测试导致产品故障。隔离开关分合测试导致产品故障的发生率占比 23%，隔离开关分合测试出现的问题主要分为两类：一类是隔离开关分合过程中产品采集器或合并单元损坏，无法正常工作；另一类是隔离开关分合过程中，故障录波仪记录的合并单元输出波形出现异常尖峰脉冲，可能导致保护装置误动作，如图 4-49 所示。

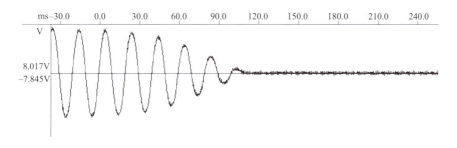

(a) 有源电子式电压互感器脉冲群试验采集器故障波形

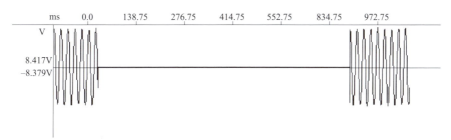

(b) 有源电子式电压互感器浪涌试验合并单元故障波形

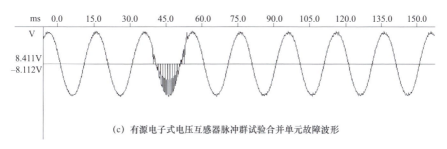

(c) 有源电子式电压互感器脉冲群试验合并单元故障波形

图 4-48 电磁兼容试验中有源电子式电压互感器典型故障输出波形

图 4-49 有源电子式电压互感器隔离开关分合测试结果分类图

4.10.3 无源电子式电流互感器

无源电子式电流互感器产品包括磁光玻璃型电流互感器和全光纤电流互感器。无源电子式电流互感器在试验过程中出现的主要问题有小电流测试时误差测试异常、温度循环测试时输出异常、电磁兼容测试时产品故障、复合误差测试产品输出异常、振动测试时输出异常、隔离开关分合测试导致产品故障、机械强度测试时产品故障等，如图4-50所示。

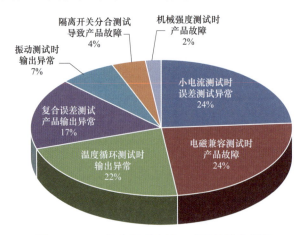

图4-50 无源电子式电流互感器故障分类图

（1）小电流测试时误差测试异常。小电流测试出现异常的故障率最高，占比达24%。具体表现为误差数据稳定性不满足要求，即在5%和100%额定电流测量点，误差数据在10min内的波动范围超过对应点误差限值的1/2。

图4-51为某产品准确度试验时，100%额定电流测量点误差数据在1min

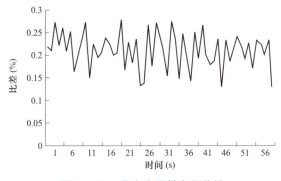

图4-51 准确度误差变化曲线

内的波动情况,比差最大值和最小值之间变化 0.15%,超过误差限值 0.2%的 1/2,不符合检测要求。

无源电子式电流互感器的误差波动主要出现在全光纤原理的电流互感器上,误差波动主要是由于互感器白噪声对测试结果的干扰造成的,从噪声机理和试验中发现,对测量准确度影响较大的噪声大多集中于几十到几百赫兹的频段内;产品在设计和制造工艺上的区别,也导致误差结果的差异性。建议对全光纤电流互感器白噪声的产生机理、特性进行深入分析与研究,同时提高产品设计和制造工艺水平。

(2)温度循环测试时输出异常。温度循环测试时输出异常故障率达到22%,出现的主要问题包括采集器在极限温度下无法正常工作、输出信号误差严重超标。图 4-52 所示为某产品温度循环误差变化曲线,测量点 1~15 对应 15 个温度测量点,整个温度循环过程中,误差变化量为 0.8%,超过标准限值要求。

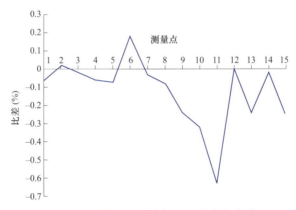

图 4-52　某产品温度循环误差变化曲线

当无源电子式电流互感器选取的光学器件温度性能较差时,在高温或者低温时可能会损坏,导致产品故障或输出异常;无源电子式电流互感器二次部分一般采用温度修正算法,并在产品内部内置温度传感头,当温度补偿算法选取不合理,或者内置温度传感头灵敏度较差时,就会出现温度循环测试误差超差现象。因此无源电子式电流互感器应选择合适的光学器件、合适的误差算法,采取合适的隔热措施,降低温度变化梯度。

(3)电磁兼容测试导致产品故障。无源电子式电流互感器电磁兼容测试导致产品故障的故障率也较高,占比为 24%。

（4）隔离开关分合测试导致产品故障。隔离开关分合测试导致产品故障的发生率占比为 4%，隔离开关分合测试出现的问题主要分为两类：一类是隔离开关分合过程中产品采集器或合并单元损坏，无法正常工作；另一类是隔离开关分合过程中，故障录波仪记录的合并单元输出波形出现异常尖峰脉冲，可能导致保护装置误动作，如图 4–53 所示。

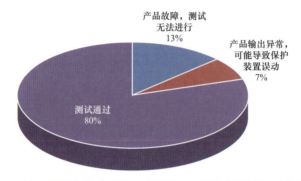

图 4–53　无源电子式电流互感器隔离开关分合测试结果分类图

5 电子式互感器长期带电考核试验

5.1 试 验 概 述

通过型式试验和性能提升试验，解决了智能变电站中电子式互感器常见的电磁干扰、温度和振动等性能方面的缺陷。但在变电站的运行过程中，也暴露出一些设备长期稳定性方面的问题，例如长时间挂网运行发生数据漂移、激光供能模块损坏等问题，该类问题在电子式互感器专业性能提升试验和型式试验的短时检测中无法发现。电子式互感器的大规模应用还需进一步提升长期稳定性。型式试验和性能提升试验都是在实验室条件下单项进行的，而更多的故障是电子式互感器在现场运行时通过长期累积产生的，这些潜在的故障无法通过短时的、单独加载电压或电流试验来发现，这是电子式互感器考核方法中最严重的不足之处。电子式互感器长期带电考核试验主要包括长期测量准确度、不同骚扰下的稳定性、供能稳定性等要求，开展电子式互感器长期带电考核试验可以实现以下目标：

（1）全面考核电子式互感器的各项性能指标，特别是高于运行参数条件下（提高工作电压和工作电流）的绝缘性能、电磁兼容性能、温度变化特性等；

（2）发现电子式互感器的隐含缺陷，考核关键光电器件强磁场、强电场下的长期稳定性，保障智能变电站中电子式互感器长期运行的稳定性；

（3）为无挂网运行经验的制造厂家提供入网检测的平台。

5.2　电子式互感器长期稳定性分析

5.2.1　有源电子式互感器长期稳定性分析

　　有源电子式互感器虽然具有多种传感原理,但按结构组成可采用同样的方法进行长期稳定性分析。以电子式电流互感器为例,典型结构示意图如图5-1所示。当电子式电流互感器为独立支柱式结构或者与隔离断路器等一次设备集成时,主要包括一次传感器及结构本体、采集器、合并单元(包括激光控制板及合并单元CPU板等)三部分。当电子式电流互感器与GIS集成时,采集器处于地电位,采用变电站用直流电源模块供电,无取能线圈和激光控制板。

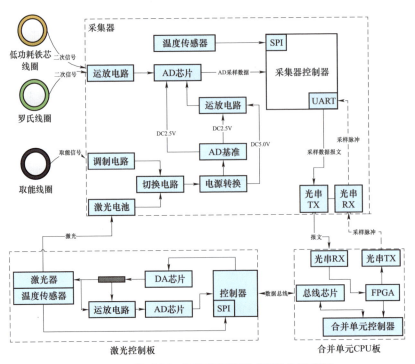

图5-1　典型有源电子式电流互感器结构示意图

图 5-2 为典型电子式电压互感器及合并单元结构示意图，系统同样包括一次传感器及结构本体、采集器、合并单元三部分。其在信号采集、传输等环节与电子式电流互感器并无本质差异，仅是传感器输出信号在幅值上的差异，通过调理电路、运放电路可调节一致。

采集器与合并单元 CPU 板之间通过光纤连接。对于同步采样的采集器，合并单元发送采样脉冲给采集器进行同步采样，而异步采样的采集器则无须发送采样脉冲。采集器控制器将采集的采样数据、AD 基准电压、工作电源电压、温度等参数进行逻辑处理后，以固定的规约格式通过光纤通信上送给合并单元，采集器内部工作流程如图 5-3 所示。采集器发送的采样报文通过合并单元的光纤通信等电路先进入合并单元的 FPGA，然后再通过内部总线传送到合并单元控制器，最终再传输给测控、保护等二次设备。

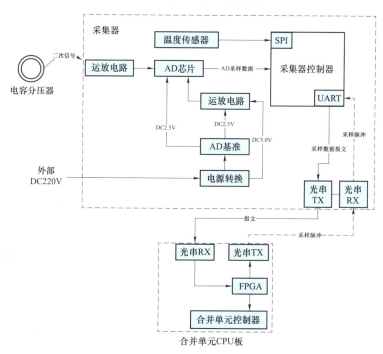

图 5-2　典型电子式电压互感器及合并单元结构示意图

根据有源电子式互感器的结构原理，其长期稳定性分析主要包括以下几个方面：

（1）电源模块。有源电子式互感器电源模块包括激光供能模块、线圈取能模块和地电位供能模块。

线圈取能模块由于存在小电流供电死区，一般与激光供能模块组合使用。

激光供能模块需要将位于低压侧的电能转换成激光，激光通过光纤传输至一次高压侧，再通过光电池转换为采集器工作所需的电能。能量通过多次转换，即使在较为理想的环境下，其能量传输效率也仅有 30%～40%。而在实际应用中，通常需要在变电站现场对激光传输光纤进行熔接，作业环境无法完全得到保证，会导致激光供能回路存在隐患，严重影响供能的长期稳定性。此外，激光器本身工作温度较窄，理论最高工作温度为+55℃，当连续工作在极限温度下时，器件寿命也会受到较大的影响，无法满足变电站户外使用的要求，只能安装于环境较好的控制室等场合。

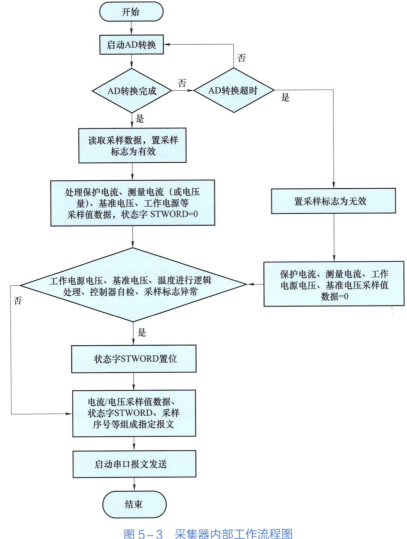

图 5-3　采集器内部工作流程图

对于地电位供能模块，虽然比激光供能模块的长期稳定性强，但易受到外界复杂电磁环境的影响，电源回路会受到浪涌等各种干扰信号的影响，可能导致电源不稳而使采集器运行出现问题。

（2）模拟信号传输电缆连接处。对于采用气体绝缘的电子式互感器（例如 GIS 结构），内部的传感器信号输出电缆通常需要使用环氧接线盘或专用连接器等零部件进行转接，连接方式有焊接、插接、螺栓紧固等多种形式，存在电子式互感器生产过程中焊接点虚焊或漏焊、螺栓紧固力矩不够等问题，外界振动可能导致连接点脱落、松动，影响电子式互感器正常输出。通常通过以下方式提升该部分的长期稳定性：

1）设计特殊的防松措施，如螺栓处增加弹簧垫圈，使用专用的航空接头；

2）生产过程中加强质量管控，如自检互检、关键节点中间测试；

3）工艺设计时充分考虑连接处的工艺步骤，如使用专用力矩扳手进行螺栓紧固、增加螺纹锁固剂等措施，确保电子式互感器模拟信号传输电缆连接处在运输、运行过程中不会因振动、温湿度等影响造成连接松动和脱落。

（3）光纤接头连接处。光纤的连接通常采用标准 ST、FC 等通用接口，质量合格的光纤接头处产生的损耗都在设计允许范围内。但是如果变电站安装调试人员对光纤安装作业不规范，那么因弯折或扭曲造成的应力可能对光纤的使用寿命产生影响，严重的会导致光纤断线等故障，从而引起电子式互感器输出异常。一方面，应加强作业人员的相关培训，减少人为因素导致的缺陷；另一方面，可通过在合并单元设置光强检测，将光强检测结果合并入传输报文的状态字中，实现对光强的监视，当光强出现异常减弱时及时进行消缺处理。

（4）软件缺陷。电子式互感器需大量的数字处理，对软件程序有依赖性。但是软件编程通常会存在一些未知的缺陷，在设计过程中及常规检测的短时间内无法充分暴露。通过长期运行，电子式互感器经受各种工况的影响，可能使这些软件缺陷暴露出来，从而影响产品的长期稳定性。

（5）关键元器件电寿命。采集器和合并单元中存在关键电路的运放芯片、A/D 转换芯片、FPGA 芯片等，受成本限制，不可能做到多重化冗余配置，若这些器件出现损坏会导致电子式互感器输出异常。利用芯片自带的自检功能，将自检结果合并入传输报文的状态字中，监测芯片运行状态，当芯片出现异常时及时进行消缺处理。

（6）传感器电路参数匹配不当。以电容分压原理的电子式电压互感器为例，其分压电容和取样电阻的参数设计仅考虑了适应采集器的额定输入，但当实际运行中一次电压出现某些特征干扰时，如特定频率、叠加直流衰减分量等，传感器的参数设计不当可能导致电路振荡，或产生与采集单元中的采样回路时间常数匹配不当等问题，导致电子式互感器输出波形异常。这种问题在设计过程中及常规检测的短时间内无法充分暴露，通过长期运行及各种工况影响，可能使这类缺陷暴露出来。

（7）电流电压相互干扰。在 GIS 结构中，电子式互感器较多的采用了电流电压组合的结构形式，电流和电压传感器安装于同一 GIS 筒体内，设计时应充分考虑两类传感器之间的相互影响，避免相互干扰引起的输出异常。

5.2.2 无源电子式互感器长期稳定性分析

目前工程应用的无源电子式互感器多为全光纤电流互感器（FOCT）。全光纤电流互感器典型硬件结构如图 5-4 所示。

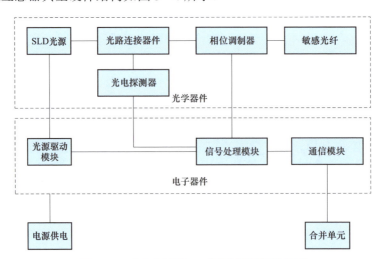

图 5-4 全光纤电流互感器典型硬件结构图

图 5-4 中按照器件类型将全光纤电流互感器的硬件分为光学器件和电子器件，光学器件主要包括 SLD 光源、相位调制器、敏感光纤、光电探测器及光路连接器件（通常有耦合器、起偏器及光纤传感环等）。电子器件数量较多，按照功能的不同可将 FOCT 电子器件划分为光源驱动模块、信号处理模块和通信模块。其中光源驱动模块用于实现光源管芯温度的准确控制，并产生驱动电流，主要包括运算放大器和 PWM 驱动器；信号处理模块实现 FOCT 的数字闭环信号检测功能，主要包括前置放大器、A/D 转换器、数字逻辑电路和 D/A 转换器；通信模块主要为光收发器。

　　无源电子式互感器的数据采集、处理与传输过程与有源电子式互感器大同小异，因此针对全光纤电流互感器的长期稳定性分析主要针对其光学器件。FOCT 的光学器件中对长期稳定性影响较大的因素包含以下几个方面：

　　（1）SLD 光源。FOCT 中的 SLD 光源是所有光信号的源头，从 SLD 光源发出的光经过 FOCT 光路的传播才能获得与母线电流相关的检测信号。当 SLD 光源出现波动、功率偏移等故障时，FOCT 的测量精度及稳定性必然会出现异常。在部分工程应用中，SLD 光源失效在 FOCT 设备故障中所占比例高达 50%，是影响 FOCT 工作寿命的主要原因之一。有研究结果表明，采用加速老化的试验方法分别在环境温度 373K 和 358K 下对 5 只 SLD 光源进行加速老化，并通过光功率（P）-时间（t）曲线拟合来推算和估计光源管芯的老化速率和激活能。计算出器件的激活能平均值约为 0.82eV，SLD 管芯在室温下的工作寿命可达到 106h。但该方法仅考虑了温度老化这一环境因素，在实际的变电站现场运行中，湿度、振动、电磁骚扰等环境因素也会对 SLD 光源寿命产生较大的影响，SLD 的发射光功率和中心波长是影响 FOCT 长期稳定性的关键因素。

　　（2）相位调制器。FOCT 的测量准确度与相位调制器的调制深度 φ_{md} 的稳定性有关，调制深度 φ_{md} 的漂移会影响 FOCT 的测量灵敏度和准确度。实际应用中一般采用自动跟踪回路对调制深度进行监测，并实现反馈补偿，提高调制深度的稳定性。

　　（3）光纤传感环。光纤传感环一般包含 $\lambda/4$ 波片、敏感光纤和反射镜，在实际使用过程中，受外部环境的影响，$\lambda/4$ 波片延迟相位角、外界因素引起的线性双折射、反射镜反射率降低或反射镜脱落等问题均会引起 FOCT 测量故障，因此光纤传感环是影响 FOCT 长期稳定性的关键因素之一。通过工艺控制、加强外部封装保护，可以更好地避免 $\lambda/4$ 波片长度和对轴角引入的误差，防止反射镜反射率降低或发生脱落等问题，通过采用互易光路、误差补偿、提高调制频率等方法可以减小外界因素引起的线性双折射对 FOCT 误差的影响。

　　光纤维尔德（Verdet）常数是衡量其磁致旋光效应的主要参数，其大小与物质的性质和光的频率有关。在实际应用中，由于物质的性质随温度变化，因此维尔德常数也与温度有关。当外界温度变化时，传感光纤的维尔德常数会随温度发生波动，同时传感光纤会产生温致线性双折射，维尔德常数和温致线性双折射与外界温度变化密切相关，这两个因素共同作用而就会导致比差随温度漂移。而温致线性双折射产生的实质是由于光纤中纤芯和包层的热膨胀系数不同，当温度变化时，两种介质的膨胀或收缩程度不一致，从而产生应力，光纤受到应力影响进一步产生线性双折射。

（4）其他光器件。FOCT 光路中还包含了耦合器、起偏器、光纤延迟环等多个光学器件，不同的光学器件之间采用尾纤熔接的方法连接，部分光学器件内部还采用了粘接式对轴耦合的工艺方法，在高温、高湿等极端恶劣的工作环境下，极有可能使光路性能劣化，导致光路损耗增加，从而引起系统测量精度漂移。

除了光路部分之外，FOCT 中电路部分对系统长期稳定性影响较大的因素还有供电电源跌落、ADC 采集异常和温度传感器失效等故障。

5.3 试 验 方 法

5.3.1 概述

2013 年投运了 6 座新一代智能变电站示范工程，对其智能设备及电子式互感器运行缺陷进行统计分析，2014 年电子式互感器发生缺陷 2 次，2015 年发生缺陷 0 次。如图 5-5 所示，2013 年 12 月～2014 年 11 月间，6 座示范站智能化设备缺陷数量总体呈下降趋势，缺陷主要发生在投运初期，消缺后缺陷数量大幅减少，投运半年后，月平均缺陷数量显著减少。因此电子式互感器的长期带电考核试验时间规定为一年。

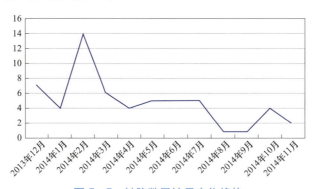

图 5-5 缺陷数量按月变化趋势

除此之外，新一代智能变电站中的运行负载普遍较小，见表 5-1，最大负载率为上海叶塘站的 26.36%，最大平均负载率为武汉未来城站的 10%。较小的负载意味着电子式电流互感器运行在较小的工作电流下，使得有源电子式互感器主要通过合并单元激光供能。因此，激光供能缺陷是新一代智能变电站中的主要缺陷类型。而对于无源全光纤电流互感器而言，较小的工作电流导致测量准确度易受到各类噪声的影响。因此，在长期带电考核试验中，需充分考虑小负载时对电子式互感器长期稳定性的影响。

表 5-1   新一代智能变电站 2014 年运行负载

新一代站示范站	重庆大石站	武汉未来城站	天津高新园站	上海叶塘站	北京海鹃落站	北京未来城站
最大负载率（%）	17.2	18	1.19	26.36	4.3	无出线
平均负载率（%）	0.667	10	0.08	9.24	3.9	无出线

长期带电考核过程中，电子式互感器根据其自身结构，可安装于 GIS 平台、独立支架或与隔离断路器集成，施加 100% 额定电压，以施加 100% 额定电流 8h 和 5% 额定电流 16h 为一个循环，循环连续进行，持续时间为一年。通过实时报文监测与故障录波系统监视合并单元输出，通过误差监测系统监测电子式互感器误差，通过关键状态监测系统监视电子式互感器通信、电路和光路关键状态，通过电能表监测电子式互感器电能量。电子式互感器在一年期的带电运行过程中，不允许出现器件损坏、采样异常、通信异常等故障，不允许输出与实际信号不符，可能导致保护误动、闭锁等异常信号。

一年考核期内需要开展的试验项目包括准确度试验、隔离开关分合操作抗干扰试验、状态监测、供能长期稳定性试验、复合误差试验。

5.3.2 准确度试验

电子式互感器准确度的长期稳定性一直是用户最为关心的技术指标之一，由于电子式互感器采用了大量的光学、电子器件替代原有的铁芯、线圈等，不可避免受到温度、振动、电磁干扰及器件老化等各种因素的影响，导致准确度发生变化。因此，长期带电考核试验中对电子式互感器的准确度提出了测试要求，主要包括基本准确度试验、长期实时准确度试验、不同电压下电流互感器准确度试验及不同电流下电压互感器准确度试验等项目。

5.3.2.1 基本准确度试验

（1）试验目的。基本准确度试验主要考核电子式互感器在长期运行过程中整体的稳定性，考核长期运行后误差和量程范围内误差线性度的变化情况。

（2）试验方法。以经检定的传统电磁式电流、电压互感器作为标准互感器，通过电子式互感器校验仪同步采集标准互感器与电子式互感器信号，计算电子式互感器的基本准确度数据。在试品安装完成后按 GB/T 20840.7—2007《互感器 第 7 部分：电子式电压互感器》和 GB/T 20840.8—2007《互感器 第 8 部分：电子式电流互感器》的要求进行基本准确度试验，之后每三个月测试一次，一年共测试五次。

（3）试验要求。每一个误差测量点，以每一秒钟前 10 个周期作为 1 组误差数据，测量 20 组误差数据，每一组误差数据均不能超过误差限值。

5.3.2.2 长期实时准确度试验

（1）试验目的。长期实时准确度试验主要是考核电子式互感器在额定电流/电压下长期运行过程中的稳定性，以及电子式电流互感器在 5%额定电流下的稳定性，通过记录数据监测电子式互感器长期运行过程中准确度的变化趋势。

（2）试验方法。以经检定的传统电磁式电流、电压互感器作为标准互感器。通过电子式互感器校验仪同步采集标准互感器与电子式互感器信号，计算电子式互感器的误差数据，实时记录电子式互感器在不同负载下的误差值。

（3）试验要求。以每一秒钟前 10 个周期作为 1 组误差数据，连续测量 5 组误差数据取平均值，要求所有平均值均不超过误差限值。即每一秒钟计算一个误差值，每五秒钟计算一次平均值。长期实时准确度试验中采用的这种误差计算方式，可以在一定程度上减少由数据传输网络延时、数据丢失等造成的异常误差。

5.3.2.3 不同电压下电流互感器准确度试验

（1）试验目的。由于电子式电流互感器在型式试验、出厂试验及现场试验过程中，误差校准均在无一次电压的情况下进行，故此项试验主要考核电子式电流互感器在不同电压产生的电场干扰下，对其测量准确度的影响。

（2）试验方法。针对电子式电流互感器进行，在完成 5.3.2.1 的基本准确度试验后，依次施加 2%、5%、80%、100%、120%、150%额定电压，重复进行基本准确度试验，并记录电子式电流互感器在全量程范围下的误差，即 1%、5%、20%、100%、120%额定电流下的误差。

（3）试验要求。在施加的各个不同电压下，每一个误差测量点，以每一秒钟前 10 个周期作为 1 组误差数据，测量 20 组误差数据，每一组误差数据均不能超过误差限值。

5.3.2.4 不同电流下电压互感器准确度试验

（1）试验目的。由于电子式电压互感器在型式试验、出厂试验及现场试验过程中，误差校准均在无一次电流的情况下进行，故此项试验主要考核电子式电压互感器在不同电流产生的磁场干扰下，对其测试准确度的影响。

（2）试验方法。针对电子式电压互感器进行，在完成 5.3.2.1 的基本准确度试验后，依次施加 1%、5%、20%、100%、120%额定电流，重复进行基本准确度试验，并记录电子式电压互感器在全量程范围下的误差，即 2%、5%、80%、100%、120%、150%额定电压下的误差。

（3）试验要求。在施加的各个不同电流下，每一个误差测量点，以每一秒钟前 10 个周期作为 1 组误差数据，测量 20 组误差数据，每一组误差数据均不能超过误差限值。

5.3.3 隔离开关分合操作抗干扰试验

（1）试验目的。隔离开关分合操作抗干扰试验是考核电子式互感器在受到隔离开关操作过程中产生的过电压、高频脉冲电流、地电位抬升、空间辐射等复杂强电磁骚扰下的长期稳定性。电子式互感器应用初期的高故障率原因之一就是抗电磁干扰能力差。经过型式试验和专业性能提升试验，电子式互感器的抗电磁干扰能力显著提升，在新一代智能变电站中未发生因电磁干扰引起的故障。此项试验主要为了验证电子式互感器在经过长期运行后，其抗电磁干扰的性能是否有劣化的现象，同时通过对相对位置不同的隔离开关进行开合操作，产生不同特征的电磁干扰，可以更全面地考核电子式互感器的抗电磁干扰性能。

（2）试验方法。将电子式互感器安装于长期带电考核平台，施加 120%的额定电压，无一次电流，负载电容不低于 5000pF，依次操作长期带电考核平台四个 GIS 隔离开关、电源侧支柱式隔离开关，分、合各三次，考核时间分别为安装完成时、带电考核半年、带电考核一年。

（3）试验要求。电子式互感器在隔离开关操作过程中无异常：试品不损坏；不出现通信中断、丢包、品质改变等；不允许输出异常，其中电子式电流互感器输出异常包括单点输出超过额定二次输出的 100%或连续两点输出超过额定二次输出的 40%。

5.3.4　状态监测

（1）试验目的。监测电子式互感器在长期运行过程中，对其长期稳定性有较大影响的关键状态量的变化。通过关键状态量的变化情况可以判断电子式互感器整体性能的情况，从而实现电子式互感器的故障提前预警功能。在发生故障时实现同步告警，闭锁异常数据，防止保护误动等。在发生故障后，用于辅助进行故障原因分析，定位故障点。此项试验通过对电子式互感器长期运行过程中的状态监测，判断电子式互感器关键部件的长期稳定性。

（2）试验方法。检查电子式互感器的状态监测功能，电子式互感器应能监测自身的关键状态量，判断其当前状态的好坏，并将监测数据上传至合并单元。有源电子式互感器检查整体、采集单元、温度、通信等状态监测；对于带有激光器的合并单元，检查激光器温度、驱动电流或光功率、采集器接收电压或光功率等状态监测；无源电子式互感器检查整体、光路、电路、温度、通信等状态监测。

（3）试验要求。电子式互感器的状态监测应能正确反映其当前运行状态。

5.3.5　供能长期稳定性试验

（1）试验目的。针对采用激光供能的电子式电流互感器，考核其供能回路在长期运行过程中是否能可靠工作。

（2）试验方法。对于目前工程应用最多的激光供能与线圈取能组合使用的电子式电流互感器，在接入电流回路与不接入电流回路两种状态下各运行半年。当接入电流回路时，主要考核激光供能与线圈取能切换的稳定性，通过调节一次电流的大小实现，每天切换一次。当不接入电流回路时，仅施加一次电压，主要考核激光供能回路在长期运行工况下的稳定性。同时，通过对激光供能回路中激光器温度、驱动电流（光功率）、采集器接收电压（光功率）等状态进行监测，判断其运行过程中的稳定性。

（3）试验要求。电子式电流互感器供能回路能具有正常切换、保持和自我调节等功能，保证采集器的正常工作，不出现采样、通信等异常。

5.3.6　温度循环准确度试验

（1）试验目的。对于电子式互感器（尤其是全光纤互感器）采用的光学、电子器件，温度是对其准确度影响最大的因素，在型式试验和性能提升试验中，均已进行了温度循环准确度试验，但对经过长期（如一年）运行后的温度特性未进行测试。此项试验在电子式互感器带电运行一年后进行，在型式试验要求的 11 个误差测试点基础上，增加了测试点的要求。

（2）试验方法。温度循环准确度试验在下列条件下进行：

1）额定频率；

2）施加额定电流/电压；

3）测试过程中试品一直处于正常工作状态；

4）户内和户外的元器件处在其规定的最高和最低环境气温。户内部分环境温度范围为－10～+55℃，户外部分环境温度范围为－40～+70℃。温度循环测试点要求严格按照图 5－6 进行。

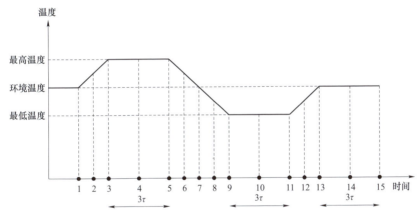

图 5－6 温度循环测试点要求

温度的变化速率为 20K/h。热时间常数 τ 为 2h。对于部分为户内和部分为户外的电子式互感器，试验应对户内和户外两部分各自在其有关温度范围的两个极限值下进行，但遵循以下规则：

1）两部分皆处于环境气温；

2）户外部分处于其最高温度时户内部分也处于其最高温度；

3）户外部分处于其最低温度时户内部分也处于其最低温度。

（3）试验要求。在整个温度循环过程中，以每一秒钟前 10 个周期作为 1 组误差数据，连续测量 5 组误差数据取平均值，要求所有平均值均不超过误差限值。同时，试品不允许出现损坏、通信异常与输出信号异常等。

5.3.7 复合误差试验

（1）试验目的。针对保护用电子式电流互感器进行，验证电子式电流互感器在系统一次发生短路时，是否能正确测量出电流的大小。此项试验在试品运行一年后进行，考核电子式电流互感器长期运行后的准确度。

（2）试验方法。采用直接法进行试验，对电子式电流互感器一次端子施加额定准确限值一次电流（例如电子式电流互感器额定电流为1200A，准确限值系数为30，则额定准确限值一次电流为36kA），通过复合误差测试仪同时采集标准电流互感器与电子式电流互感器信号，并计算复合误差值。

（3）试验要求。要求测试的复合误差值小于 5%，且在施加额定准确限值一次电流过程中，试品不出现通信、采样和输出信号异常等。

5.4 试 验 装 置 设 计

为满足电子式互感器长期带电考核的试验要求，需要设计相应的试验装置。以新一代智能变电站中应用最具代表性的 220kV 电压等级 GIS 结构的电子式互感器为试验对象。电子式互感器长期带电考核试验原理图如图 5－7 所示，

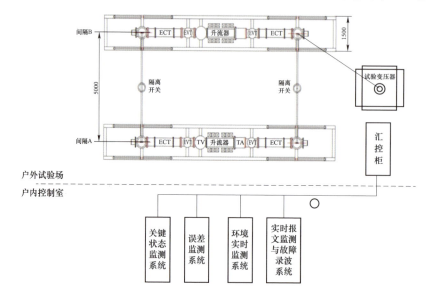

图 5-7   电子式互感器长期带电考核试验原理图

TV—电压互感器；TA—电流互感器；ECT—电子式电流互感器；EVT—电子式电压互感器

试验装置主要分为高压一次回路（包括试验变压器、支柱式隔离开关、升流器与 GIS 管道等）和低压二次回路（包括关键状态监测、误差监测与温度监测等部分）。安装传统电磁式电压互感器及电流互感器，接入误差监测系统，能够直观地对比传统电磁式互感器与电子式互感器的运行数据。在电子式互感器一次传感器、二次采集器、汇控柜等关键部位安装温度传感器，接入环境实时监测系统，控制热交换器（+60℃启动）和加热器（−10℃启动）作为汇控柜的温控补偿。为了全面监测电子式互感器在考核过程中是否存在异常输出，对所有考核的电子式互感器进行实时报文监测告警和故障录波。

5.4.1 高压一次回路

220kV GIS 电子式互感器长期带电考核试验装置的高压一次回路主要由试验变压器、升流器、GIS 管道及支柱式隔离开关组成，高压一次回路主接线如图 5−8 所示。当支柱式隔离开关处于闭合状态时，长期带电考核试验装置处于全电压全电流试验工况，回路由两条完全对称的 GIS 管道和两套支柱式隔离开关形成闭合回路，通过安装在 GIS 管道上的升流器施加试验电流，通过外接变压器施加试验电压。每条 GIS 管道上可安装 4 组电子式电流/电压互感器、2 台电子式电压互感器。其中电子式电流互感器串联安装在两侧的管道端部，可通过滑动机构方便地完成装卸；电子式电压互感器并联安装在管道的中部。当支柱式隔离开关处于打开状态时，长期带电考核试验装置处于隔离开关分合容性电流暂态工况。通过操作两套支柱式隔离开关，断开与 GIS 管道出线套管的连接，形成两条完全独立的 GIS 管道试验回路，每条独立的 GIS 管道试验回路通过外部接线完成与电容器的连接，操作 GIS 管道两侧的 GIS 隔离开关，实现隔离开关分合操作的暂态过程，考核电子式互感器的抗电磁干扰能力。

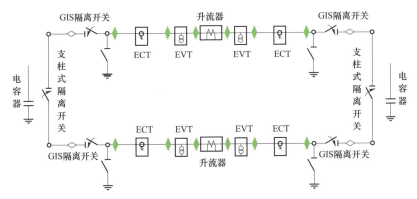

图 5−8 长期带电考核试验装置高压一次回路主接线图

电子式互感器长期带电考核试验装置高压一次回路组成部件及其主要参数为：

（1）GIS 管道：额定电压 220kV、额定电流 2000A、额定绝缘水平 252kV/460kV/1050kV、长期运行；

（2）支柱式隔离开关：额定电压 220kV、额定电流 2000A、长期运行；

（3）试验变压器：额定电压 300kV、额定电流 4A、长期运行；

（4）升流器：额定容量 120kVA、额定输出电流 2000A、长期运行，实际电流可调范围为 0～3000A；

（5）电磁式电流互感器准确度：0.2S 级；

（6）电磁式电压互感器准确度：0.2 级；

（7）电子式互感器校验仪准确度：0.05 级。

电子式互感器长期带电考核试验装置实物图如图 5－9 所示，具有以下特点：

（1）带电考核试验功能完备。可以同时完成 8 组电子式电流/电压互感器、4 台电子式电压互感器的长期带电考核试验。

（2）装置设计操作性强、应用灵活。每条 GIS 管道采取三段式设计，中间为固定段，安装升流器，两端为可分离段，其底座安装移动滑轨，便于电子式电流互感器的装卸。通过控制支柱式隔离开关，快捷方便地完成电流回路的闭合及分断，节约人力、物力。

图 5－9　电子式互感器长期带电考核试验装置实物图

（3）对比性强。安装传统电磁式电压互感器及电流互感器，能够直观的对比电子式互感器的各项性能。

（4）监测手段多样化。配置故障录波仪，实时监测电子式互感器二次输出，自动记录输出报文信息；配置互感器校验仪，在线监测互感器误差。

（5）模块式设计，易于拆装及运输。

（6）后期扩展性丰富，添加部分设备，可满足其他试验的需求。

5.4.2　关键状态监测系统

电子式互感器关键状态监测系统结构框图如图 5-10 所示,包括分控模块、主控模块和输出模块三部分，其中分控模块包括 MU 数据采集单元、被测互感器数据采集单元、被测互感器状态量采集单元、标准互感器数据采集单元、同步接口控制单元和录波存储控制单元。主控单元模块包括比差监控模块、相差监控模块、控制模块、状态监控模块和录波监控模块。输出模块包括本地实时显示和远程实时显示单元。

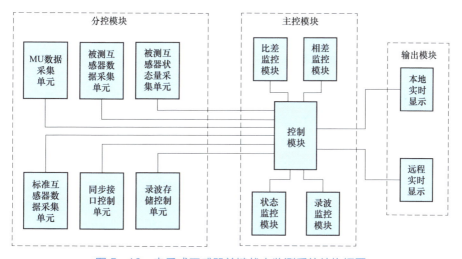

图 5-10　电子式互感器关键状态监测系统结构框图

分控模块中，MU 数据采集单元用于处理合并单元传输的被测电子式互感器的测试数据和状态量，将测试数据和状态量按照系统接口协议要求进行组帧，传输到主控模块进行处理。被测互感器数据采集单元用于处理被测互感器的测试数据，将测试数据按照系统接口协议要求进行组帧，传输到主控模块进行处理。被测互感器状态量采集单元用于处理被测互感器的状态量，将状态量按照系统接口协议要求进行组帧，传输到主控模块进行处理。标准互感器数据采集单元用于处理标准互感器的测试数据和状态量，将测试数据和状态量按照系统接口协议要求进行组帧，传输到主控模块进行处理。同步接口控制单元用于处理同步源的信号，利用该同步信号实现状态监测系统的信号同步。录波存储控制单元用于控制系统关键参数的存储和备份、录波模式的选择及执行。

主控模块中，比差监控模块用于计算被测互感器与标准互感器的比差值，并控制比差值相关的设置和显示输出，同时将比差信息按照系统存储协议进行组帧。相差监控模块用于计算被测互感器与标准互感器的相差值，并控制相差值相关的设置和显示输出，同时将相差信息按照系统存储协议进行组帧。状态监控模块用于处理被测互感器的状态量，同时将状态信息按照系统存储协议进行组帧。录波监控模块用于将已经完成组帧的比差信息、相差信息、状态信息写入录波存储单元，同时按照系统要求对该信息进行调用。控制模块用于协调和控制比差监控模块、相差监控模块、状态监控模块和录波监控模块，还用于提供本地实时显示单元和远程实时显示单元需要的数据信息及控制信号接口。

输出模块中，本地实时显示单元通过触摸屏实现对各项参数的设置、实时波形显示、数据显示、状态显示、测试结果显示、测试报告生成等。远程实时显示单元通过专门的远程控制接口，实现电脑对电子式互感器状态监测系统的控制。在电脑上通过测试软件，实现对各项参数的设置、实时波形显示、数据显示、状态显示、测试结果显示、测试报告生成等。本地实时显示单元和远程实时显示单元能同时工作，互相不冲突。

电子式互感器关键状态监测系统可实时监测电子式互感器内部关键状态参量的变化情况，其工作流程按时间先后顺序分为信号采集和状态监测两部分，图 5-11 为关键状态监测的工作流程图。信号采集在电子式互感器中实现，CPU 通过 SPI 总线控制 24 位高精度 ADC 对关键状态量进行实时采集，再通过 UART 总线将采集到的数据传送至 FPGA。FPGA 将 CPU 上传的状态监测参数和 FPGA 在控制过程中产生的关键中间状态参数整合，再进行串行编码，通过光纤传输到具备状态监测功能的多功能电子式互感器校验仪，完成关键状态的信号采集。状态监测在多功能电子式互感器校验仪接收到 FPGA 上传信息后实现，上传信息在 FPGA 中进行通信解码和串并转换，将得到的数据进行缓冲，然后通过并行总线传输至运行嵌入式操作系统的 CPU，CPU 再将收到的数据打包成 TCPIP 格式，通过以太网传送至 PC 机，PC 机通过状态监测等软件将收到的数据以图表等形式展示出来。

电子式互感器关键状态监测系统对状态量进行不同等级的分类。图 5-12 为电子式电流互感器状态监测空分复用技术原理图，其中警示状态量用于显示警示信息,警示状态量经电子式电流互感器的采样接口发送至合并单元,再由合并单元传输到多功能电子式互感器校验仪中,多功能电子式互感器校验仪负责对接收到的状态信息进行综合判断,以达到故障预警和快速定位的目的。模拟状态量为电子式电流互感器内部运行的状态量参数,多功能电子式互感器校验仪将需要获取的状态量地址发送至电子式电流互感器,电子式电流互感器则返回对应的模拟量值,通过时分复用查询方式,对不同状态量在不同时刻进行查询,既可提高单个状态量获取的速度,又增加了状态量获取的灵活性。

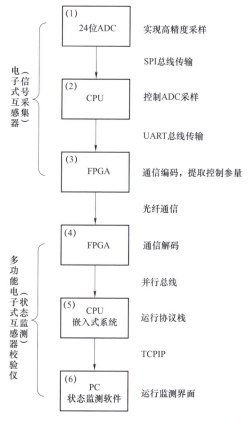

图 5-11　电子式互感器关键状态监测的工作流程图

图 5-12　电子式电流互感器状态监测空分复用技术原理图

根据电子式互感器的结构原理，设计关键状态监测量，见表 5-2。电子式互感器关键状态监测量分为通信状态、电路状态和光路状态三大类。

表 5-2 电子式互感器关键状态监测量

序号	分类	名称	释义
1	通信状态	未同步	同步采样的互感器同步信号丢失时置位
2		CRC 校验异常	CRC 校验状态，MU 检测到 CRC 校验错时置位
3		通信丢帧	丢帧，MU 检测到通信丢失时置位
4		通信故障	通信状态，MU 检测到任何通信异常时置位
5	电路状态	电源异常	电源状态，电源异常时置位
6		AD 异常	AD 状态，ADC 异常时置位
7		FPGA 异常	FPGA 状态，FPGA 或 CPU 异常时置位
8		光源驱动电路异常	光源驱动电路状态，光源驱动电路异常时置位
9		温度传感器异常	采集器温度异常或温度传感器异常时置位
10		电路故障总	电路总状态，电路发生任何异常都置位
11	光路状态	相位调制器异常	相位调制器状态，检测到调制器异常时置位
12		光源异常	光源（激光器）状态，检测到光源异常时置位
13		返回光功率异常	返回光功率状态，探测器接受光功率异常时置位
14		光路故障总	光路总状态，光路发生任何异常都置位

（1）通信状态监测。采集器与合并单元的通信状态监测原理图如图 5-13 所示。对于同步采样的采集器，合并单元发送采样脉冲给采集器进行同步采样，异步采样的采集器无采样脉冲；采集器发送的采样报文通过合并单元的光纤串口等电路先进入合并单元的 FPGA，FPGA 在接收采集器报文时需要先进行 CRC 校验等操作，如果 CRC 校验正确，则正确接收报文，然后通过内部数据总线将接收的报文数据传送给合并单元控制器。由于采集器采样报文中带有采样序号（如采样率是 4kHz 时，采样序号范围为 0～3999），合并单元控制器可以通过判断采样报文中的采样序号连续性来判别采集器通信的丢帧情况。

对于同步采样的采集器，如果采集器在一个采样周期内未接收到采样脉冲信号，则将相应状态位置位，合并单元控制器获取到采样报文后，可提取相应状态位；对于异步采样的采集器，此功能未使用。

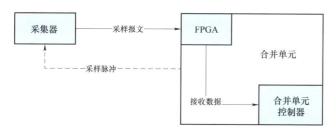

图 5-13 采集器与合并单元的通信状态监测原理图

如果 FPGA 在接收采集器采样报文时，CRC 校验错误，则将内存中的一个标志置位，合并单元控制器检测到内存中的这个标志置位时，将相应状态位置位。

如果合并单元控制器接收到的采集器采样报文序号不连续，就认为采集器与合并单元通信丢帧，将相应状态位置位。

（2）电路状态监测。采集器电路状态监测原理图如图 5-14 所示。采集器控制器通过运放、AD 芯片等获取 AD 基准电压（U_{ref}）和工作电源电压（U_s）；通过 SPI 总线获取采集器的运行环境温度（t_s）；通过监测 AD 芯片的引脚电平获取 AD 芯片的运行状态（ST1）；通过自检获取采集器控制器自身的运行状态（ST2）。

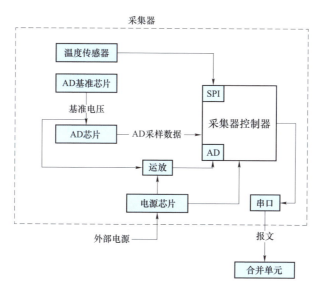

图 5-14 采集器电路状态监测原理图

采集器控制器获取上述状态量信息后，进行逻辑判断，并将判断结果存储在相应状态位中。

当采集的工作电源电压 $U_s > U_{max,set}$（设定工作电压上限，额定工作电源电压为 5V 时，一般选取 $U_{max,set}$ 为额定工作电压的 1.4 倍）或者 $U_s < U_{min,set}$（设定工作电压下限，一般选取 $U_{min,set}$ 为额定工作电压的 0.9 倍）时，代表工作电源电压异常，则相应状态位置位。

当采集的 AD 基准电压 $U_{ref} > U_{max,ref}$（设定基准电压上限，额定基准电压为 2.5V 时，一般选取 $U_{max,ref}$ 为额定基准电压的 1.08 倍）或者 $U_{ref} < U_{min,ref}$（设定基准电压下限，一般选取 $U_{min,ref}$ 为额定基准电压的 0.92 倍）时，代表 AD 基准电压异常，则相应状态位置位。

当采集的运行环境温度 $t_s > t_{set}$（设定温度上限，户外运行设备一般选取 80℃）时，代表温度异常，则相应状态位置位。

当监测 AD 芯片的运行状态 ST1 异常（启动 AD 采样保持规定时间后读取到 AD_Busy 引脚仍然为高电平，即 AD 转换失败）时，代表 AD 转换异常，则相应状态位置位。

当采集器控制器自检（如内存扫描等）获取的运行状态 ST2 异常时，代表采集器控制器自检异常，则相应状态位置位。

采集器控制器进行上述逻辑判断后，对相应状态位置位，将状态字、采样值等通过报文发送给合并单元。合并单元控制器获取到采集器报文后，提取状态字的各个 bit 位信息并进行判断，然后对输出信号相应状态位置位。

（3）有源电子式互感器光路状态监测。有源电子式互感器的光路通常为激光供能回路，其光路的状态监测包括激光器电源电压、驱动电流（驱动电压）、开关状态、运行环境温度及返回光功率等；合并单元控制器与激光器控制器之间通过数据总线连接，合并单元控制器下发激光器驱动电压数值给激光器控制器，激光器控制器上传激光器电源电压、实际驱动电流（驱动电压）及运行环境温度给合并单元控制器，其原理图如图 5-15 所示。

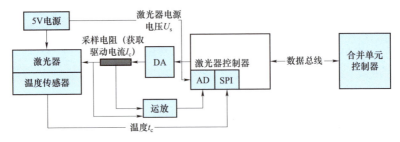

图 5-15　有源电子式互感器光路状态监测原理图

激光器控制器通过 DA 输出激光器驱动电压，然后通过运放、AD 等采集激光器电源电压（U_s）、驱动电流（I_c），通过 SPI 总线获取激光器的运行环境温度（t_c）；激光器控制器通过数据总线将这些数据发送到合并单元控制器进行以下逻辑判断：

当激光器电源电压 $U_s > U_{max,set}$（设定电源电压上限）或者 $U_s < U_{min,set}$（设定电源电压下限）时，代表激光器工作电源异常，则相应状态位置位。

当激光器驱动电流 $I_c > I_{set}$（设定驱动电流上限，如90%额定值）时，可认为驱动电流异常，则相应状态位置位。

当激光器运行环境温度 $t_c > t_{set}$（设定温度上限）时，代表激光器温度异常，则相应状态位置位。

（4）无源电子式互感器光路状态监测。无源电子式互感器的光路为传感回路，以全光纤电流互感器光路状态监测为例，状态量分类如图5－16所示。

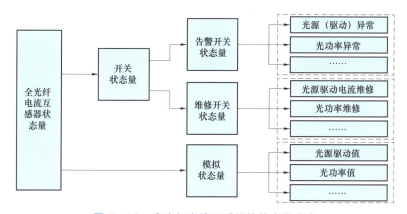

图5－16　全光纤电流互感器的状态量分类

全光纤电流互感器状态量按照功能可以分为开关状态量和模拟状态量，开关状态量按照严重程度又进一步分为告警开关状态量和维修开关状态量。

告警开关状态量包含光源（驱动）异常状态、光功率异常状态、半波电压异常状态、温度传感器异常状态和FPGA异常状态等；维修开关状态量包含光源驱动电流维修状态、光功率维修状态、半波电压维修状态、温度传感器维修状态和FPGA维修状态等。

模拟状态量包含光源驱动电流值、光源驱动电压值、光源制冷电流值、光源制冷电压值、光源温度值、光功率值、半波电压值、传感头温度值、采集器温度值和参考源电压值等。

全光纤电流互感器不同的状态量采集方式也有所不同，以几种关键状态量为例，介绍不同状态量的采集方法。

1）SLD 光源工作温度的状态监测。对 SLD 光源运行状态的状态监测，可以通过监测 SLD 驱动电压、驱动电流和工作温度来实现。SLD 光源工作温度可通过安装在管芯表面的热敏电阻进行精确测量，使用 AD 芯片转换为数字信号，传输至用于状态监控的信号处理电路进行处理。

SLD 光源工作温度可通过专用的温度控制电路进行控制，如图 5-17 所示。该电路控制 SLD 光源内部半导体制冷器（TEC）的制冷驱动电流，将光源管芯的工作温度稳定在某个固定温度。

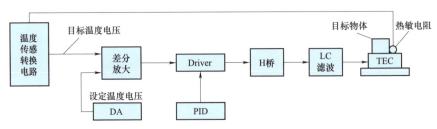

图 5-17　SLD 光源管芯温度控制电路

对 TEC 运行状态的在线监测，可以通过监测 TEC 的驱动电压和驱动电流来实现，驱动电压的监测可以使用 AD 芯片直接采集，驱动电流的监测可以通过在驱动回路中串联取样电阻采集，TEC 驱动功率通过将驱动电压和驱动电流相乘得到。

2）光源发射功率的状态监测。光源发射功率的监测方法是监测光源驱动电流，利用功率-光源驱动电流（$P-I$）曲线推算出光源发射功率。通过恒流源电路可以给光源提供稳定的驱动电流，从而减小光源输出光功率随电流的变化。为防止光源长期工作老化后 $P-I$ 曲线出现偏差，当光源长时间工作且管芯发光效率衰减后，可通过微调驱动电流来实现光源发射光功率的稳定控制。

3）相位调制器半波电压的状态监测。相位调制器的半波电压是全光纤电流互感器双闭环反馈控制中的一个状态参量，独立对相位调制器的半波电压进行监测方法较复杂，在全光纤电流互感器运行时，可通过监测相位闭环反馈过程中阶梯波 2π 复位前后产生的信号差来得到半波电压的变化，同时通过 D/A 转换器对半波电压的变化进行第二回路反馈控制，保障半波电压变化时能够及时调整。图 5-18 为阶梯波 2π 时探测器接收端产生的信号误差示意图，将误差信号与前后半周期信号幅值进行对比，得出半波电压的修正方向，并对半波电压进行修正，即可得到准确的半波电压值。图 5－19 为半波电压闭环反馈自动跟踪原理图。

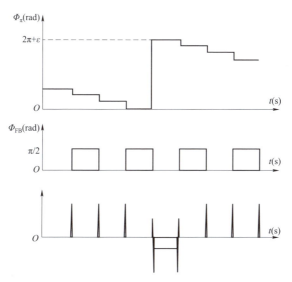

图 5－18 半波电压复位时产生的信号误差示意图

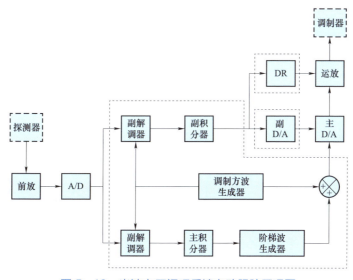

图 5－19 半波电压闭环反馈自动跟踪原理图

4）探测器接收光功率的状态监测。探测器接收光功率的状态监测可以通过对探测器光电转换输出的电信号经过 A/D 采样后再进行求和平均来实现。如

图 5-20 所示，FOCT 系统开环工作时，在探测器干涉信号经光电转换后的输出方波的前后半周期内分别采样，假定每半周期内采样 m 点，探测器输出方波为 $I(t)$，采样方波为 $H(t)$，且采样方波幅值为 1，探测器输出方波中每周期解调出的信号幅值为 ΔS_{out}，则

$$
\begin{aligned}
\Delta S_{out} &= S_{out+} - S_{out-} \\
&= \frac{1}{m}\left(\sum_{i=m+1}^{2m} S_{out+}(i) - \sum_{i=1}^{m} S_{out-}(i) \right) \\
&= \frac{1}{m} \sum_{i=1}^{2m} I(i) H(i)
\end{aligned}
\tag{5-1}
$$

式中：S_{out-} 为探测器输出方波的前半周期采样值；S_{out+} 为探测器输出方波的后半周期采样值。

闭环反馈时，$\Delta S_{out}=0$，探测器输出方波信号退化为梳状波信号，FOCT 系统的光功率值 $I_{out}=S_{out-}=S_{out+}$，因此探测器光功率即为观测时间内采集到的梳状波底部采样点幅值的平均值。假定探测器输出梳状波为 $Comb(t)$，则探测器接收光功率为

$$
\begin{aligned}
P_{out} &= \frac{1}{2}(S_{out+} + S_{out-}) \\
&= \frac{1}{2m}\left(\sum_{i=m+1}^{2m} S_{out+}(i) + \sum_{i=1}^{m} S_{out-}(i) \right) \\
&= \frac{1}{2m} \sum_{i=1}^{2m} Comb(i) H(i)
\end{aligned}
\tag{5-2}
$$

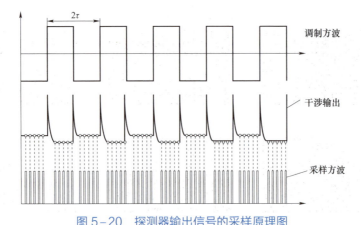

图 5-20　探测器输出信号的采样原理图

5）传感环温度的状态监测。传感环温度的状态监测可以通过在传感环封

装结构中安装温度传感器实现，图 5-21 为采用荧光光纤温度传感器的温度监测方法，荧光温度探头采集传感环附近的温度，通过温度传感光纤将原始数据传送到采集模块的温度解调光电模块，解调后的数据通过信接口传输到上位机中显示。

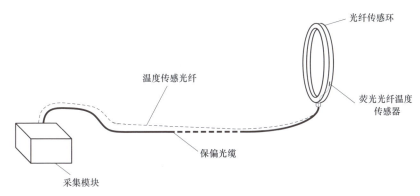

图 5-21 荧光光纤温度传感器温度监测方法

图 5-22 为全光纤电流互感器关键状态量的监测显示。

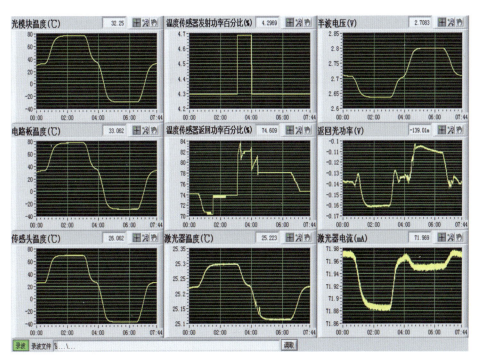

图 5-22 全光纤电流互感器状态量的监测显示（一）

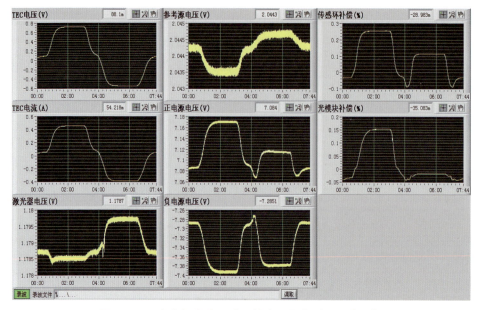

图 5-22　全光纤电流互感器状态量的监测显示（二）

5.4.3　误差监测系统

　　电子式互感器长期带电考核试验中误差监测系统需要同时实现多通道实时误差校验，每台多功能电子式互感器校验仪实现 6 台电子式互感器，不少于 18 个数据通道的误差监测，每 5 秒对所有数据通道计算一次误差，并进行存储。误差监测系统完成校验数据实时显示、记录等功能。误差监控系统需有七类接口：

　　（1）标准电流输入端口，接入标准互感器二次侧输出的 1A/5A 电流。

　　（2）标准电压输入端口，接入标准互感器二次侧输出的 57.7V/100V 电压。

　　（3）以太网接口，与校验软件进行通信。

　　（4）FT3 报文的光纤接口，ST 光纤接头，多模 850nm，最大支持通信比特率为 5Mbit/s。

　　（5）IEC 61850 9-2 报文的电以太网接口，通信比特率为 10Mbit/s/100Mbit/s 自适应。

　　（6）IEC 61850 9-2 报文的光以太网接口，通信比特率为 100Mbit/s，SC 光纤接头，多模 1300nm。

　　（7）光同步信号输出端口，可选秒脉冲 PPS 或 IRIG-B 时钟输出。

5.4.4　环境实时监测系统

环境实时监测系统中温度传感器安装位置示意图如图 5－23 所示，一共包括四处温度传感器，其中一次传感器的温度测量采用荧光光纤温度传感器，二次机柜内外温度测量采用热敏电阻，采集模块内温度测量采用热电偶。

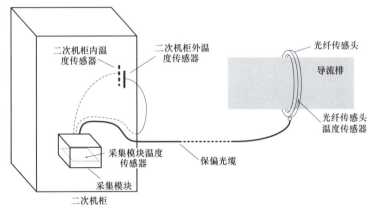

图 5－23　温度传感器安装位置示意图

图 5－24 为四处温度的长期监测曲线，记录了在一年长期运行过程中各位置的温度变化情况。

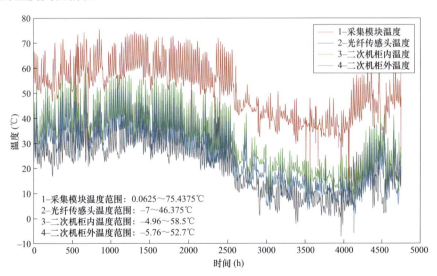

图 5－24　四处温度的长期监测曲线

251

由图 5-24 可知，温度由高至低分别为采集器内部温度、二次机柜内温度、二次机柜外温度、一次传感器温度。分别选取一年中最高温度点、最低温度点、中间温度点出现的当日数据进行分析。

出现最高温度点当日四处温度曲线对比如图 5-25 所示，采集器内部最高温度约为 75℃，二次机柜内最高温度约为 58℃，温度差约为 17℃；二次机柜外最高温度约为 51℃，与机柜内最高温度差约为 7℃；一次传感器最高温度约为 46℃，与二次机柜外最高温度差约为 5℃。

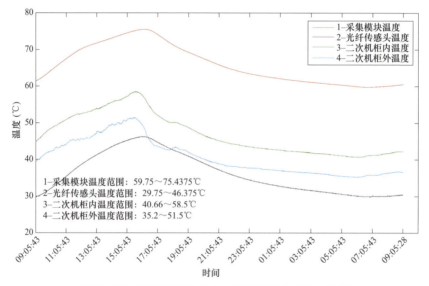

图 5-25 出现最高温度点当日四处温度曲线对比图

随机选取的中间温度点当日四处温度曲线对比如图 5-26 所示，采集器内部最高温度约为 53℃，二次机柜内最高温度约为 33℃，温度差约为 20℃；二次机柜外最高温度约为 28℃，与机柜内最高温度差约为 5℃；一次传感器最高温度约为 24℃，与二次机柜外最高温度差约为 3℃。

出现最低温度点当日四处温度曲线对比如图 5-27 所示，采集器内部最高温度约为 43℃，二次机柜内最高温度约为 19℃，温度差约为 24℃；二次机柜外最高温度约为 14℃，与机柜内最高温度差约为 10℃；一次传感器最高温度约为 11℃，与二次机柜外最高温度差约为 3℃。

根据各温度传感器的位置，二次机柜外的温度可视为接近环境温度，以二次机柜外温度作为环境温度，各部位温升见表 5-3。一次传感器安装于 GIS 壳体内靠近地电位、远离一次导体的位置，壳体起到一定的隔热作用，且一次导体的发热对其影响非常小，因此温度略低于环境温度。采集器与二次机柜内部温度较高，主要由电子器件在运行过程中发热导致。

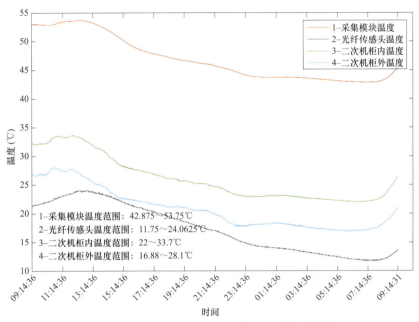

图 5-26　中间温度点当日四处温度曲线对比图

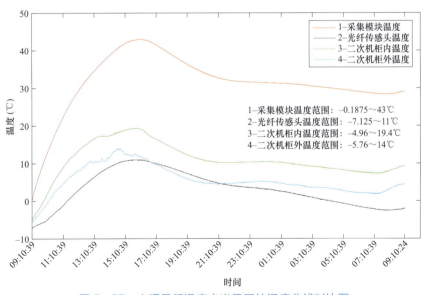

图 5-27　出现最低温度点当日四处温度曲线对比图

表5-3　　　　　　　　　　　各 部 位 温 升

环境温度（二次机柜外温度）（℃）	一次传感器部位温升（K）	二次机柜内温升（K）	采集器内部温升（K）	备注
51	−5	7	24	最高温度点当日
28	−4	5	25	中间温度点当日
14	−3	5	29	最低温度点当日

5.4.5　实时报文监测与故障录波系统

为了全面监测电子式互感器在考核过程中是否存在异常输出，对所有考核的电子式互感器进行实时输出报文监测告警，并设置故障录波启动条件，具体监测告警和录波启动要求如下：

（1）报文告警设置。

1）超时：收到当前SV（采样报文）数据包的时间与前一个数据包的时间间隔超过了2个发送周期，即判断为超时。

2）丢包：当前收到的SV数据包中的smpCnt（样本计数器）与上一个收到的该SVCB（SV控制块）数据包的smpCnt之差大于ASDU数目。

3）错序：当前收到的SV数据包中的smpCnt小于上一个收到的该SVCB数据包的smpCnt。

4）重复：当前收到的SV数据包中的smpCnt等于上一个收到的该SVCB数据包的smpCnt。

5）丢失同步信号：SV报文中的Sample Sync（采样同步）数据域的值为FALSE，表示MU在一定时间内未能收到外部的采样同步信号（通常是时钟同步信号）。

6）失步：当"SV组网接入"被设置时，装置会检查不同APPID（应用标识符）的SVCB报文之间的smpCnt偏差，当偏差折算成时间后超过2ms时，则给出该告警。

7）采样序号错：SV报文中的采样序号（smpCnt）的值大于或等于采样率。

8）品质改变：SV报文中的采样品质的值发生变化。

9）采样无效：SV报文中的某个或某几个采样通道的采样品质参数中采样无效位置1。

10）双AD采样不一致：SV中的某一对或几对双AD通道的瞬时采样值的偏差超过了设定的门槛值（额定值的10%），且采样幅值达到设定的有压/有流门槛（额定值的5%）。

11）单点跳变：发生单个采样点较大的突变，突变量超过额定值或插值计算理论值的 10%。

12）发送频率抖动：在 SV 点对点接入的模式下，SV 发送数据的间隔与额定间隔的偏差超过±10μs。

13）短帧：报文数据长度为 12～59 字节，则会给出该告警。以太网的最小帧间隙为 12 字节（96bits），当小于 12 字节时物理层是无法区分的。

14）CRC 错：当出现 CRC（循环冗余码）校验错时，则会给出该告警。

（2）录波启动条件。

1）相电压突变量启动：当电压幅值突变量达到 3%U_N 时启动录波。

2）相电压高越限启动：当电压幅值达到 105%U_N 时启动录波。

3）相电压低越限启动：当电压幅值低于 95%U_N 时启动录波。

4）电压谐波越限启动：当 2～7 次谐波分量大于 30%U_N 启动录波。

5）相电流突变量启动：当电流幅值突变量达到 2%I_N 时启动录波。

6）相电流高越限启动：当电流幅值达到 105%I_N 时启动录波。

7）相电流变差启动：当电流幅值在 1.5s 内变化量大于 5%I_N 时启动录波。

8）电流谐波越限启动：当 2～7 次谐波分量大于 30%I_N 时启动录波。

9）频率变化率：当频率变化大于 0.5Hz 时启动录波。

10）频率高越限：当频率大于 50.5Hz 时启动录波。

11）频率低越限：当频率小于 49.5Hz 时启动录波。

5.5　试　验　结　果

5.5.1　总体情况

对 12 个制造厂研制的 25 个型号电子式互感器开展长期带电考核试验，电压等级均为 220kV。根据原理划分，有源电子式电流互感器 9 台，有源电子式电压互感器 8 台，无源电子式电流互感器 8 台。根据结构划分，GIS 结构 19 台，AIS 结构 4 台，DCB 集成式 2 台。

对一年期长期带电考核的电子式互感器出现的缺陷进行分类统计，根据缺陷的严重程度分成三类，即 Ⅰ 类缺陷指互感器测量准确度在短时间内小幅度下降，且能自动恢复；Ⅱ 类缺陷指互感器测量准确度出现较大幅度下降，或出现短时影响应用的问题（如丢包、数据无效等），但能自诊断、自恢复；Ⅲ 类缺陷指互感器无法连续正常运行。

　　从表 5-4 和图 5-28 可以看出，有源电子式电流互感器无缺陷试品、Ⅰ类缺陷试品占比分别为 45%、11%，有源电子式电压互感器无缺陷试品、Ⅰ类缺陷试品占比分别为 37%、12%，无源电子式电流互感器无缺陷试品、Ⅰ类缺陷试品占比仅为 12%、0。

表 5-4　　　　　　　　　　　各类电子式互感器缺陷分类统计

分类	有源电子式电流互感器（台）	有源电子式电压互感器（台）	无源电子式电流互感器（台）
试品数量	9	8	8
无缺陷试品	4	3	1
Ⅰ类缺陷试品	1	1	0
Ⅱ类缺陷试品	2	1	2
Ⅲ类缺陷试品	2	3	5

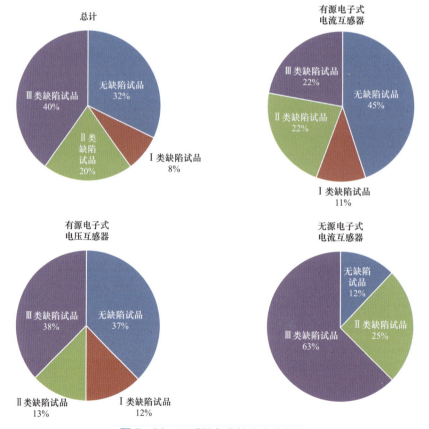

图 5-28　互感器各类缺陷占比统计

对各类缺陷原因进行分析，可以将缺陷原因分为三类：

（1）设计缺陷：电子式互感器在数据采集、处理、传输控制中存在一些深度隐藏的缺陷，在长期运行过程中的某些工况下，会出现数据异常，具体表现为数据跳变、无效、丢失、异常值等。

（2）元器件缺陷：在考核过程中，出现光源、芯片、电源模块等损坏的问题，导致电子式互感器工作异常，具体表现为设备无法启动、通信中断、误差超差等。

（3）安装调试工艺缺陷：部分试品安装调试不规范，使用交流电源代替直流电源、接地不规范等，导致运行过程中出现异常，具体表现为设备无法启动、输出数据异常等。

从表 5-5 看出，造成缺陷的主要原因是设计缺陷，占比达 64%，且三种类型的电子式互感器设计缺陷占比基本一致。这些缺陷主要存在于运行经验不足的电子式互感器产品中，在型式试验的短时测试中难以暴露出来。元器件缺陷和安装调试工艺缺陷主要存在于无源光学电流互感器中，主要原因是光学互感器采用的元器件种类和数量更多，受各类因素影响更大。具体运行缺陷描述见表 5-6。

表 5-5   根据缺陷原因分类统计

分类	有源电子式电流互感器（台次）	有源电子式电压互感器（台次）	无源电子式电流互感器（台次）	合计（台次）	占比（%）
设计缺陷	7	5	6	18	64
元器件缺陷	0	0	5	5	18
安装调试工艺缺陷	1	0	4	5	18
总计	8	5	16	28	—

表 5-6   运 行 缺 陷 描 述

序号	运行中存在缺陷	缺陷性质	类别
1	有源电压互感器运行过程中误差出现间接性跳动	设计缺陷	Ⅲ类
2	有源电压互感器频繁报送单点跳变	设计缺陷	Ⅲ类
3	无源光学电流互感器运行过程中出现采样数据无效	安装调试缺陷	Ⅲ类

序号	运行中存在缺陷	缺陷性质	类别
4	有源互感器合并单元出现偶发丢包（共两台）	设计缺陷	Ⅱ类
5	有源电流互感器出现异常直流分量	设计缺陷	Ⅱ类
6	无源光学电流互感器间接性报采样无效，周期约2～3天一次，每次1～2个采样点	设计缺陷	Ⅱ类
7	无源光学电流互感器重启后，误差发生非常大偏移，在运行过程中缓慢恢复	设计缺陷 安装调试缺陷	Ⅱ类
8	有源电流互感器出现短时采样数据无效	设计缺陷	Ⅱ类
9	有源电流互感器连续多次出现采样数据无效	设计缺陷	Ⅲ类
10	有源电流互感器出现数据丢包	安装调试缺陷	Ⅱ类
11	无源光学电流互感器误差超差较大	器件缺陷	Ⅱ类
12	无源光学电流互感器合并单元输出数据无效	设计缺陷	Ⅲ类
13	无源光学电流互感器比差超差大	器件缺陷	Ⅲ类
14	无源光学电流互感器上电后出现数据采样无效	器件缺陷、设计缺陷	Ⅲ类
15	无源光学电流互感器上电后出现输出波形畸变，重启后恢复	器件缺陷 安装调试缺陷	Ⅱ类
16	有源电压互感器在隔离开关分合操作过程中输出异常，一套输出异常波形，一套输出数据为0	设计缺陷	Ⅲ类
17	有源电流互感器激光电源功率在一次回路有无电流的情况下功率都保持不变，取能未切换	设计缺陷	Ⅱ类
18	无源光学电流互感器在二次直流电源重新上电后出现数据采样无效	安装调试缺陷	Ⅲ类
19	无源光学电流互感器运行过程中出现异常值	设计缺陷	Ⅱ类
20	有源电流互感器运行中比差异常，在隔离开关操作过程中出现异常	设计缺陷	Ⅲ类
21	有源电压互感器运行中比差异常，在隔离开关操作过程中出现异常	设计缺陷	Ⅲ类
22	有源电压互感器在运行中输出数据无效	设计缺陷	Ⅲ类
23	无源光学电流互感器合并单元故障，无法启动	器件缺陷	Ⅲ类
24	无源光学电流互感器运行过程中出现异常大值	设计缺陷	Ⅲ类

5.5.2 典型故障分析

针对电子式互感器在长期带电考核中的典型运行缺陷，开展故障分析，提出改进措施，并对改进后的效果进行试验验证。

（1）电压互感器异常输出。

1）缺陷现象。考核过程中通过误差监测发现，某有源电子式电压互感器误差波动较大，如图 5-29 所示，在 100%额定电压下，比差最大约为 2.5%，相差最大约为 -12′，同时故障录波显示电压异常波动，如图 5-30 所示。

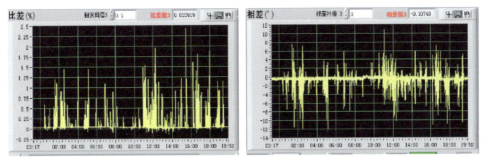

图 5-29　电压互感器异常误差数据

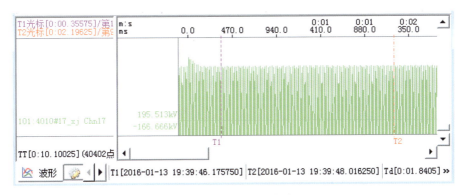

图 5-30　故障录波异常波形图

2）原因分析。该电压互感器的传感器及运放处理回路的电路图如图 5-31 所示，其中 C_1、C_2 为电压互感器的分压电容，R_1 为电容分压器的取样电阻，R_2 为采集单元运放处理回路输入电阻，R_3 为运放处理回路匹配电阻，R_4 为运放处理回路反馈电阻，C_3 为运放处理回路反馈电容。一次电压通过电容分压器分压后经取样电阻输入采集单元，运放处理回路按比例处理输入电压信号，并输出至后续 AD 进行数字采样处理。

按照图 5-31 构建电压互感器的传递函数模型，并利用 MATLAB 工具对其传变特性进行仿真分析。为模拟一次电压微小瞬变对电压互感器输出的影响，在一次端施加工频电压 127kV，并分别在 1、1.42、1.8、2.2s 一次电压达到峰值的时刻，叠加正向或反向电压脉冲信号（幅值为一次电压峰值的 40%，即 72kV，瞬变时间为周期的 1%，即 0.0002s），一次电压发生瞬变时波形如图

5-32 所示，一次电压瞬变时电压互感器的输出波形包络线如图 5-33 所示。

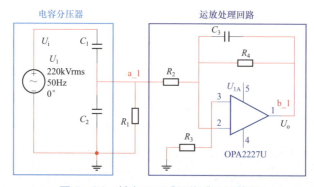

图 5-31　某电压互感器传感原理简图

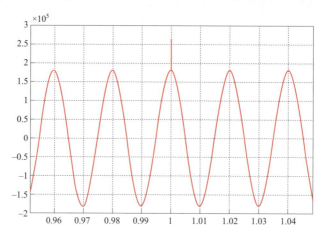

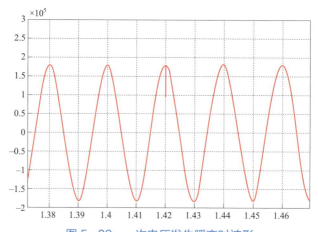

图 5-32　一次电压发生瞬变时波形

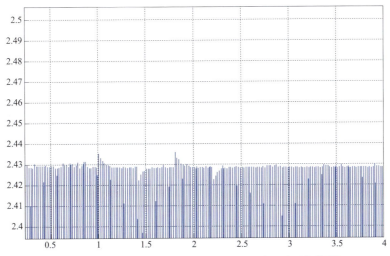

图 5-33　一次电压瞬变时电压互感器输出波形包络线

由图 5-33 可知，在一次电压瞬变情况下，电压互感器瞬时响应波形会出现衰减直流分量，与图 5-30 所示带电考核过程中间断性出现的突变故障波形变化趋势一致。当叠加正向 72kV、0.0002s 的电压脉冲信号时，电压互感器输出瞬时偏差最大为 0.28%；当叠加反向 72kV、0.0002s 的电压脉冲信号时，电压互感器输出瞬时偏差最大为 -0.25%，均会导致出现突变告警。

分析认为电压互感器异常输出的原因为，在现有的传导参数下，当一次电压发生微小瞬变时，其传变特性不完全正确，输出信号会产生衰减直流分量。

3）改进措施。修改二次分压电容 C_2 的容值和取样电阻 R_1 的阻值，调节电容分压器的电容参数配比；对应调整采集单元运放处理回路的输入电阻和反馈电阻，去除一次电压信号发生微小瞬变时电压互感器产生的衰减直流分量。

电压互感器的原有参数为：$C_1 = 32.5\text{pF}$，$C_2 = 14.2\text{nF}$，$C_3 = 0.01\mu\text{F}$，$R_1 = 2.5\text{k}\Omega$，$R_2 = R_3 = 300\text{k}\Omega$，$R_4 = 4.3\text{M}\Omega$。

调整后的样机参数为：$C_1 = 32.5\text{pF}$，$C_2' = 1.65\mu\text{F}$，$C_3 = 0.01\mu\text{F}$，$R_1' = 600\text{k}\Omega$，$R_2' = R_3' = 10\text{k}\Omega$，$R_4' = 10\text{k}\Omega$。

利用 MATLAB 工具对调整后的电压互感器传变特性进行仿真分析，在一次端施加工频电压 127kV，并分别在 1、1.42、1.8、2.2s 一次电压达到峰值的时刻，叠加正向或反向电压脉冲信号（幅值为一次电压峰值的 40%，即 72kV，瞬变时间为周期的 1%，即 0.000 2s），一次电压瞬变时电压互感器的模拟输出波形包络线如图 5-34 所示。

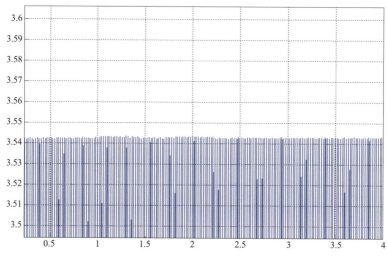

图 5-34　一次电压瞬变时电压互感器模拟输出波形包络线

由图 5-34 可知，当叠加正向 72kV、0.0002s 的电压脉冲信号时，电压互感器输出瞬时偏差最大为 0.01%；当叠加反向 72kV、0.0002s 的电压脉冲信号时，电压互感器输出瞬时偏差最大为 -0.02%，不会出现突变告警。

在一次电压发生瞬变情况下，调整后的电压互感器瞬时响应波形无衰减直流分量，互感器能够快速响应，真实准确反映一次电压变化情况，输出正常。

4）效果验证。将调整前后的电压互感器同时安装于考核平台进行长期带电考核。调整前的样机输出出现间断性比差跳变，而调整后的样机运行正常，输出稳定无波动。

（2）电压互感器单点异常跳变。

1）缺陷现象。某有源电压互感器频繁报单点跳变，即合并单元输出的相邻两点采样值完全相同，如图 5-35 所示。

2）原因分析。合并单元软件存在缺陷，FPGA 数据采样时钟与发送时钟为两个独立时钟，两个时钟存在微小的差异，在长期运行过程中会出现偶然的不同步，导致数据丢失，输出数据用上一个点数据进行代替，从而出现采样单点异常跳变。

3）改进措施。对合并单元软件进行优化改进，统一合并单元 FPGA 数据采样时钟与发送时钟。

（3）电流互感器输出数据无效。

262

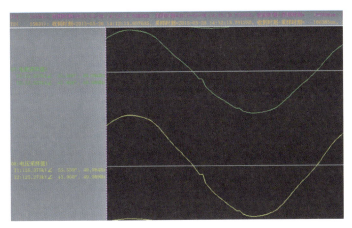

图 5-35 电压互感器单点异常跳变

1）缺陷现象。如图 5-36 所示，某电子式电流互感器合并单元三个通道出现连续采样无效告警，异常数据通道为 2、3、4，数据无效持续时间为 0.5~20s 不等，采样无效告警的同时校验仪也出现比差、角差的突变。对合并单元进行重启后，告警消失。

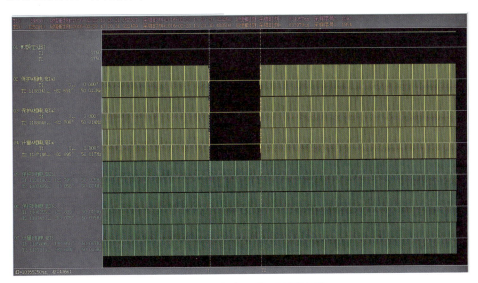

图 5-36 电流互感器异常波形

2）原因分析。通过电子式互感器关键状态监测发现故障原因为合并单元通信异常。对出现采样无效告警的合并单元，调取电子式互感器（CTPT、FT3 链路）报文信息发现，DSP 收到 FPGA 的 CTPT 报文校验和出错，数据丢弃。

由于该合并单元将接收的电子式互感器数据设计在奇数个 $125\mu s$ 中断时由

FPGA 向 DSP 发送，FPGA 每秒钟、每个串口通道可以向 DSP 发送 4000 帧，电子式互感器采集器发送速度与合并单元中断的速度不完全一致，有可能快，而 FPGA 只开辟了 2 个缓存区，FPGA 在向 DSP 发送数据时，就会将 FPGA 给 DSP 待发送数据部分覆盖掉，导致校验和出错。由于合并单元的中断与采集器的发送接近，会发生连续被覆盖的现象，即合并单元感受到连续校验和出错的现象，合并单元就连续将数据丢弃，合并单元发送的 SV 报文连续出现无效的现象。由于晶振受温度变化的影响，覆盖数据的长短也会受温度的影响。

3）改进措施。对合并单元处理软件进行优化，缺陷合并单元 FPGA 的程序在奇数 125μs 中断时，确定 CTPT 数据发送列表，因此每个串口在 250μs 内只能发送一次，改进后合并单元改为在 125μs 中断时，CTPT 数据发送列表发送完后，再重新判断是否有发送数据，如有接着再发送。由于 FPGA 的同步串口发送 1 帧三相电压电流互感器的数据需要 11μs 左右，125μs 最多能发送 12 帧数据，这样避免了每个串口发送的次数受 250μs 同步的限制。同时，增加了 FPGA 数据缓存区，将 2 个缓存区增加到 4 个缓存区，减少了数据覆盖的危险。

（4）光学电流互感器误差数据严重超差。

1）某光学电流互感器出现比差严重超差，在 100%额定电流下比差达到约 12%，如图 5－37 所示。

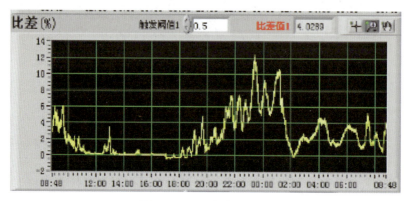

图 5－37　异常比差曲线

2）原因分析。对出现缺陷的光学电流互感器参数进行调取，发现激光器驱动电流有较大幅度的下降，理论上光源光强应同时下降，而光强内置反馈的探测器（PD）电压却基本保持不变，如图 5－38 所示。

进一步对激光器光强与探测器反馈电压进行监测，调节激光器驱动电流改变其光强,发现反馈探测器与光强关系不是正常的线性关系。而内置探测器的错误反馈信息导致光学电流互感器的光强调到异常状态,从而使测量准确度出现较大偏差。

图 5-38　缺陷光学电流互感器前后参数

3)处理措施。缺陷的主要原因为光源质量问题。处理措施为:提高激光光源技术要求和质检方法,要求所有激光器均需提供内置 PD 与实际光强的曲线(见图 5-39);加强原材料的管理,在厂内增加激光光源与其他原材料的入厂检测;同时在软件设计中,增加激光器异常点判断功能。

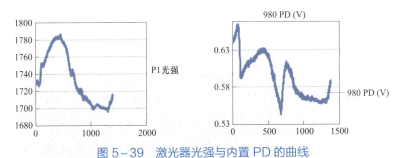

图 5-39　激光器光强与内置 PD 的曲线

(5)光学电流互感器(样机1)输出异常。

1)缺陷现象。某光学电流互感器在二次电源重新上电后,数据输出异常,故障波形为非正常的正弦波,具体波形如图 5-40 所示。对互感器进行断电重启,故障现象消失。对装置进行多次重启,有一定概率出现异常。

2)原因分析。对输出异常的电流互感器内部参数进行读取,发现其参数与正常工作时存在较大差异,该部分参数用于对光学电流互感器传感信号解调,从而计算一次电流值。分析认为,在上电过程中,FPGA 从参数存储芯片读取参数时错误。

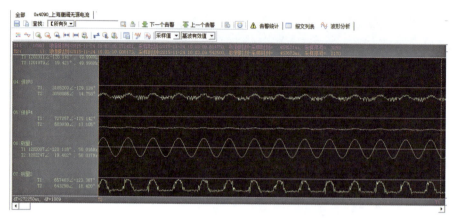

图 5-40　光学电流互感器异常输出

3）处理措施。对初始化过程进行延迟，调整复位电路参数，将程序初始化延时 300ms，避开上电过程中供电质量不符合要求的时间窗口。增加初始化状态自检功能。该光学电流互感器在上电后，需从存储器（EEPROM，厂家 ATMEL，型号 AT24C08）中读取参数进行初始化。通过增加对初始化过程的状态校验功能来判断初始化过程是否正确，若正确，则给出初始化使能信号，正常启动后续程序功能；若初始化不正确，则判断自检不通过，系统复位，重新读取存储器内参数进行初始化，如初始化错误与复位超过三次，停止复位和读取参数，上报告警。

（6）某光学电流互感器（样机 2）输出异常。

1）缺陷现象。某光学电流互感器在由冷状态进行启动时，测量准确度出现非常大的偏差，在运行过程中逐渐减少，最后恢复正常，如图 5-41 所示。

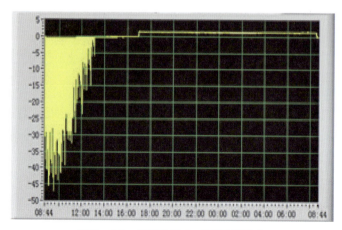

图 5-41　光学电流互感器异常输出

2）缺陷原因。光学电流互感器返回光功率异常。根本原因为调制器输出端尾纤设计不完善，在生产过程中，光纤外壳受损，水汽进入光纤内部导致光纤损耗增加。在运行一段时间后，光源热量使水汽蒸发，光纤损耗恢复正常。异常调制器与正常调制器通光状态如图5－42所示。

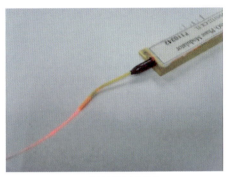 

(a) 异常调制器通光状态　　　　　　　　(b) 正常调制器通光状态

图5－42　异常调制器与正常调制器通光状态

3）处理措施。优化光路安装结构设计，改进相位调制器尾纤设计方案，避免出现尾纤过长而导致的光纤弯曲，同时加强安装人员培训，避免出现安装不当导致的异常。